Thieme

CranioSuturale Therapie beim Pferd

Manuelle Mobilisation der Schädelknochen

Inken Voges-Falkenberg
Marie-Christine Cammas

242 Abbildungen

Georg Thieme Verlag
Stuttgart · New York

Dr. Inken **Voges-Falkenberg**
Lüdemannstraße 71
24114 Kiel
www.craniosuturaletherapie.de/
www.pferdetherapie-kiel.de

Marie-Christine **Cammas**
Zum Forst 90
24145 Kiel
www.vet-studi.de

Bibliografische Information der Deutschen Nationalbibliothek
Die Deutsche Nationalbibliothek verzeichnet diese Publikation in der Deutschen Nationalbibliografie; detaillierte bibliografische Daten sind im Internet über http://dnb.d-nb.de abrufbar.

Dieses und andere Bücher bequem im Thieme Webshop www.thieme.de/shop kaufen.

Ihre Meinung ist uns wichtig! Bitte schreiben Sie uns unter:
www.thieme.de/service/feedback.html

Georg Thieme Verlag KG
Oswald-Hesse-Straße 50, 70469 Stuttgart, Germany
www.thieme.com

Printed in Germany

Covergestaltung: Thieme
Bildnachweis zum Cover: Dr. Christian Falkenberg
Fotos: Dr. Inken Voges-Falkenberg; Abb. 3.1: Elena Hofstede; Abb. 3.2–3.4: Dr. Julia Lehmann; Abb. 3.5: Theresa Buchwald; Abb. 4.6ff: Dr. Christian Falkenberg
Zeichnungen: Dr. Inken Voges-Falkenberg; Abb. 1.1–1.3, 1.16–1.33, 1.40, 1.44–1.69 und Teil-Abb. 4.51a–4.100a: Veronique Cammas; Kap. 4 (Symptome einer Dysfunktion), Abb. 6.6: WEYOU GmbH – nach Vorlage von Dr. Inken Voges-Falkenberg
Redaktion: Ulrike Markquardt, Renningen
Satz: Ziegler und Müller, Kirchentellinsfurt
Druck: Westermann Druck Zwickau GmbH, Zwickau

DOI 10.1055/b000000979

ISBN 978-3-13-240104-4 1 2 3 4 5 6

Auch erhältlich als E-Book:
eISBN (PDF) 978-3-13-245729-4
eISBN (epub) 978-3-13-245730-0

MIX
Papier | Fördert gute Waldnutzung
FSC
www.fsc.org
FSC® C110508

Wichtiger Hinweis: Wie jede Wissenschaft ist die Veterinärmedizin ständigen Entwicklungen unterworfen. Forschung und klinische Erfahrung erweitern unsere Erkenntnisse, insbesondere was Behandlung und medikamentöse Therapie anbelangt. Soweit in diesem Werk eine Dosierung oder eine Applikation erwähnt wird, darf der Leser zwar darauf vertrauen, dass Autoren, Herausgeber und Verlag große Sorgfalt darauf verwandt haben, dass diese Angabe dem Wissensstand bei Fertigstellung des Werkes entspricht.

Für Angaben über Dosierungsanweisungen und Applikationsformen kann vom Verlag jedoch keine Gewähr übernommen werden. Jeder Benutzer ist angehalten, durch sorgfältige Prüfung der Beipackzettel der verwendeten Präparate und gegebenenfalls nach Konsultation eines Spezialisten festzustellen, ob die dort gegebene Empfehlung für Dosierungen oder die Beachtung von Kontraindikationen gegenüber der Angabe in diesem Buch abweicht. Eine solche Prüfung ist besonders wichtig bei selten verwendeten Präparaten oder solchen, die neu auf den Markt gebracht worden sind. **Jede Dosierung oder Applikation erfolgt auf eigene Gefahr des Benutzers.**

Autoren und Verlag appellieren an jeden Benutzer, ihm etwa auffallende Ungenauigkeiten dem Verlag mitzuteilen. Vor der Anwendung bei Tieren, die der Lebensmittelgewinnung dienen, ist auf die in den einzelnen deutschsprachigen Ländern unterschiedlichen Zulassungen und Anwendungsbeschränkungen zu achten.

Marken, geschäftliche Bezeichnungen oder Handelsnamen werden nicht in jedem Fall besonders kenntlich gemacht. Aus dem Fehlen eines solchen Hinweises kann nicht geschlossen werden, dass es sich um einen freien Handelsnamen handelt.

Wo datenschutzrechtlich erforderlich, wurden die Namen und weitere Daten von Personen redaktionell verändert (Tarnnamen). Dies ist grundsätzlich der Fall bei Patient*innen, ihren Angehörigen und Freund*innen, z. T. auch bei weiteren Personen, die z. B. in die Behandlung von Patient*innen eingebunden sind.

Thieme Publikationen streben nach einer fachlich korrekten und unmissverständlichen Sprache. Dabei lehnt Thieme jeden Sprachgebrauch ab, der Menschen beleidigt oder diskriminiert, beispielsweise aufgrund einer Herkunft, Behinderung oder eines Geschlechts. Thieme wendet sich zudem gleichermaßen an Menschen jeder Geschlechtsidentität. Die Thieme Rechtschreibkonvention nennt Autor*innen mittlerweile konkrete Beispiele, wie sie alle Lesenden gleichberechtigt ansprechen können. Die Ansprache aller Menschen ist ausdrücklich auch dort intendiert, wo im Text (etwa aus Gründen der Leseleichtigkeit, des Text-Umfangs oder des situativen Stil-Empfindens) z. B. nur ein generisches Maskulinum verwendet wird.

Unsere Umwelt ist uns wichtig!
Papier aus nachhaltigen und kontrollierten Quellen. **Druck** in Deutschland mit kurzen Lieferwegen. **Druckereien** mit hohen Ansprüchen an Ökologie

Vorwort

Das vorliegende Buch beschreibt eine neue, ergänzende Behandlungsmethode in der Pferdeosteopathie und schließt damit die Literaturlücke zur Beschwerdefreiheit im equinen kraniofazialen Bereich. Die Osteopathie für das Pferd ist mittlerweile eine bewährte Behandlungsmethode zur Gesunderhaltung unserer Pferde und ist heute nicht mehr aus der konzeptionellen Pferdetherapie wegzudenken.

Die Equine CranioSuturale Therapie ist ein Teilbereich der Manuellen Therapie, welche in der Pferdephysiotherapie und -osteopathie zunehmend an Bedeutung gewinnt und einen Einfluss auf die Schädelknochen bzw. -platten des Pferdes nimmt. Mit diesem Buch übertragen wir eine bisher ausschließlich an Menschen praktizierte Methode zur Behandlung des kraniofazialen Bereichs auf das Pferd.

Die zugrunde liegende theoretische Basis der Equinen CranioSuturalen Therapie baut auf den Untersuchungs- und Behandlungstechniken des Kraniums aus der Manuellen Therapie der Humanphysiotherapie auf. Hier der Physiotherapie zugeordnet, beschrieb Harry J. M. von Piekartz vor mehr als 20 Jahren passive Bewegungen am Neurokranium und Viszerokranium zur Untersuchung und Behandlung kraniofazialer Dysfunktionen [11], [19]. Passive Bewegungen am Neurokranium und Viszerokranium dienen dem Physiotherapeuten als aussagekräftiges Instrument, um Schmerzmechanismen im kraniofazialen Bereich zu lokalisieren und zu therapieren. Die daraus entwickelten Equinen CranioSuturalen Techniken werden in diesem Buch für den Pferdetherapeuten verständlich erklärt und anschaulich dargestellt. Anhand manueller kranialer Techniken am Kopf des Pferdes kann der Therapeut systematisch abnormale Spannungen im Schädelgewebe analysieren sowie individuelle Beschwerden des Patienten und dessen Schmerzmechanismus erkennen und behandeln. Dem Therapeuten werden Inhalt, Struktur und Arbeitsabläufe an die Hand gegeben sowie ein fester Rahmen für den Behandlungsablauf angeboten. Im Rahmen unseres Buches werden die Behandlungstechniken einzeln beschrieben sowie in ihrer Funktionsweise ausführlich erläutert.

Didaktisch ist das Buch so angelegt, dass die Prozesse anhand von Abbildungen zu den verschiedenen Techniken erklärt und leicht anwendbar für den Therapeuten dargestellt werden. Das Buch richtet sich an Pferdeosteopathen und Pferdephysiotherapeuten, Tierärzte, Tierheilpraktiker, BitFitter sowie an alle interessierten Pferdebesitzer und Reiter.

Die Equine CranioSuturale Therapie bietet neben standardisierten Behandlungsmethoden ein neues Verfahren zur möglichen Ursachenbehebung z. T. chronisch diagnostizierter Krankheitsbilder wie tränende Augen, Nicht-Trigeminus-mediiertes Headshaking oder Pseudonarkolepsie als Symptom mechanisch ausgelöster Kopfschmerzen.

Das Anliegen dieses Buches ist es, eine weitere sinnvolle Behandlungsmethode in der Pferdeosteopathie und Veterinärmedizin zu etablieren, mit der der Therapeut die einzelnen Schädelknochen an den Suturen mobilisieren kann und damit eine Verbesserung der Beweglichkeit, der Elastizität und der Funktion in der kraniofazialen Region des Pferdes erreicht. Traumata oder Symptome wie Headshaking, Bruxismus oder tränende Augen können dann mit der Equinen CranioSuturalen Therapie nachhaltig gelindert oder aufgelöst werden.

Kiel, im Frühjahr 2025

Inken Voges-Falkenberg
Marie-Christine Cammas

Danksagung

Bei der Entstehung dieses Buches gilt unser besonderer Dank allen lieben Menschen, die uns begleitet und unterstützt haben. Im Speziellen danke ich (Inken Voges-Falkenberg) meinen Kindern Leewja und Jori für ihren Rückhalt und ihre Geduld, genauso wie ich Marie-Christine, meiner Mutter Marianne danke und ihr das Buch in ewiger Liebe widme.

Des Weiteren möchten wir hier auch Véronique Cammas für die Abbildungen und Dr. med. Christian Falkenberg sowie unserem Fotomodell Rubiloso für die Fotos danken. Unser Dank gilt ebenfalls Stefanie Wilde für die Zeichnungen und dem Reitsportgeschäft Makosch für das zur Verfügung gestellte Equipment. Wir bedanken uns bei allen Pferdepatienten und ihren Besitzern, die uns die Anwendung der Therapie ermöglicht und uns durch ihre Zusammenarbeit nachhaltig unterstützt haben.

Inhaltsverzeichnis

Grundlagen

Therapie

Autorinnenvorstellung

Dr. Inken Voges-Falkenberg

Dr. Inken Voges-Falkenberg ist promovierte Humanphysiotherapeutin und Pferdeosteopathin mit über 20 Jahren Berufserfahrung in Kiel. Ihre klinischen Schwerpunkte liegen in der manuellen Therapie (MT), der orofazialen Behandlung (CMD) und der medizinischen Trainingstherapie (MTT). Zudem ist sie als externe Dozentin im Studiengang Physiotherapie an der FH Kiel tätig. Im Pferdesektor ist sie seit 17 Jahren aktiv, ihre osteopathische Tätigkeit wird ergänzt durch kontinuierliche Fortbildungen u. a. in Dry Needling, Kinesiotaping und Bit Fitting. 2022 entwickelte Inken Voges-Falkenberg die Equine CranioSuturale Therapie (CranSu-Therapie®), ausgelöst durch die erfolgreiche manuelle Behandlung einer PRE-Stute mit persistierend tränendem Auge. 2023 stellte sie die neuartige Therapiemethode im Rahmen eines interdisziplinären Fachkongress erstmals öffentlich vor, 2024 folgten erste Fortbildungen. Seitdem bietet sie bundesweit Schulungen für TherapeutInnen und VeterinärmedizinerInnen an.

Wissenschaftlich forschte sie zunächst zur Auswirkung von Didgeridoo-Spielen auf die Lungenfunktion bei CF-PatientInnen. Derzeit konzentriert sich ihre wissenschaftliche Arbeit auf die systematische Untersuchung der Wirksamkeit der CranioSuturalen Techniken beim Pferd. Die Planung einer RCT-Studie zur objektiven Evaluation dieser Therapieform befindet sich in Vorbereitung.

Veröffentlichungen: Feine Hilfen (2023); Hands on – Manuelle und physikalische Therapie in der Tiermedizin (Thieme, 2023)

Marie-Christine Cammas

Marie-Christine Cammas wuchs auf dem landwirtschaftlichen Betrieb ihrer Eltern bei Kiel in Schleswig-Holstein auf. Neben einer Schafzucht und der Geflügelmast gab es einen Pferdestall. Ab ihrem 6. Lebensjahr durfte Frau Cammas das Pony Klecks ihr Eigen nennen – die Leidenschaft zum Pferd war entfacht. Es folgten weitere eigene Ponys und Pferde sowie Turniererfolge in der Dressur bis zur Klasse M. Nach der Schule absolvierte Frau Cammas eine Ausbildung zur Pferdewirtin FN und gründete mit 24 Jahren einen eigenen Ausbildungsbetrieb für Pferd und Reiter. Ihr Leitsatz ist die korrekte und harmonische Ausbildung des Pferdes für seine langfristige Gesunderhaltung in und mit der klassischen Dressur. 2014 folgte die Ausbildung zur Pferdewirtschaftsmeisterin FN sowie die Weiterbildung zur Tierheilpraktikerin an der Paracelsus Schule Kiel. 2018 ergänzte Frau Cammas ihr Wissen mit der Ausbildung zur Pferdeosteopathin und -physiotherapeutin nach Welter-Böller in Schneverdingen. Nach dem Studium von zwei Semestern Tiermedizin ab 2019 an der Tierärztlichen Hochschule Hannover arbeitet Frau Cammas heute als Lektorin und Autorin im Fachbereich der Tiermedizin.

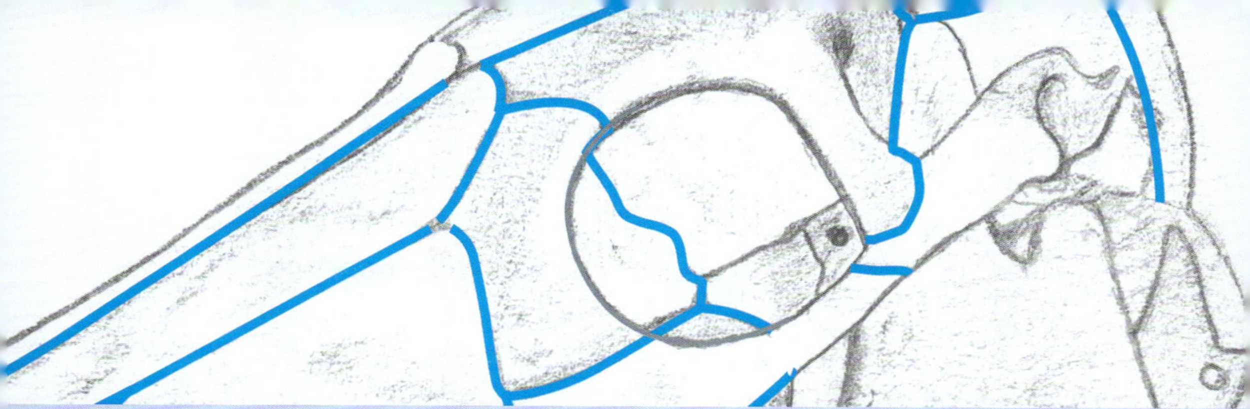

Grundlagen

1 Der Schädel

Marie-Christine Cammas

Der Kopfbereich des Pferdes besteht aus dem Gehirn- und Gesichtsschädel sowie dem Unterkiefer und dem Zungenbein. Das equine Gehirn entwickelt sich frühzeitig und gibt somit die Proportionen des Hirn- zum Gesichtsschädel vor. Beim Fohlen ist das Schädeldach der Ausformung des Gehirns noch unterlegen und die Gesichtsschädelknochen sind eher flach und kurz. Das Wachstum des Gebisses und der Kopfhöhlen bestimmen die rassespezifische Entwicklung zur adulten und endgültigen Schädelform des Pferdes. Je nach Rasse, Typ, Geschlecht und Alter kann die equine Schädelform teilweise sehr unterschiedlich ausgeprägt sein [1].

1.1 Kopfformen

Beim geraden Kopf ist der Winkel zwischen Ober- und Unterlinie des Schädels eher gering. Ein größerer Winkel und eine zum Maul spitz zulaufende Form charakterisieren den Keilkopf. Der Hechtkopf ist am Gesichtsschädel nach konkav eingezogen und äußert sich durch eine Einsenkung der Profillinie. Beim sogenannten Ramskopf oder der Ramsnase ist der Gesichtsschädel und teilweise auch der Hirnschädel nach konvex vorgewölbt. Ein ausgeprägter Hirn- und schmaler Gesichtsschädel kennzeichnen den Schweinskopf und ein nach oben aufgewölbter Hirnschädel den Schafskopf (▶ Abb. 1.1).

1.2 Schädelproportionen

Als Pflanzenfresser und Fluchttier ist das Pferd mit einem kleineren Hirn- und einem großen Gesichtsschädel ausgestattet. Diese Schädelform wird maßgeblich von der Ausgestaltung seines Kauapparates vorgegeben und geprägt. Der deutlich mächtigere Gesichtsschädel ist vorgezogen und verlängert, sodass er der Kaumuskulatur ausreichend Ansatzfläche bietet und das Gebiss gut unterbringen kann. Zur Veranschaulichung der Lage der beiden Schädelteile zueinander kann man den Pferdeschädel mit einer vierseitigen Pyramide vergleichen, die auf der Seite liegt. Ihre Grundfläche besteht aus der Nackenwand und ihre Spitze bildet die Gesichtsspitze des Pferdes bis zum Maul. Der basalen Schädelfläche (Schädelbasis) liegt die Dachfläche gegenüber und die beiden Seitenflächen begrenzen den Pferdeschädel nach lateral (▶ Abb. 1.2).

1.3 Embryologische Entstehung des Schädels

1.3.1 Embryologischer Hintergrund

In der Entwicklungsphase des Fetus wird dessen Gestalt durch ein knorpeliges Stützskelett geformt: das Primordialskelett. Während die meisten Knochen des Skeletts über die chondrale Ossifikation gebildet werden, entsteht der Großteil der Schädelknochen durch die desmale Ossifikation. Diese

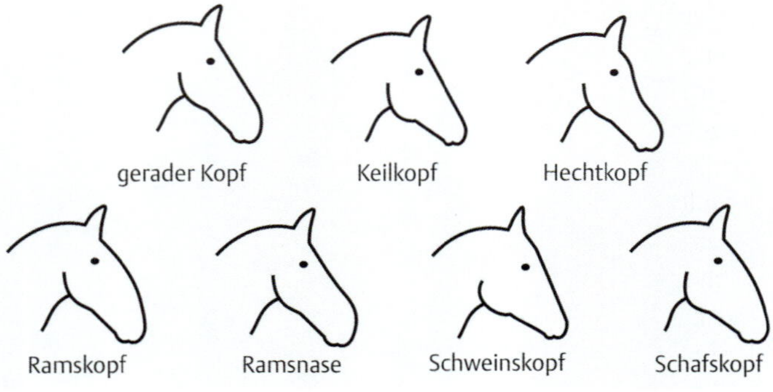

Abb. 1.1 Die Kopfformen des Pferdes.

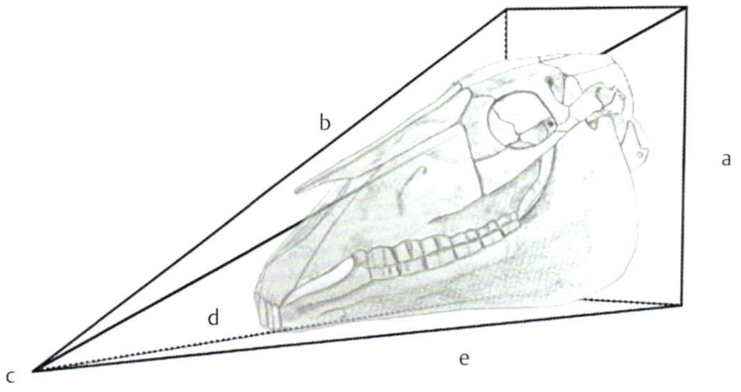

Abb. 1.2 Schematische Darstellung der Schädelflächen des Pferdes. a Grundfläche (Nackenwand), b Dachfläche (Dorsalfläche), c Gesichtsspitze, d Seitenfläche, e Basalfläche.

führt zu der Entstehung des Bindegewebsknochens und der Deckknochen des equinen Schädels.

Die Ausbildung des Pferdeschädels verläuft in 3 Entwicklungsstufen. In der ersten Phase erfolgt ein Längen- und Breitenwachstum des Hirn- und Gesichtsschädels. In der zweiten Phase wächst der Gesichtsschädel und in der dritten Phase durch die Veränderung der Kieferform anhand des Zahnwechsels die Knochen des Gesichts. Der Hirn- und der Gesichtsschädel weisen ein unterschiedlich starkes Wachstum auf, weswegen ihre Wachstumsphasen nicht als linear bezeichnet werden können.

Alle Einzelknochen entwickeln sich aus unabhängigen Ossifikationszentren. Sie sind zumeist bindegewebig miteinander verbunden, sodass eine dynamische Anpassung des Schädels in der postnatalen Wachstumsphase sichergestellt ist. Auch der Umformungsprozess der einzelnen Schädel- und Gesichtsknochen ist dynamisch und kann funktionsbedingt lebenslang andauern [1], [2].

1.3.2 Embryologische Grundlagen

Der Grundbaustein der embryonalen Anlage ist das mesenchymale Gewebe aus den Mesenchymzellen des mittleren Keimblatts (Mesoderm). Aus diesen entstehen alle Zellarten des Bindegewebes wie die Osteoblasten, Osteoklasten, Chondroblasten und die Fibroblasten. Zu welchem Zelltypus die Mesenchymzellen differenzieren, hängt vom Säuregrad des Gewebes ab. In gut durchblutetem Gewebe mit hohem Sauerstoffgehalt und hohem pH-Wert findet man beispielsweise die Osteoblasten. In der Ontogenese entwickeln sich Knorpelinseln, die aus paarigen und unpaaren Knorpeln bestehen. Im ventralen Teil des primordialen Schädels vereinigen sie sich zu einem knorpeligen Chondrokranium, welches sich in ein primordiales Neuro- und Viszerokranium unterteilt (▶ Abb. 1.3). Während das primordiale Neurokranium die Gehirnanlage beinhaltet, wird aus dem primordialen Viszerokranium der Gesichtsschädel gebildet [2], [3].

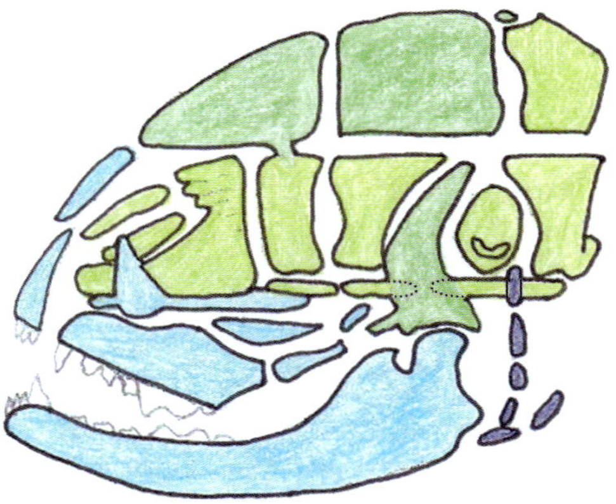

Abb. 1.3 Schema der Anordnung und Herkunft der Kopfknochen beim Säugetier. Hellgrün: Primordialknochen, dunkelgrün: Deckknochen des Neurokraniums, hellblau: Deckknochen des Viszerokraniums, dunkelblau: Anteile des Zungenbeins.

1.3.3 Entstehung der Knochen

Der knöcherne Schädel ist ein aus Einzelteilen zusammengefügtes Komposit.

Chondrale Ossifikation

Die Knochen der Schädelbasis entstehen durch die chondrale Ossifikation. Bei dieser indirekten Verknöcherung werden die knorpeligen Vorgänger nach und nach mit primären Verknöcherungskernen durch Knochensubstanz ersetzt. Die chondrale Ossifikation wird in die perichondrale und die enchondrale Ossifikation unterteilt. Durch die enchondrale Ossifikation werden am Gesichtsschädel das Zungenbein (Os hyoideum) und die Gehörknöchelchen (Ossicula auditus) sowie am Chondrokranium das Keilbein (Os sphenoidale) und das Siebbein (Os ethmoidale) gebildet.

Desmale Ossifikation

Die restlichen Schädelknochen entstehen durch die desmale oder auch direkte Ossifikation. Bei der desmalen Ossifikation ergibt sich die Knochenbildung unmittelbar aus den embryonalen Mesenchymzellen. Aus ihnen entwickeln sich ohne knorpelige Vorstufe die Osteoblasten, die die Knochengrundsubstanz – das Osteoid – herstellen, welches dann mineralisiert wird. Durch die desmale Ossifikation entstehen am Hirnschädel das Scheitelbein (Os parietale), das Zwischenscheitelbein (Os interparietale) und das Stirnbein (Os frontale). Am Gesichtsschädel bilden sich durch die desmale Ossifikation das Nasenbein (Os nasale), das Tränenbein (Os lacrimale), das Jochbein (Os zygomaticum), das Zwischenkieferbein (Os incisivum), das Gaumenbein (Os palatinum), das Pflugscharbein (Vomer), das Flügelbein (Os pterygoideum) sowie der Oberkiefer (Maxilla) und der Unterkiefer (Mandibula).

Anatomie

Die **chondrale** und die **desmale Ossifikation** lassen jeweils einen Geflechtknochen entstehen, der sich dann in einen Lamellenknochen umwandelt. Setzen sich Knochen aus beiden Verknöcherungsarten zusammen, werden sie als sogenannte Mischknochen bezeichnet. Das Hinterhauptsbein (Os occipitale) und das Schläfenbein (Os temporale) werden als solche Mischknochen am Hirnschädel ausgeformt [2], [4], [5].

1.3.4 Entstehung der Suturen

Die Suturen entwickeln sich im Vergleich zu den Schädelknochen embryonal relativ spät. Die Bildung der Deckknochen aus den primären Ossifikationszentren ist bereits mehrere Wochen fortgeschritten, bevor die Morphogenese der Suturen einsetzt. Der Startzeitpunkt der Suturenentstehung ist definiert als das Annähern, Aneinanderstoßen oder Überlappen der wachsenden Schädelknochen. Die Morphogenese der kranialen Suturen innerhalb des Hirnschädels setzt früher ein als die der fazialen Suturen am Gesichtsschädel. Jedoch durchlaufen alle Suturen während ihrer Entwicklung unterschiedliche Stadien mit spezifischen histologischen Charakteristika. Die Deckknochen liegen zunächst relativ weit auseinander und sind von einem präsumtiven Suturmesenchym umgeben. Postnatal wird aus diesem Mesenchym über ein zellreiches Sutur-Blastem die Suturmatrix gebildet. Anschließend unterliegen die Suturen einem stetigen Umformungsprozess, bis sich aus einer präsumtiven Sutur eine vollständig ausgebildete Sutur und letztendlich eine fusionierende Sutur entwickelt hat.

Die Morphogenese der Suturen wird durch folgende Faktoren eingeleitet und reguliert:

- Interaktion mit dem Umgebungsgewebe
- intrazelluläre Signale von Transkriptions- und Wachstumsfaktoren
- genetische Faktoren

Am Hirnschädel besteht das Umgebungsgewebe der kranialen Suturen aus dem Suturmesenchym und den osteogenen Knochenfronten sowie dem überspannenden Perikranium und der innen liegenden Dura mater. Das Suturmesenchym gleicht einer extrazellulären Matrix und setzt sich aus festen Kollagenfasern mit darin enthaltenen mesenchymalen Zellen zusammen, die zu reifen Osteoblasten differenzieren und an den Knochenfronten neues Knochengewebe ausbilden. Die Dura mater exprimiert Wachstumsfaktoren, die ein frühzeitiges Verschließen der kranialen Suturen unterbindet.

Bei den fazialen Suturen des Gesichtsschädels, die nicht der Sekretion der Dura mater unterliegen, wird angenommen, dass diese Funktion vom Nasenknorpel übernommen wird: Das knorpelige

Septum nasi verhindert innerhalb der Suturmorphogenese den Verschluss der fazialen Suturen und damit die Verknöcherung der Knochenfronten [2].

1.4 Aufbau und Struktur des Schädels

1.4.1 Aufbau

Das Skelettsystem bezieht seine Funktionen aus dem Zusammenwirken von Hartsubstanz – dem Knochen – mit den anderen Gewebselementen wie straffem und elastischem Bindegewebe oder Knorpelgewebe. Obwohl der Knochen nach den Zähnen das härteste Gewebe im Organismus ist, ist er eine gut durchblutete und elastische Struktur, die eine relativ hohe Flexibilität aufweist. Je nach Funktion und Aufgabe, die ein Knochen im Skelettsystem zu erfüllen hat, weist er eine bestimmte Knochenform, Knochenart und spezifische äußere Merkmale auf.

1.4.2 Schädelknochen

Die Schädelknochen sind morphologisch platte Knochen (Ossa plana). Sie liegen als mantelartige Knochenplatten unter der Haut und werden daher als Deckknochen oder Belegknochen bezeichnet. Die Knochen des Schädeldaches und die meisten Gesichtsschädelknochen zählen zu den Deckknochen.

Die platten Knochen setzen sich aus 2 kompakten Knochenplatten (Lamina interna und Lamina externa) bzw. Knochentafeln (Tabulae) zusammen. Diese sind mit einer dünnen, harten Knochenrinde (Kortikalis) überzogen, die sich wenig verformen lässt. Zwischen den Knochenplatten befindet sich eine Schicht aus Spongiosabälkchen (Diploe). Die Spongiosabälkchen – auch Knochenbälkchen oder Trabekel genannt – geben der Spongiosa ihre charakteristische schwammartige Struktur und ermöglichen dadurch Stoffwechselaktivität. An seiner Außenseite ist der Knochen mit einer Knochenhaut (Periost) überzogen, dessen fibröse Schicht Fibroblasten und kollagene Fasern enthält. Die Innenschicht der Knochenhaut (Kambium) ist nerven- und gefäßreich durchzogen. Das sogenannte Endost beschichtet den Knochen und seine Hohlräume von der Innenseite.

Weil den Schädelknochen eine herkömmliche Markhöhle fehlt, befindet sich das Knochenmark in den Hohlräumen der schwammartigen Spongiosaschicht. Einige der platten Knochen am Kopfskelett sind luftgefüllt (Ossa pneumatica). Sie bilden durch Resorption von Knochensubstanz Hohlräume, die später von innen mit einer Schleimhaut ausgekleidet werden, z. B. am Siebbein (Os ethmoidale) und am Oberkiefer (Maxilla).

Anatomie

Aufbau **Deckknochen** (von außen nach innen):

- Periost
- Kambium
- Kortikalis
- Lamina interna et externa
- Diploe
- Endost
- Knochenhaut
- Innenschicht der Knochenhaut
- Knochenrinde
- Knochentafeln
- Spongiosaschicht
- Innenschicht

1.4.3 Zusammensetzung der Knochen

Der adulte Knochen besteht aus Wasser, etwa ⅓ organischer Grundsubstanz und zu etwa ⅔ aus anorganischem Material. Die Knochensubstanz setzt sich aus 95 % Knochenzellen (Osteozyten) und 5 % Osteoblasten zusammen. Osteozyten sind einkernige, nicht weiter teilbare Zellen in der mineralisierten Knochenmatrix. Sie erhalten das Knochengewebe und sind durch ihre Zellfortsätze miteinander verbunden. Die Osteoblasten sind für die Bildung der Knochensubstanz verantwortlich. Sie differenzieren sich zu den Osteozyten. Etwa 5 % der Osteoblasten verbleiben beim adulten Organismus im Ruhezustand und können bei Bedarf zur Knochenbildung aktiviert werden. Das anorganische Material des Knochens besteht aus 85 % Kalziumphosphat, 10 % Kalziumkarbonat, Magnesiumphosphat, Kalziumfluorit sowie Natrium und

Kalium. Die organischen Bestandteile des Knochens sind zu etwa 95 % Kollagenfasern, die dem Knochen Elastizität und Flexibilität ermöglichen. Da das Knochengewebe eine Stütz- und Schutzfunktion erfüllt, ist es ein hoch spezialisiertes Stützgewebe, das neben seiner Formfestigkeit auch eine hohe Biegefestigkeit aufweist [3], [4].

1.4.4 Dynamik und Dysfunktion

Der knöcherne Schädel ist keine starre Struktur, sondern eine dynamische Einheit, da die Schädelplatten untereinander beweglich sind. Die Schädelknochen sind durch Bindegewebe miteinander verbunden, wodurch straffe, minimal elastische Einheiten entstehen.

Zwischen den Schädelplatten liegen zudem Durchtrittsstellen für das Nerven- und Blutgefäßsystem. Der Schädel und die intrakranialen Strukturen sind in der Lage, sich an Kräfte anzupassen und sich an Kompressions- und Distraktionskräfte zu adaptieren [6]. Die Knochennähte (Suturen) sind Teil des kranialen Bewegungssystems und können bei einer Blockade oder Bewegungseinschränkung Dysfunktionen hervorrufen. Diese gehen oftmals mit Symptomen und/oder Schmerzen einher. Auch nach Traumata oder durch mechanische Irritationen können Blockaden oder Kompressionen an den Knochennähten entstehen. Zu Ihrer Auflösung bedarf es einer passiven Mobilisation der Schädelknochen.

Anatomie

Durch die untereinander beweglichen Schädelplatten ist der knöcherne Schädel als eine dynamische Einheit zu betrachten, die sich an Kräfte anpassen und sich an Kompressions- und Distraktionskräfte adaptieren kann.

1.5 Anatomie des Schädels

1.5.1 Schädelregionen

Zur topografischen Orientierung wird der Kopf (Caput) in Regionen (Regiones) eingeteilt:

Am **Gehirnschädel**:

- Genickgegend (Regio nuchalis)
- Hinterhauptsgegend (Regio occipitalis)
- Scheitelgegend (Regio parietalis)
- Schläfengegend (Regio temporalis)
- Ohrgegend (Regio auricularis)
- Augenhöhlengrube (Fossa supraorbitalis)
- Stirngegend (Regio frontalis)

Am **Gesichtsschädel**:

- Augenhöhlengegend (Regio orbitalis)
- Unteraugenhöhlengegend (Regio infraorbitalis)
- Nasengegend (Regio nasalis)
- Nasenrückengegend (Regio dorsalis nasi)
- Nasenseitenflächengegend (Regio lateralis nasi)
- Nasenlöchergegend (Regio narium)
- Kaumuskelgegend (Regio masseterica)
- Kiefergelenksgegend (Regio articulationis temporomandibularis)
- Backengegend (Regio buccalis) mit einem Oberkieferteil (Regio maxillaris) und einem Unterkieferabschnitt (Regio mandibularis)
- Mundgegend (Regio oralis) mit Oberlippengegend (Regio labialis superior) und Unterlippengegend (Regio labialis inferior) sowie die Mundspalte (Rima oris)
- Kehlgangsgegend (Regio intermandibularis)
- Unterzungenbeingegend (Regio subhyoidea)

1.5.2 Aufbau des Schädels

Der Schädel bildet die knöcherne Grundlage des Kopfes und wird deswegen auch als Kopfskelett bezeichnet. In der Schädelhöhle befinden sich das Gehirn, die höheren Sinnesorgane sowie Teile des Atmungs- und Verdauungsapparates. Die Gesichts- und Kaumuskulatur findet am vorgezogenen Gesichtsschädel ihren Ursprung und Ansatz. Das Kopfskelett des Pferdes kennzeichnet sich durch markante Gesichtsleisten und ausgeprägte Knochenvorsprünge.

Anatomie

Klinisch **bedeutsame, palpierbare Knochenstrukturen** der unterschiedlichen Flächen am Pferdeschädel sind:

Dorsalfläche
- Crista nuchae
- Crista sagittalis externa
- Linea temporalis
- Foramen supraorbitale
- Schläfengrube

Seitenfläche
- Incisura nasoincisiva
- Foramen infraorbitale
- Crista facialis
- Processus lacrimalis rostralis et caudalis
- Arcus zygomaticus

Nackenfläche
- Crista nuchae
- Processus paracondylaris

Unterkiefer
- Incisura vasorum facialium
- Foramen mentale

Dem Oberschädel sind der Unterkiefer und das Zungenbein beweglich angelagert. Durch seine Zusammensetzung aus meist paarigen Einzelknochen teilt sich der Oberschädel in eine Hirn- und eine Nasenkapsel auf.

1.5.3 Hirn- und Nasenkapsel

Der Schädelteil, der die Hirnkapsel formt, ist der Hirnschädel oder Neurokranium. Er setzt sich paarig aus dem Hinterhauptsbein (Os occipitale), dem Scheitelbein (Os parietale) und dem Zwischenscheitelbein (Os interparietale) zusammen und geht nach rostral in das Stirnbein (Os frontale) über. Die ihm zugehörigen Hirnschädelknochen heißen Ossa cranii und beherbergen höhlenförmig das Gehirn mit seinen Hüllen sowie das Mittel- und das Innenohr.

Die Nasenkapsel bildet zusammen mit dem Unterkiefer (Mandibula) und dem Zungenbein (Os hyoideum) den Gesichtsschädel, auch Facies, Splanchno- oder Viszerokranium genannt. Die hier zugehörigen Gesichtsschädelknochen heißen Ossa faciei und geben dem Pferd seine jeweils charakteristische Kopfform. Sie stützen und schützen die Strukturen des Gesichts sowie die Augenhöhlen mit den Augäpfeln.

In der Nasenkapsel befinden sich die Nasenhöhlen. Der Boden der Nasenkapsel bildet mit seiner knöchernen Unterfläche die Grundlage für das Dach der Mundhöhle. Die seitliche Begrenzung der Mundhöhle ist der Unterkiefer und die Bodenbegrenzung das Zungenbein.

1.5.4 Knochenhöhlen

Die unterschiedlichen Knochenhöhlen des Schädels beherbergen die Sinnesorgane des Pferdes. Das Hör- und Gleichgewichtsorgan sitzt im Felsenbein bzw. im Felsenteil (Pars petrosa) und Paukenteil (Pars tympanica) des Schläfenbeins (Os temporale). Das Sehorgan befindet sich in der knöchernen Augenhöhle (Orbita), die sich aus Hirn- und Gesichtsschädelknochen zusammensetzt. Das Riechorgan liegt im Nasengrund am Siebbein (Os ethmoidale), dem kaudalen Ende der Nasenhöhle. Einzig das Geschmacksorgan besitzt keine definierte Knochenhöhle, sondern ist vielmehr an unterschiedlichen Abschnitten der Mundhöhle zu finden.

Das Gehirn ist von der Schädelhöhle (Cavum cranii) umgeben. Das Dach der Schädelhöhle (Calvarium) setzt sich aus dem Scheitelbein (Os parietale), dem Zwischenscheitelbein (Os interparietale) und dem Stirnbein (Os frontale) zusammen. Die Dachfläche des Calvariums wird kaudal durch die Crista nuchae des Hinterhauptbeins von der Nackenfläche abgegrenzt. Lateral wird die Schädelhöhle vom Schläfenbein (Os temporale) begrenzt und die ventrale Grenze sind das Keilbein (Os sphenoidale) und die Basalfläche des Hinterhauptsbeins (Os occipitale).

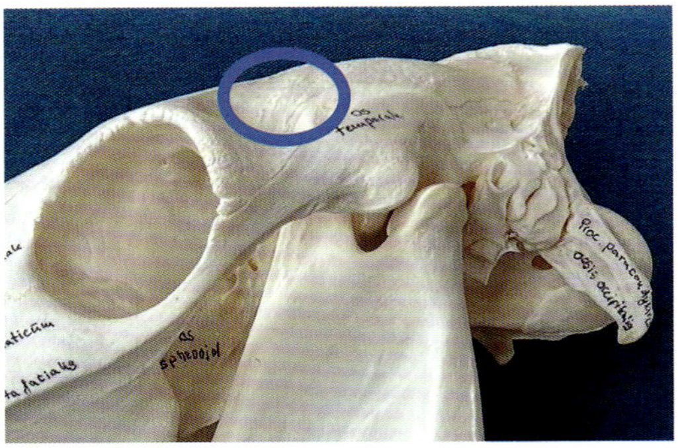

Abb. 1.4 Palpierbare Knochenstruktur, Linea temporalis. Pferdeschädel, Ansicht von lateral. (Quelle: Inken Voges-Falkenberg)

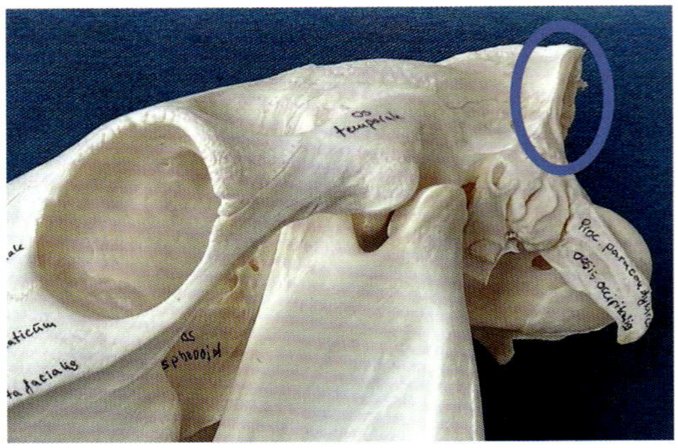

Abb. 1.5 Palpierbare Knochenstruktur, Crista nuchae. Pferdeschädel, Ansicht von lateral. (Quelle: Inken Voges-Falkenberg)

Anatomie

Knochen

- Schläfenbein
- Orbita
- Siebbein
- Mundhöhle
- Schädelhöhle mit Calvarium

Organ

- Hör- und Gleichgewichtsorgan
- Sehorgan (Auge)
- Riechorgan
- Geschmacksorgan
- Gehirn

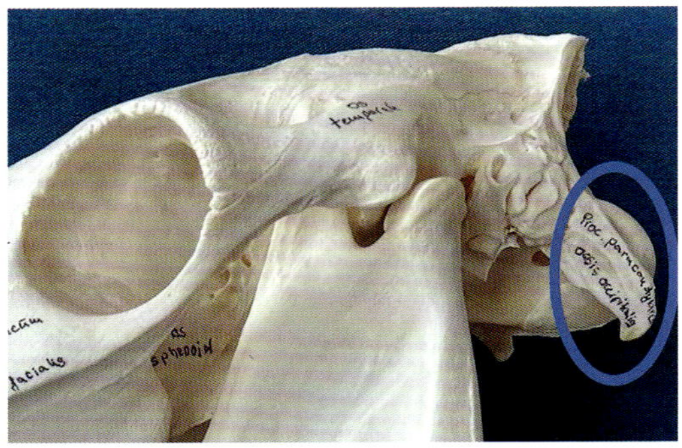

Abb. 1.6 Palpierbare Knochenstruktur, Processus paracondylaris. Pferdeschädel, Ansicht von lateral. (Quelle: Inken Voges-Falkenberg)

1.5.5 Nackenfläche

Die Nackenfläche (Planum nuchale) wird von der Hinterhauptsschuppe (Squama occipitalis) und den beiden Seitenteilen des Hinterhauptsbeins gebildet. Die seitlichen Randgrenzen stellen auf beiden Seiten die Pars petrosa des Schläfenbeins (Os temporale) dar. Durch den Nackenkamm (Crista nuchae) und die Protuberantia occipitalis externa ist die Nackenfläche dorsal deutlich von dem Schädeldach abgegrenzt. Die Crista supramastoidea stellt die laterale Fortsetzung des Nackenkamms dar und verläuft entlang der Seitenflächen des Schädels. Sowohl die Crista nuchae als auch die Nackenlinie (Linea nuchae) gehen beiderseits in die Crista temporalis bzw. Linea temporalis über, die beim Pferd direkt mit den Seitenflächen artikuliert (▸ Abb. 1.4).

Die Nackenfläche der Hinterhauptsschuppe besitzt einen von Gruben und Rauigkeiten umgebenen Hinterhauptsstachel (Protuberantia occipitalis externa), der dem Nackenband (Lig. nuchae) als Ansatzfläche dient. Auch die Crista nuchae und die Protuberantia occipitalis externa sind Ansatzflächen für Nacken- und Halsmuskulatur (▸ Abb. 1.5).

An der Grenze zur Schädelbasis und an der Basis der Nackenfläche erstreckt sich zwischen den beiden Gelenkfortsätzen (Condyli occipitales) des Hinterhauptsbeins das große Hinterhauptsloch (Foramen magnum). Das verlängerte Mark (Medulla oblongata) findet hier seinen Austritt vom Gehirn in die Peripherie. Die Gelenkfortsätze artikulieren beiderseits mit dem ersten Halswirbel (Atlas) und dem lateral von ihnen gelegenen Processus paracondylaris dient erneut als Muskelansatzfläche (▸ Abb. 1.6).

1.5.6 Dachfläche

Da die Dachfläche des Pferdeschädels über den Hirn- und den Nasenschädel verläuft, wird sie in einen Hirnschädelabschnitt und einen Nasenschädelabschnitt unterteilt.

Hirnschädelabschnitt der Dachfläche

Dieser Abschnitt setzt sich aus dem Scheitelteil und dem Stirnteil zusammen. Der Scheitelteil wird durch die Lamina externa des Hinterhauptsbeins, durch das Scheitelbein und das Zwischenscheitelbein gebildet. Der Stirnteil ist die rostrale Fortsetzung und besteht aus der Facies externa der Stirnbeine, die durch die Sutura coronalis mit den Scheitelbeinen verbunden sind. Im Scheitelteil erhebt sich beim Pferd median die unpaarige Crista sagittalis externa, die sich zur Begrenzung der Augenhöhlenränder nach rostral paarig in die Linea temporales aufteilt und am Jochfortsatz des jeweiligen Stirnbeins endet. Dort, wo der Jochfortsatz sich mit dem Processus frontalis des Jochbeins verbindet, entsteht die knöcherne Margo supraorbitalis. Auf der Höhe des Foramen supraorbitale und an der Basis des Processus zygomaticus des Stirnbeins ist die Dachfläche am breitesten (▶ Abb. 1.7).

Nasenschädelabschnitt der Dachfläche

Der Nasenschädelabschnitt, auch Nasenrücken genannt, setzt sich aus den paarigen Nasenbeinen (Ossa nasalia) zusammen [1], den lateralen Abschnitten des Oberkieferbeins (Maxilla) und den Processus nasales des Zwischenkieferbeins (Os incisivum). Dies ist nur bei den Fleischfressern der Fall, wohingegen beim Pferd die Seitenteile nicht sonderlich von den Ossa nasalia abgegrenzt sind [4]. Zum rostralen Ende des Nasenrückens verjüngen sich die paarigen Nasenbeine zum Processus rostralis als eine mediale Spitze. Dieses frei vorstehende Knochenende bildet zusammen mit den Zwischenkieferbeinen den Nasenzwischenkieferausschnitt (Incisura nasoincisiva), welcher beim Pferd gut zu palpieren ist (▶ Abb. 1.8).

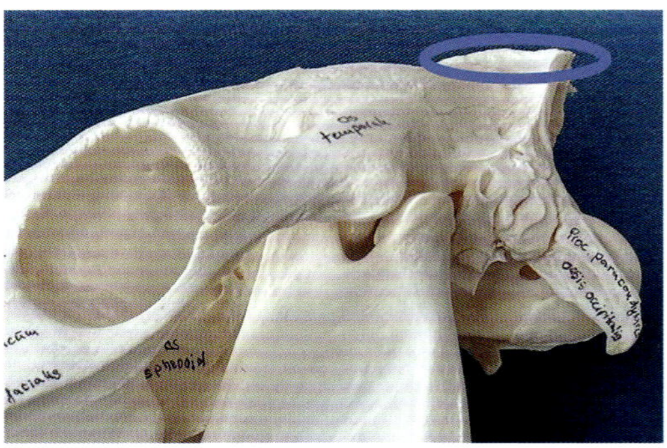

Abb. 1.7 Palpierbare Knochenstruktur, Crista sagittalis externa. Pferdeschädel, Ansicht von lateral. (Quelle: Inken Voges-Falkenberg)

1.5.7 Seitenfläche

Die Seitenflächen werden ebenfalls in einen Hirnschädelabschnitt und einen Nasenschädelabschnitt unterteilt. Der Hirnschädelabschnitt ist in die folgenden Strukturen gegliedert: Jochbogen (Arcus zygomaticus), Schläfengrube (Fossa temporalis), Ohrausschnitt (Incisura otica), die knöcherne Augenhöhle (Orbita) und die Flügelgaumengrube (Fossa pterygopalatina). Durch die Knochen der Seitenfläche entsteht im Bereich des Hirnschädels in der Scheitel-Schläfengegend die Schläfengrube. Außerdem enthalten sie das Hör- und Gleichgewichtsorgan und bieten dem Zungenbein seinen Ansatz. Der Nasenschädelabschnitt besteht aus der Seitenfläche des Angesichts bzw. den Nasenschädelabschnitten der Seitenflächenknochen.

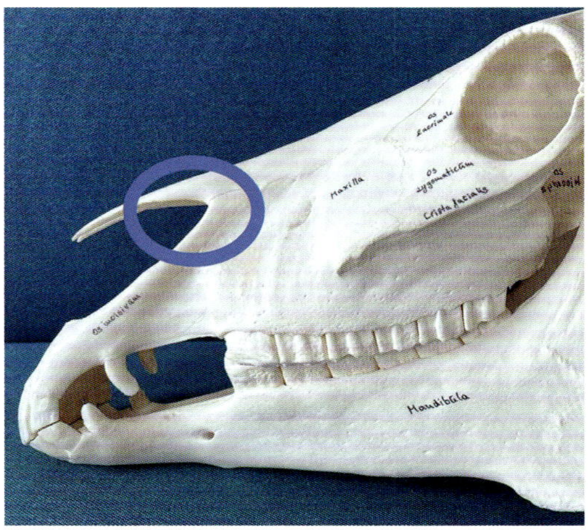

Abb. 1.8 Palpierbare Knochenstruktur, Incisura nasoincisiva. Pferdeschädel, Ansicht von lateral. (Quelle: Inken Voges-Falkenberg)

1.5.8 Arcus zygomaticus (Jochbogen)

Der Jochbogen ist beim Pferd stark ausgeprägt. Er wölbt sich nach lateral aus der Seitenwand heraus und bildet den leicht geschwungenen, nach außen gerichteten Bogen nach rostral zum Gesichtsschädel (▶ Abb. 1.9). In seinem Verlauf überdeckt er lateral basale Anteile der Fossa temporalis und der Orbita [1], [4].

Der Jochbogen setzt sich aus dem Processus zygomaticus des Schläfenbeins (Os temporale) und aus dem Processus temporalis des Jochbeins (Os zygomaticum) zusammen. Am Ursprung der Jochfortsätze durchbohrt das Foramen supraorbitale das Stirnbein (▶ Abb. 1.10). Der Arcus zygomaticus bildet zudem die Grundlage für die gelenkige Verbindung zum Unterkiefer (Mandibula). Die Gelenkfläche für das Kiefergelenk (Articulatio temporomandibularis) befindet sich an der Unterfläche der Wurzel des Processus zygomaticus des Schläfenbeins. Dieser verbindet sich rostral mit dem Processus temporalis des Jochbeins zum Jochbogen. Beim Pferd stellt der Jochbogen durch den Processus zygomaticus des Stirnbeins von dorsal ein zusätzliches Widerlager gegen den Kieferdruck dar, da sich der Processus zygomaticus des Stirnbeins mit dem des Schläfenbeins verbindet und somit gestützt wird. Neben der rostral gelegenen Gelenkwalze (Tuberculum articulare) des Kiefergelenks ist mittig seine Gelenkgrube (Fossa mandibularis) mit ihrer Gelenkfläche (Facies articularis) zu finden sowie kaudal der Processus retroarticularis [7].

1.5.9 Fossa temporalis (Schläfengrube)

Die knöcherne Grundlage der Schläfengrube wird vom Schläfenbein, Scheitelbein, Stirnbein sowie, gemäß Nickel et al. [4], bei Pferden auch von den Flügeln des hinteren Keilbeins (Os basisphenoid) gebildet. Den schmalen kaudalen Rand bildet ebenfalls die Hinterhauptsschuppe (Squama occipitalis) [4]. Die Schläfengrube sitzt dorsomedial des Processus zygomaticus der Schläfenbeinschuppe und wird dadurch ventral und lateral vom Jochbogen begrenzt. Ihre kaudale Begrenzung ist die Crista supramastoidea, die halbbogenförmig vom Dorsalrand des Jochbogens zur Crista nuchae zieht. Die mit Muskel- und Fettgewebe gefüllte Schläfengrube ist Ursprung des Schläfenmuskels (M. temporalis) und geht rostral unter dem oberen Augenhöhlenrand frei in die Orbita über (▶ Abb. 1.11).

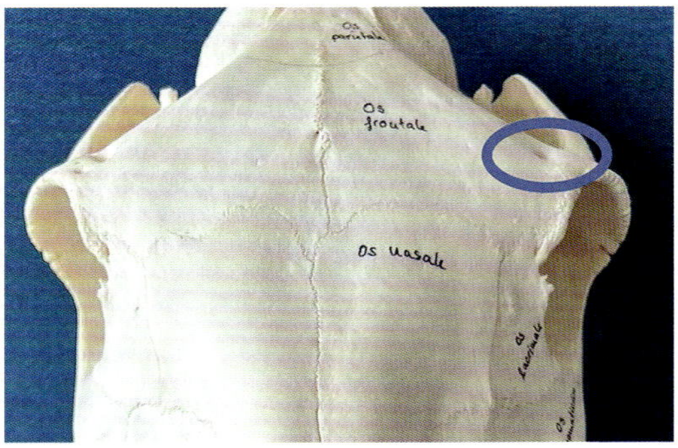

Abb. 1.10 Palpierbare Knochenstruktur, Foramen supraorbitale. Pferdeschädel, Ansicht von dorsal. (Quelle: Inken Voges-Falkenberg)

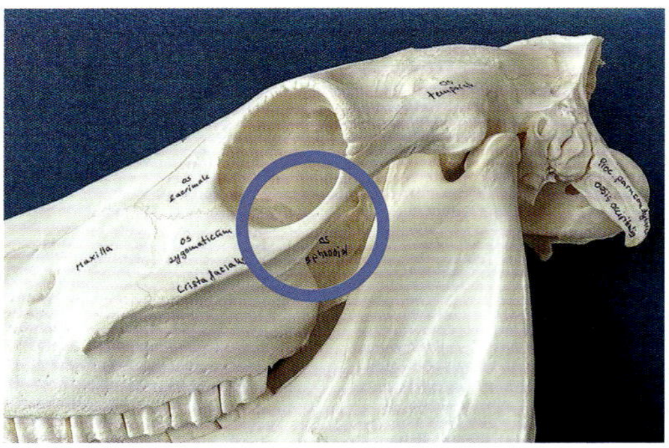

Abb. 1.9 Palpierbare Knochenstruktur, Arcus zygomaticus. Pferdeschädel, Ansicht von lateral. (Quelle: Inken Voges-Falkenberg)

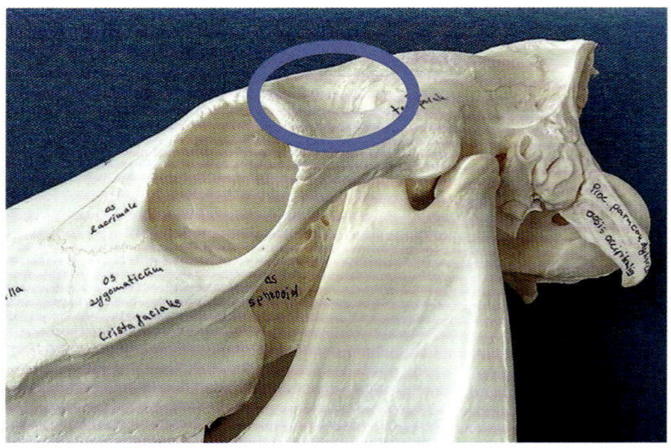

Abb. 1.11 Palpierbare Knochenstruktur, Schläfengrube. Pferdeschädel, Ansicht von lateral. (Quelle: Inken Voges-Falkenberg)

1.5.10 Ohr

Das Ohr (Auris) sitzt mit dem Hör- und Gleichgewichtsorgan und der Paukenhöhle in der Pars petrosa des Schläfenbeins (Os temporale). Dieser ist nach außen der knöcherne Abschnitt des äußeren Gehörganges (Meatus acusticus externus) angelagert, der mit der Felsenbeinpyramide im Porus acusticus externus endet. Die Fortsetzung des knöchernen Abschnitts ist der knorpelige Gehörgang und die Ohrmuschel. Alle Anteile befinden sich in der Incisura otica kaudal des Kiefergelenks, deren Randbegrenzung der Processus retrotympanicus ist. Das Petrosum bildet beim Pferd unterhalb des äußeren Gehörganges den Processus styloideus, der dem Zungenbein als Ansatzfläche dient.

1.5.11 Orbita (Knöcherne Augenhöhle)

In der knöchernen Augenhöhle (Orbita) liegt das Auge mit dem Augapfel und seinen Nebenorganen. Die Orbita verläuft über die Grenze zwischen Hirn- und Gesichtsschädel und setzt sich deswegen aus Knochen beider Schädelabschnitte zusammen. Gebildet wird sie vom Stirnbein (Os frontale), dem Tränenbein (Os lacrimale), dem Jochbein (Os zygomaticum), dem Schläfenbein (Os temporale) mit seinem Jochfortsatz und dem basalen Keilbein (Os basisphenoidale). Die Stellung der Augenhöhlen ist beim Pferd stark nach lateral orientiert. Die Orbitaachse stimmt mit der Augenachse nicht überein, sondern bildet beim Pferd einen Winkel von 115°, wodurch ein großzügig nach kaudal reichendes Sehfeld erreicht wird. Am Augenhöhlenzugang (Aditus orbitae) beteiligen sich beim Pferd das Tränenbein, das Jochbein, das Stirnbein und der Jochfortsatz des Schläfenbeins. Der Zugang der Orbita wird eingeteilt in einen unteren Augenhöhlenrand (Margo infraorbitalis) und einen oberen Augenhöhlenrand (Margo supraorbitalis) und ist beim Pferd dadurch rundum knöchern begrenzt. Der deutlich abgegrenzte obere Augenhöhlenrand entlässt rostral den palpierbaren Processus lacrimalis rostralis bzw. caudalis. Der Processus lacrimalis rostralis liegt auf der Facies facialis und der Processus lacrimalis caudalis erhebt sich auf dem Abschnitt des Margo supraorbitalis des Tränenbeins (▶ Abb. 1.12).

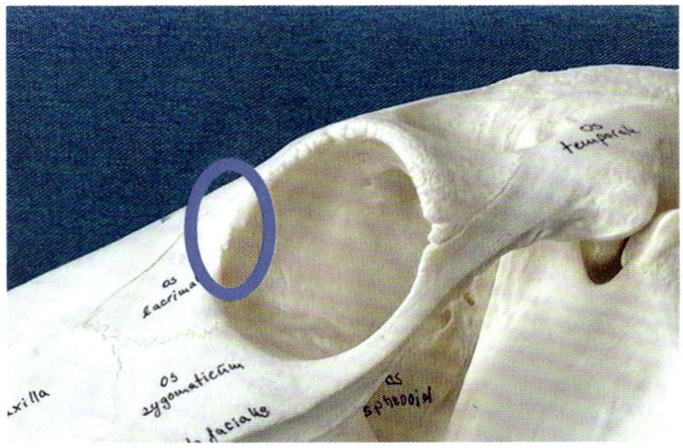

Abb. 1.12 Palpierbare Knochenstruktur, Processus lacrimalis rostralis et caudalis. Pferdeschädel, Ansicht von lateral. (Quelle: Inken Voges-Falkenberg)

Der Unterfläche des Processus zygomaticus des Stirnbeins entspringt im temporalen Bereich die Grube für die Tränendrüsen (Fossa glandulae lacrimalis). Die mediale Orbitawand setzt sich aus dem Stirnbein, dem Tränenbein und dem Flügel des Praesphenoids zusammen. Die Orbita steht im Bereich des Keilbeins über mehrere Öffnungen mit der Schädelhöhle in Verbindung, die dem Durchtritt von Nerven und Gefäßen dienen. Von oben nach unten sind folgende Öffnungen zur Schädelhöhle vorhanden: das Foramen ethmoidale, der Canalis opticus, die Fissura orbitalis, das Foramen rotundum sowie das Foramen alare rostrale bzw. caudale. Bis zum Canalis opticus werden alle Öffnungen von der Flügelleiste (Crista pterygoidea) lateral überdacht. Rostroventral entspringt der Flügelfortsatz (Processus pterygoideus) und trägt zur Bildung des Choanenrandes bei. Sein Ursprung wird beim Pferd vom Flügelkanal (Canalis alaris) durchbohrt, einem Knochenkanal, der am Foramen alare caudale beginnt und am Foramen alare rostrale endet. An der Facies orbitalis des Tränenbeins liegt der Tränentrichter (Fossa sacci lacrimalis), der in den Tränennasengang mündet.

1.5.12 Fossa pterygopalatina (Flügelgaumengrube)

Die Flügelgaumengrube (Fossa pterygopalatina) befindet sich beim Pferd unterhalb der Orbita. Sie wird lateral vom Tuber maxillare und medial von der Lamina perpendicularis des Gaumenbeins begrenzt. An der Flügelgaumengrube gibt es 3 Öffnungen für Gefäße und Nerven: rostral das große

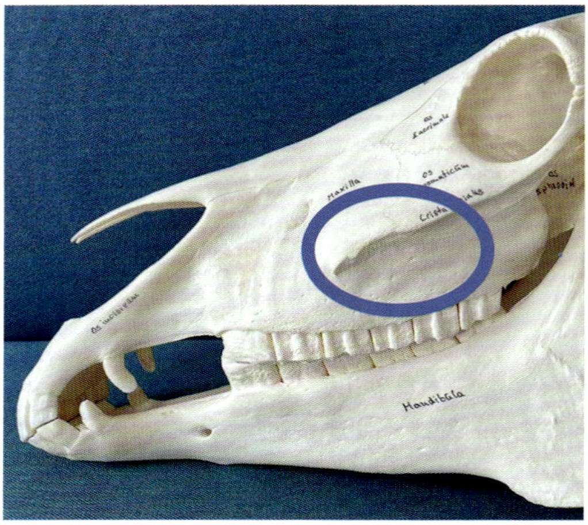

Abb. 1.13 Palpierbare Knochenstruktur, Crista facialis. Pferdeschädel, Ansicht von lateral. (Quelle: Inken Voges-Falkenberg)

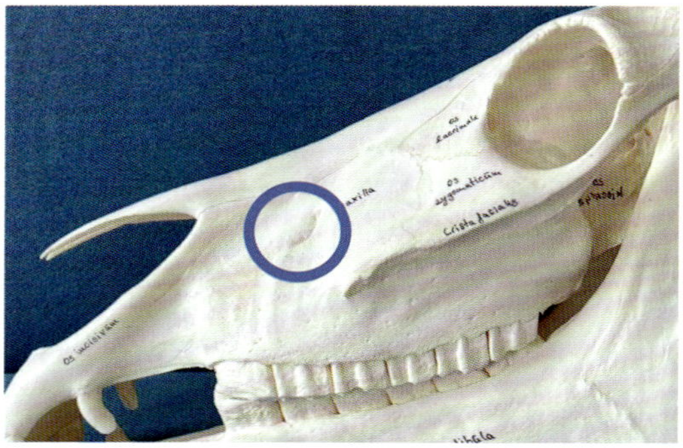

Abb. 1.14 Palpierbare Knochenstruktur, Foramen infraorbitale. Pferdeschädel, Ansicht von lateral. (Quelle: Inken Voges-Falkenberg)

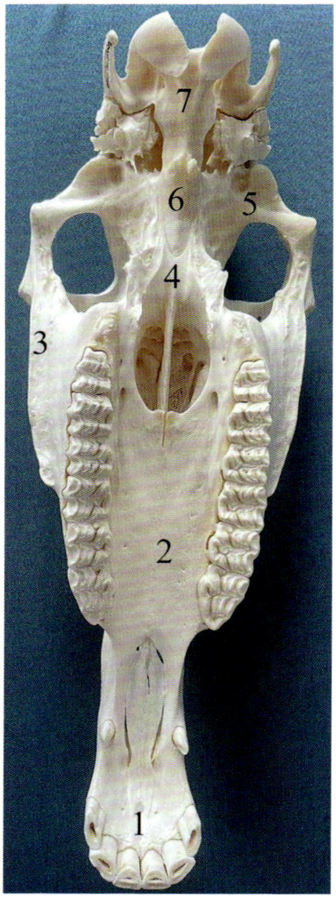

Abb. 1.15 Basale Schädelfläche. Pferdeschädel, Ansicht von basal. 1 Os incisivum, 2 Maxilla, 3 Os zygomaticum, 4 Vomer, 5 Os temporale, 6 Os sphenoidale, 7 Os occipitale. (Quelle: Inken Voges-Falkenberg)

Foramen maxillare, das in den Canalis infraorbitalis führt; dorsomedial davon das Foramen sphenopalatinum, das in die Nasenhöhle mündet, sowie das Foramen palatinum caudale, das den Zugang zum Gaumenkanal (Canalis palatinus) darstellt.

1.5.13 Seitenfläche des Gesichts

Die Seitenfläche des Gesichts wird vom Oberkieferbein (Maxilla), dem Zwischenkieferbein (Os incisivum), dem Jochbein (Os zygomaticum), dem Nasenbein (Os nasale), dem Schläfenbein (Os temporale) und dem Tränenbein (Os lacrimale) geformt. Die beim Pferd sehr markante Gesichtsleiste (Crista facialis) setzt sich aus dem Oberkieferbein und dem Jochbein zusammen und geht kaudal in den Jochbogen über (▶ Abb. 1.13).

Dorsal des vorderen Endes der Crista facialis und auf Höhe des dritten Prämolars befindet sich auf der Seitenfläche das Foramen infraorbitale, das beim Pferd gut palpierbar ist und eine klinisch wichtige Bedeutung hat (▶ Abb. 1.14).

1.5.14 Basale Schädelfläche

Die basale Schädelfläche teilt sich auf in den Anteil des Hirnschädels mit der Schädelbasis (Basis cranii externa) und in den Gesichtsschädelanteil. Letzterer besteht aus dem harten Gaumendach und den Choanen als Verbindung zwischen Nasenhöhlen und Rachenraum. Zudem dienen die Choanen als knöcherne Stütze für die Dach- und Seitenwand des Nasenrachens (▶ Abb. 1.15).

Basis cranii externa (Schädelbasis)

Die Schädelbasis (Basis cranii externa) erstreckt sich vom Foramen magnum bis zu den Flügeln des Pflugscharbeins (Vomer). Sie setzt sich zusammen aus den basalen Anteilen der Okziputkondylen und der Pars basilaris des Hinterhauptsbeins, dem Basisphenoid mit seinen Flügeln und Processi pterygoidei sowie dem Körper des Praesphenoids. Die Pars basilaris des Hinterhauptsbeins verbindet sich auf beiden Seiten jeweils mit der Pars petrosa. Rostrolateral von beiden Okziputkondylen befindet sich jeweils der hakenförmige Processus paracondylaris, abgesetzt durch die Fossa condylaris ventralis. Zwischen den Okziputkondylen liegt die tiefe Incisura intercondylaris, die mit den Kondylen die Schädelbasis kaudal abschließt. Rostral der Pars basilaris des Hinterhauptsbeins und an der Grenze zum Basisphenoid befindet sich in der Medianen das Tuberculum musculare, das den Kopf- und Genickbeugern Ansatzfläche bietet. Das paarige Tuberculum musculare an der Ventralfläche der Schädelbasis kann beim Pferd unterschiedlich kräftig ausgeprägt sein.

Die Schädelbasis beinhaltet zahlreiche Öffnungen, die als Durchtrittsstelle für Gefäße und Gehirnnerven angelegt sind: die kaudal gelegene Ausgangsöffnung des Canalis nervi hypoglossi für den Zungennerv, rostral von dieser das Foramen jugulare für die Nerven der Vagusgruppe sowie das Foramen lacerum mit der Incisura carotica, Incisura ovalis und Incisura spinosa. Aus der Pars tympanica des Schläfenbeins (Os temporale) ragt lateral der griffelförmige Processus muscularis hervor. Medial des Processus muscularis ist die knöcherne Hörtrompete (Pars ossea tubae auditivae) gelegen.

Palatum osseum (Gaumendach)

Das Gaumendach (Palatum osseum) oder der knöcherne Gaumen (Palatum durum) wird gebildet aus den paarigen Knochen des Gaumenbeins (Os palatinum), des Oberkieferbeins (Maxilla) und des Zwischenkieferbeins (Os incisivum). Es ist schmal und länglich geformt und lateral von den Zahnfächern der Backenzähne eingerahmt, dem Processus alveolaris der Maxilla, weiterhin vom Zwischenzahnrand (Margo interalveolaris) sowie rostral von den Zahnfächern der Schneidezähne, dem Processus alveolaris der Ossa incisiva.

Die Horizontalplatten des Gaumenbeins stellen den kleineren Anteil des Gaumendachs dar, während sein größerer Anteil aus der Pars horizontalis des Oberkieferbeins und den basalen Teilen des Zwischenkieferbeins besteht. In der Medianen vereinigen sich die Knochen zur Sutura palatina mediana und das Zwischenkieferbein ist beim Pferd median vom Canalis interincisivus durchbohrt. In Höhe der Nahtstelle zwischen der Lamina horizontalis des Gaumenbeins und der Pars alveolaris der Maxilla findet man das paarige Foramen palatinum majus, das mit dem Gaumenkanal (Canalis palatinus major) dem Durchtritt von Nerven und Gefäßen dient. Von dem Foramen palatinum majus aus verläuft eine flache Gefäßrinne (Sulcus palatinus), die auf dem Processus palatinus der Maxilla nach rostral bis vor den ersten Backenzahn zieht. Die beim Pferd eher schmale Gaumenspalte (Fissura palatina) liegt im rostralen Abschnitt des Gaumendachs seitlich des Processus palatinus des Zwischenkieferbeins und lässt damit den knöchernen Gaumen geöffnet.

Choanen

Die Choanen (Choanae) verbinden die Nasenhöhlen mit dem Rachenraum und bilden eine nach ventral offene Rinne, in der der Nasenrachen (Pars nasalis pharyngis) sitzt. Der beidseitig ausgebildete Nasenrachengang (Meatus nasopharyngeus) kommt von der Nasenhöhle, er ist die Fortsetzung des ventralen Nasengangs und mündet in den Nasenrachen. Die rostrale Grenze der Choanen wird von dem Rand der Lamina horizontalis des Gaumenbeins (Os palatinum) gebildet und stellt gleichzeitig den freien Choanenrand dar. Dieser wird lateral von der Lamina perpendicularis des Gaumenbeins und dem Flügelbein (Os pterygoideum) begrenzt. An dem freien Choanenrand treten folgende Erhebungen auf: rostromedian der Choanenstachel (Spina nasalis caudalis), kaudal vom Gaumenbein der Processus pterygoideus und rostral am Flügelbein das Häkchen (Hamulus pterygoideus).

Die Seitenflächen der Choanen bestehen aus der Lamina perpendicularis des Gaumenbeins, dem Processus pterygoideus des Keilbeins (Os sphenoidale) und dem Flügelbein. Das Dach der Choanen ist nur im kaudalen Abschnitt knöchern und wird beim Pferd von den Flügeln des Pflugscharbeins (Vomer), Anteilen des Keilbeins, der Lamina sphenoethmoidalis, der Perpendikularplatte des Gaumenbeins und Randteilen des Flügelbeins gebildet. Rostrodorsal besteht eine weite Verbindung zwischen den Choanen und der Nasenhöhle, deren Ductus incisivi vom Pflugscharbein getrennt werden [1], [4], [8].

1.6 Knochen des Schädels

Der Pferdeschädel besteht insgesamt aus 37 platten Einzelknochen, die sich auf den Hirnschädel und den Gesichtsschädel aufteilen (▶ Abb. 1.16).

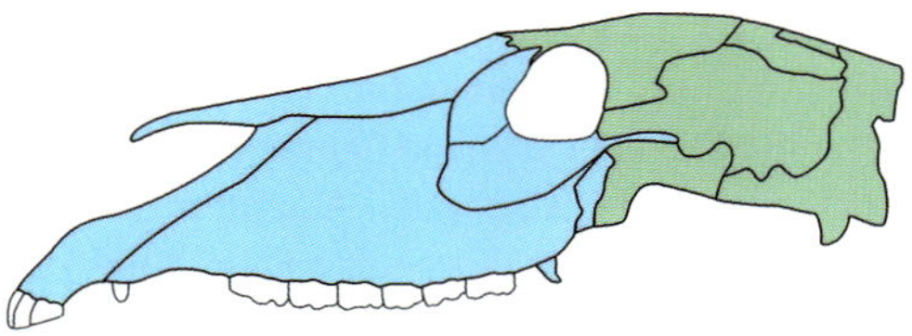

Abb. 1.16 Aufteilung Hirn- und Gesichtsschädel des Pferdes. Oberschädel des Pferdes, Ansicht von lateral. Grün: Hirnschädel, blau: Gesichtsschädel.

Anatomie

Die **10 relevanten Einzelknochen** des Pferdes zur Schädelmobilisation sind:

Hirnschädel

- Os occipitale
- Os interparietale
- Os parietale
- Os frontale
- Os temporale

Gesichtsschädel

- Os incisivum
- Os maxillare
- Os lacrimale
- Os zygomaticum
- Os nasale

1.7 Hirnschädelknochen

Der Hirnschädel (Kranium, Neurokranium) formt die Wand der Schädelhöhle (▶ Abb. 1.17). Die Knochen des Hirnschädels (Ossa cranii) bilden die Wände bzw. ihre Seitenflächen. Die Dachwand der Schädelhöhle besteht aus dem Scheitelbein (Os parietale), dem Zwischenscheitelbein (Os interparietale) und dem Stirnbein (Os frontale). Die Seitenwände werden beiderseits vom Schläfenbein (Os temporale) gebildet. Das Keilbein (Os sphenoidale) und der Basalteil des Hinterhauptsbeins (Pars basilaris ossis occipitalis) stellen die Bodenwand der Schädelhöhle dar. Kaudal wird die Schädelhöhle von der Genickwand abgeschlossen, die sich aus der Schuppe des Hinterhauptsbeins (Squama occipitalis) und seinen Seitenteilen (Partes laterales ossis occipitalis) zusammensetzt. Die Nasenwand besteht aus dem Siebbein (Os ethmoidale).

Beim ausgewachsenen Pferd sind das Scheitelbein, das Schläfenbein und das Stirnbein paarig angelegt. Die Hirnschädelknochen Hinterhauptsbein, Keilbein, Siebbein und Zwischenscheitelbein sind unpaar.

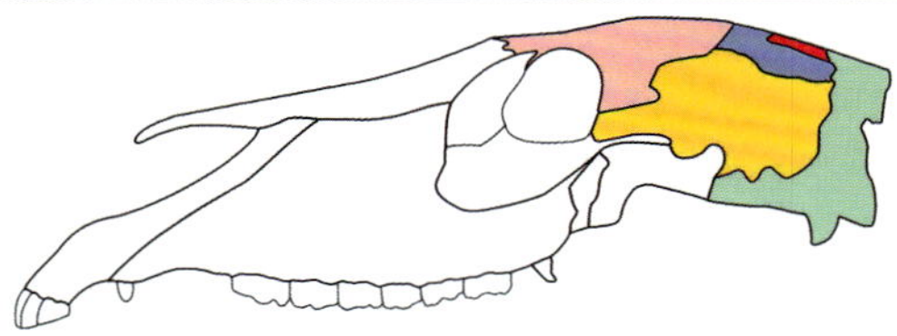

Abb. 1.17 Die zur Schädelmobilisation relevanten Knochen des Hirnschädels. Oberschädel des Pferdes, Ansicht von lateral.

Anatomie

Die **Knochen des Hirnschädels (Ossa cranii)** bestehen aus den folgenden Strukturen (▶ Abb. 1.17).

Bodenwand

- Hinterhauptsbein (Os occipitale) mit seinem basalen Teil (Pars basilaris)
- Keilbein (Os basisphenoidale und Os praesphenoidale)

Genickwand (Nackenwand)

- Hinterhauptsbein (Os occipitale) mit seiner Schuppe (Squama occipitalis) und seinen Seitenteilen (Partes laterales)

Seitenwände

- Schläfenbein (Os temporale)

Dachwand

- Stirnbein (Os frontale)
- Scheitelbein (Os parietale)
- Zwischenscheitelbein (Os interparietale)

Nasenwand

- Siebbein (Os ethmoidale)

1.7.1 Os occipitale, Okziput (Hinterhauptsbein)

Das unpaare Os occipitale bildet die Nackenwand des Schädels und damit den kaudalen und dorsalen Teil des Hirnschädels (▶ Abb. 1.18). Über das Atlantookzipitalgelenk (Articulatio atlantooccipitalis) stellt das Hinterhauptsbein mit dem ersten Halswirbel (Atlas) eine gelenkige Verbindung zur Halswirbelsäule her. Das Hinterhaupt besteht aus einem basalen Körper (Pars basilaris), der Hinterhauptsschuppe (Squama occipitalis) und den beiden Seitenteilen (Partes laterales). Es umschließt das Hinterhauptsloch (Foramen magnum), wo das verlängerte Mark (Medulla oblongata) aus der Schädelhöhle in den Rückenmarkskanal austritt. Die Nackenfläche ist rostral konvex und besteht aus der Hinterhauptsschuppe und den Seitenteilen. Die dorsale Begrenzung dieser Fläche ist die Crista nuchae.

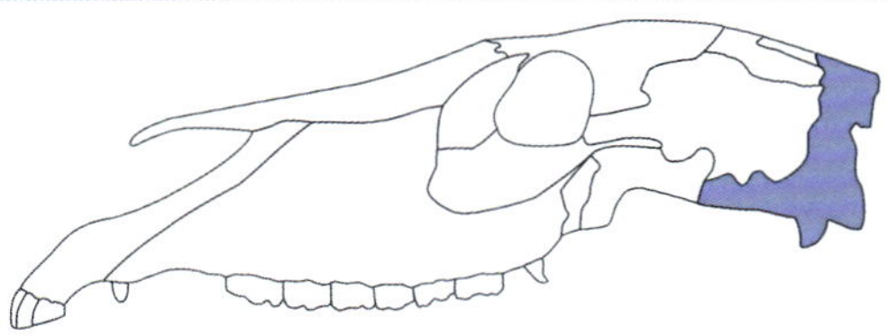

Abb. 1.18 Os occipitale. Oberschädel des Pferdes, Ansicht von lateral.

Squama occipitalis (Hinterhauptsschuppe)

Die Hinterhauptsschuppe liegt oberhalb der beiden Seitenteile und der Gelenkknorren (Condyli occipitales) und diesen dorsal auf. Sie bildet durch ihre markante Leiste an der Außenfläche (Lamina externa) den beim Pferd gut palpierbaren Genickkamm (Crista nuchae). Aus dem quer verlaufenden leistenartigen Genickkamm zieht sich nach rostral der Scheitelkamm (Crista sagittalis externa) median durch den Schädel. Er verläuft auf dem Scheitelbein (Os parietale) nach rostral und wird vom Os occipitale und dem Zwischenscheitelbein (Os interparietale) geformt. Das Hinterhauptsbein bildet mit dem Scheitelbein die Sutura lambdoidea und mit dem Zwischenscheitelbein die Sutura occipitointerparietalis, die nur beim Pferd vorhanden ist. Die lateroventrale Fortsetzung der Crista nuchae auf die Pars squamosa des Schläfenbeins (Os temporale) kennzeichnet den Schläfenkamm (Crista supramastoidea). Dort, wo sich das Hinterhauptsbein mit der Pars mastoidea des Schläfenbeins verbindet, befindet sich die Sutura occipitotemporalis (Sutura occipitomastoidea). Ventral der Crista nuchae zur Schädelbasis hin liegt keilförmig flächenhaft der von Gruben und Rauigkeiten umgebene Hinterhauptsstachel (Protuberantia occipitalis externa). An ihm heftet sich beim Pferd das Nackenband (Lig. nuchae) an. Die Innenfläche der Hinterhauptsschuppe (Lamina interna) hat Vertiefungen (Fossae cerebellares) und trägt beim Pferd mittig den Sichelfortsatz (Processus tentoricus), der mit den Fortsätzen der Scheitelbeine und des Zwischenscheitelbeins das knöcherne Hirnzelt (Tentorium cerebelli osseum) bildet.

Partes laterales (Seitenteile)

Die Seitenteile des Hinterhauptsbeins begrenzen das Hinterhauptsloch lateral mit ihren Gelenkknorren (Condyli occipitales). Die Artikulationsflächen der Condyli occipitales stellen mit den kranialen Gelenkgruben des Atlas das Atlantookzipitalgelenk her. Jeweils seitlich der Gelenkknorren befindet sich ein kräftig ausgeprägter Muskelfortsatz (Processus paracondylaris) als Ansatzstelle für die Kopfbeweger. Zwischen dem Processus paracondylaris und dem Condylus occipitalis liegt die tiefe Fossa condylaris ventralis als Austrittsstelle für den Canalis nervi hypoglossi für den Durchtritt des N. hypoglossus. Am dorsalen Rand des Hinterhauptslochs erstreckt sich plattenartig die Fossa condylaris dorsalis.

Pars basilaris (Körper)

Der Körper des Hinterhauptbeins bildet rostral vom Foramen magnum den hinteren Abschnitt der Schädelbasis. Er ist mit dem Basissphenoid des Keilbeins (Os sphenoidale) verbunden und bildet mit diesem die Sutura sphenooccipitalis. Die Außenfläche des Hinterhauptskörpers ist gewölbt und auf beiden Seiten paramedian mit einem Tuberculum musculare versehen, das den Kopfbeugemuskeln als Ansatzstelle dient. Die Innenfläche ist zur hinteren Schädelgrube (Fossa cranii caudalis) vertieft. Sie teilt sich in die rostrale Vertiefung (Impressio pontina) für die Brücke (Pons) des Gehirns und in die kaudale Vertiefung (Impressio medullaris) für das verlängerte Mark (Medulla oblongata). Die beiden Seitenränder des Hinterhauptskörpers begrenzen mit ihrem kaudalen Bereich und an der Grenze zur Bulla tympanica das Foramen jugulare, durch das die Gehirnnerven der Vagusgruppe austreten. Beim Pferd entstehen durch den scharfen Seitenrand des Hinterhauptskörpers mit der Pars petrosa des Schläfenbeins (Os temporale) zudem die Fissura petrooccipitalis sowie das Foramen lacerum [1], [4], [7], [8].

✔ Merke

Für die therapeutische Anwendung am Pferdeschädel kann das **Hinterhauptsbein** als eine einheitliche Knochenstruktur betrachtet werden.

Suturen des Hinterhauptsbeins im Überblick

- Sutura lambdoidea (Sutura occipitoparietalis) (zwischen Hinterhauptsbein und Scheitelbein)
- Sutura occipitointerparietalis (zwischen Hinterhauptsbein und Zwischenscheitelbein)
- Sutura occipitotemporalis (zwischen Hinterhauptsbein und Schläfenbein)
- Sutura occipitomastoidea (zwischen Hinterhauptsbein und Pars mastoidea des Schläfenbeins)
- Sutura occipitosquamosa (zwischen Hinterhauptsbein und Pars squamosa des Schläfenbeins)
- Sutura occipitotympanica (zwischen Hinterhauptsbein und Pars tympanica des Schläfenbeins)
- Sutura sphenooccipitalis (zwischen Hinterhauptsbein und Keilbein)

▶ Die Suturen des Hinterhauptsbeins, die im Rahmen der Schädelmobilisation behandelt werden:

- Sutura occipitointerparietalis (▶ Abb. 1.44)
- Sutura lambdoidea (▶ Abb. 1.45)
- Sutura occipitotemporalis (Sutura occipitomastoidea); ▶ Abb. 1.47

1.7.2 Os sphenoidale (Keilbein)

Das unpaare Keilbein ist die zentrale Basis des Hirnschädels und mit 12 Schädelknochen verbunden (▶ Abb. 1.19). Es bildet den rostralen Teil des Schädelbasisbodens und sitzt wie ein Keil zwischen dem Hinterhauptsbein (Os occipitale) und dem Siebbein (Os ethmoidale). Das Keilbein besteht aus 2 hintereinanderliegenden Skelettstücken, die postnatal über die Synchondrosis intersphenoidalis knorpelig miteinander verbunden sind und in den ersten Lebensjahren zu einem einheitlichen Knochen verknöchern. Die Keilbeinstücke werden bezeichnet als das vordere Keilbein (Os praesphenoidale) und das hintere Keilbein (Os basisphenoidale). Beide bestehen jeweils aus einem Körper (Corpus) und sind lateral mit Flügelpaaren ausgestattet: das Praesphenoid mit den Alae ossis praesphenoidalis und das Basisphenoid mit den Alae ossis basisphenoidalis. Der Körper des vorderen Keilbeins ist rostroventral vom Pflugscharbein (Vomer), den Flügelbeinen (Ossa pterygoidei) und dem Gaumenbein (Os palatinum) überdeckt und trägt das Rostrum sphenoidale. Dem tiefer liegenden hinteren Keilbein entspringt lateral der Flügelfortsatz (Processus pterygoideus).

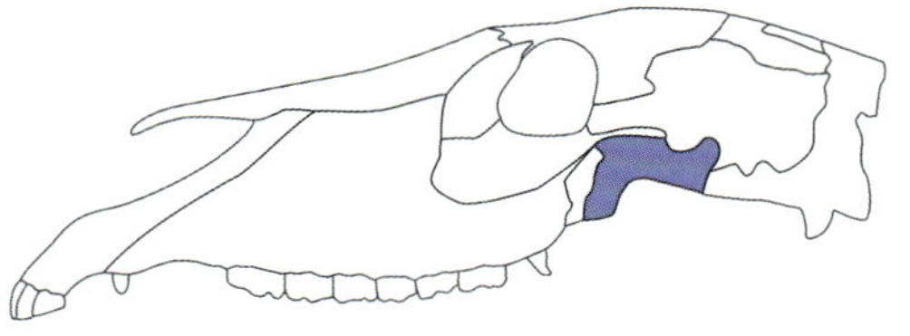

Abb. 1.19 Os sphenoidale. Oberschädel des Pferdes, Ansicht von lateral.

Os praesphenoidale, Praesphenoid (Vorderes Keilbein)

Der Körper des Praesphenoids entlässt zusammen mit seinen Flügeln (Alae ossis praesphenoidalis) die vordere Schädelgrube (Fossa cranii rostralis) und überragt am Schädelboden das Basisphenoid. Der vordere Keilbeinkörper ist pneumatisiert und enthält die durch ein Septum unvollständig getrennten, paarigen Keilbeinhöhlen (Sinus sphenoidales), die beim adulten Pferd bis in den Körper des Basisphenoids hineinreichen. Dorsal der Keilbeinhöhlen liegt im kaudalen Bereich des Praesphenoids eine Rinne für die Sehnervenkreuzung (Sulcus chiasmatis), die von der Crista orbitosphenoidalis überdacht wird. Von der Rinne führt auf beiden Seiten der knöcherne Canalis opticus für den Durchtritt des Sehnervens (N. opticus) in die Augenhöhle.

Die Flügel des vorderen Keilbeins erstrecken sich nach dorsal in den Keilbeinausschnitt der Orbitalplatte des Stirnbeins (Os frontale) und schieben sich rostral zwischen Stirnbein und Gaumenbein (Os palatinum) vor. Ihre Außenfläche ist an der Bildung der knöchernen Augenhöhle (Orbita) beteiligt, sowie ihre Innenfläche an der Bildung der Schädelhöhle. Dorsorostral vom Canalis opticus befindet sich in der Orbitalplatte des Stirnbeins das Foramen ethmoidale, das beim Pferd an der Stirnbein-Keilbein-Grenze liegt, der Sutura sphenofrontalis. Kaudoventral des Canalis opticus öffnet sich beim Pferd die Augenhöhlenspalte (Fissura orbitalis), die ventral und lateral durch die Flügel des Basisphenoids begrenzt ist. Unter der Augenhöhlenspalte befindet sich das runde Loch (Foramen rotundum), das vollständig im Flügel des vorderen Keilbeins liegt und sich beim Pferd rostral in den Flügelkanal öffnet. Der Flügelkanal endet mit dem Foramen alare rostrale. Die vom Flügelfortsatz kommende Flügelleiste (Crista pterygoidea) überragt die unteren Löcher der Orbita lateral.

Os basisphenoidale, Basisphenoid (Hinteres Keilbein)

Der Körper des hinteren Keilbeins bildet zusammen mit seinen Flügeln (Alae ossis basisphenoidalis) die mittlere Schädelgrube (Fossa cranii media), die wie das Keilbeinstück selbst tiefer liegt als das Praesphenoid. An der Schädelhöhlenfläche des Körpers findet man den Türkensattel (Sella turcica), der rostral zur Hirnanhanggrube (Fossa hypophysialis) vertieft ist.

Die Flügel des Basisphenoids ziehen dorsal bis an die Schläfenbeinschuppe und tragen beim Pferd jeweils 2 Nervenrinnen: die laterale Rinne (Sulcus nervus maxillaris), die zum Foramen rotundum und die mediale Rinne (Sulcus nervi ophtalmici), die zur Fissura orbitalis führt. Seitlich der Nervenrinnen liegt eine Grube (Fossa piriformis) für den Lobus piriformis des Gehirns. Der kaudale Rand der basisphenoidalen Flügel stellt die rostrale Begrenzung des Foramen lacerum dar und besitzt beim Pferd 3 Inzisuren für Nerven und Gefäße: die medial gelegene Incisura carotica zum Durchtritt der Aorta carotis interna, die lateral gelegene Incisura ovalis für den N. mandibularis sowie die Incisura spinosa für die Aorta meningea media. Die Flügel des hinteren Keilbeins haben flächige Anteile jeweils zum Gehirn (Facies cerebralis), zum Schläfenbein (Facies temporalis), zum Oberkieferbein (Facies maxillaris) und zur Augenhöhle (Facies orbitalis).

Aus dem Rostralende des Basisphenoids tritt beidseitig lateral der Flügelfortsatz (Processus pterygoideus) hervor. Er schließt sich rostroventral an die Lamina perpendicularis des Gaumenbeins (Os palatinum) und an das Flügelbein (Os pterygoideum) an und bildet mit beiden die Choanen als Begrenzung der Nasen- zur Rachenhöhle. Der Wurzel des Flügelfortsatzes entspringt beim Pferd der horizontal verlaufende Flügelkanal (Canalis alaris), der mit dem Foramen alare caudale beginnt und sich mit dem eng am Foramen rotundum gelegenen Foramen alare rostrale schließt [1], [4]. Für die therapeutische Anwendung am Pferdeschädel kann das Keilbein als eine einheitliche Knochenstruktur betrachtet werden.

Suturen des Keilbeins im Überblick

- Sutura sphenofrontalis (zwischen Keilbein und Stirnbein)
- Sutura pterygosphenoidalis (zwischen Keilbein und Flügelbein)
- Sutura sphenoethmoidalis (zwischen Keilbein und Siebbein)

- Sutura sphenomaxillaris (zwischen Keilbein und Oberkiefer)
- Sutura sphenopalatina (zwischen Keilbein und Gaumenbein)
- Sutura sphenoparietalis (zwischen Keilbein und Scheitelbein)
- Sutura sphenosquamosa (zwischen Keilbein und Pars squamosa des Schläfenbeins)
- Sutura sphenooccipitalis (zwischen Keilbein und Hinterhauptsbein)
- Sutura vomerosphenoidalis (zwischen Keilbein und Pflugscharbein)

Praxis

Indirekte Mobilisation:

- Die Suturen des Keilbeins sind innen liegend und können im Rahmen der Schädelmobilisation nur indirekt behandelt werden.
- Die intrakranialen Anteile des Pferdeschädels sind dazu fähig, sich an einwirkende Kräfte anzupassen.
- Eine Mobilisation an den Gesichtsschädelknochen wirkt sich auf alle direkt angrenzenden Strukturen und Gewebe aus.
- Durch diese intrakraniale Dynamik haben Mobilisationen immer Auswirkungen auch auf die benachbarten Knochen – sie werden indirekt mobilisiert.

1.7.3 Os temporale (Schläfenbein)

Das paarige Os temporale bildet die Seiten und die Basis des Neurokraniums (▸ Abb. 1.20). Das Schläfenbein wird unterteilt in die Schläfenbeinschuppe (Pars squamosa), den Felsenteil (Pars petrosa) mit seinem Warzenfortsatz (Processus mastoideus) und den Paukenteil (Pars tympanica). In der Pars petrosa und Pars tympanica sitzen das Innen- und das Mittelohr. Zudem bilden die Ossa temporalia mit dem Unterkiefer (Mandibula) das Kiefergelenk (Articulatio temporomandibularis).

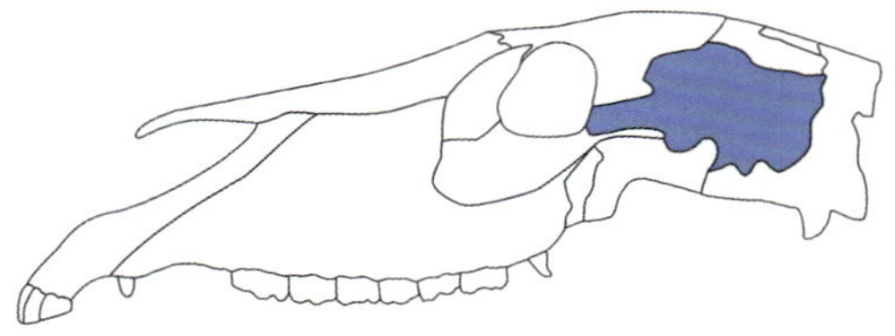

Abb. 1.20 Os temporale. Oberschädel des Pferdes, Ansicht von lateral.

Pars squamosa, Squama temporalis, Squamosum (Schläfenbeinschuppe)

Die Schläfenbeinschuppe ist mit ihrer Schädelhöhlenfläche (Facies cerebralis) an der Bildung der seitlichen Schädelhöhlenwand beteiligt. Sie bildet dort mit festen Schuppennähten die Sutura squamosa zwischen Schläfenbein und Scheitelbein (Os parietale), die Sutura frontotemporalis mit dem Stirnbein (Os frontale) und die Sutura sphenosquamosa mit dem Keilbein (Os sphenoidale).

Die Außenfläche der Schläfenbeinschuppe (Facies temporalis) ist gewölbt und ihr entspringt nach lateral und rostral der markante Jochfortsatz (Processus zygomaticus). Dieser bildet mit dem Schläfenfortsatz des Jochbeins durch eine weitere Schuppennaht (Sutura temporozygomatica) den Jochbogen (Arcus zygomaticus). An der Basis des Processus zygomaticus wölbt sich die Gelenkfläche für das Kiefergelenk (Articulatio temporomandibularis) vor. Diese besteht beim Pferd von rostral nach kaudal aus der quergestellten Gelenkwalze (Tuberculum articulare), der Gelenkgrube (Fossa mandibularis) mit der Facies articularis sowie dem Processus retroarticularis.

An ihrem kaudalen Ende entlässt die Schläfenbeinschuppe den Processus occipitalis und ventral den Processus retrotympanicus, der den äußeren Gehörgang kaudal umschließt. Hinter dem Processus retrotympanicus befindet sich im Foramen retroarticulare der Zugang zum Schläfengang (Meatus temporalis). Auf der Außenfläche des Processus occipitalis zieht die Crista temporalis der Schläfenbeinschuppe als rostrale Fortsetzung der Crista nuchae zum oberen Rand des Jochfortsatzes.

Pars petrosa, Petrosum (Felsenteil)

Der Felsenteil wird zusammen mit der Pars tympanica auch als Felsenbeinpyramide bezeichnet und bildet den kaudoventralen Anteil des Schläfenbeins. Das Petrosum enthält das Innenohr mit der Schnecke (Cochlea), den Vorhof (Vestibulum) und die Bogengänge (Canales semicirculares) und ist zwischen dem Tympanikum und der Squama temporalis eingekeilt.

Die Innenfläche des Felsenteils (Facies medialis) ist der Schädelhöhle zugewandt und umgibt den Eingang (Porus acusticus internus) zum inneren Gehörgang (Meatus acusticus internus), durch den der Gesichtsnerv (N. facialis) und der Nerv des Gleichgewichts- und Gehörsinnes (N. vestibulocochlearis) verlaufen. Am oberen Rand der Schädelhöhlenfläche erhebt sich die beim Pferd deutliche Crista partis petrosae, die zusammen mit dem knöchernen Hirnzelt die Grenze zwischen der großen und der kleinen Schädelhöhle bildet.

Die Ventralfläche des Felsenteils (Facies ventralis) lässt im unteren Abschnitt die mediale Wand der Paukenhöhle (Cavum tympani) des Mittelohres entstehen, die im Tympanikum liegt. Der kaudale Anteil des Petrosum reicht über den ventral gerichteten, beim Pferd knollenartig verdickten, pneumatisierten Warzenfortsatz (Processus mastoideus) bis an die Schädeloberfläche. Mit seiner Pars mastoidea bildet es die Sutura occipitotemporalis zum Hinterhauptsbein. Das Zungenbein setzt am zylindrisch geformten Zungenbeinfortsatz (Processus styloideus) rostroventral des äußeren Gehörgangs des Tympanicum an. Zwischen dem Processus styloideus und dem Paukenteil verläuft der Canalis facialis für den N. facialis am Foramen stylomastoideum.

Pars tympanica, Tympanicum (Paukenteil)

Der Paukenteil ist rostroventral an der Basis des Schläfenbeins gelegen und beinhaltet in der Paukenblase (Bulla tympanica) die Paukenhöhle (Cavum tympani) des Mittelohrs. Dorsolateral der Paukenblase befindet sich der knöcherne äußere Gehörgang (Meatus acusticus externus), der mit dem Porus acusticus externus endet. Der nicht vollständig geschlossene Paukenring (Anulus tympanicus) spannt das Trommelfell (Membrana tympani) ein. In der Dorsalbucht der Paukenhöhle (Epitympanicum) liegen die Gehörknöchelchen (Ossicula auditus), der Hammer (Malleus), der Amboss (Incus) sowie der Steigbügel (Stapes). Aus der mediorostralen Paukenblasenwand entspringt der Processus muscularis, der beim Pferd kräftig ausgebildet ist. Medial von diesem Muskelfortsatz befindet sich die rinnenförmige knöcherne Hörtrompete (Pars ossea tubae auditivae), die die Paukenhöhle mit dem Nasenrachen verbindet [1], [4]. Für die therapeutische Anwendung am Pferdeschädel kann das Schläfenbein als eine einheitliche Knochenstruktur betrachtet werden.

Suturen des Schläfenbeins im Überblick

- Sutura squamosa (zwischen Schläfenbein und Scheitelbein)
- Sutura frontotemporalis (zwischen Schläfenbein und Stirnbein)
- Sutura sphenosquamosa (zwischen Schläfenbein und Keilbein)
- Sutura temporozygomatica (zwischen Schläfenbein und Jochbein)
- Sutura occipitotemporalis (zwischen Schläfenbein und Hinterhauptsbein)
- Sutura occipitomastoidea (zwischen der Pars mastoidea des Schläfenbeins und Hinterhauptbein)
- Sutura occipitosquamosa (zwischen der Pars squamosa des Schläfenbeins und Hinterhauptbein)
- Sutura occipitotympanica (zwischen der Pars tympanica des Schläfenbeins und Hinterhauptbein)
- Sutura squamosomastoidea (zwischen der Pars squamosa und der Pars mastoidea des Schläfenbeins)

▸ Die Suturen des Schläfenbeins, die im Rahmen der Schädelmobilisation behandelt werden:

- Sutura squamosa (▸ Abb. 1.49)
- Sutura occipitotemporalis (Sutura occipitomastoidea); ▸ Abb. 1.47
- Sutura frontotemporalis (▸ Abb. 1.51)
- Sutura temporozygomatica (▸ Abb. 1.52)

1.7.4 Os frontale (Stirnbein)

Das Os frontale liegt paarig zwischen Scheitelbein und Nasenbein und formt den rostralen Abschnitt des Schädeldaches (▶ Abb. 1.21). Es beteiligt sich an der Bildung der Schläfengrube und der knöchernen Augenhöhle. Das Stirnbein wird eingeteilt in die Stirnbeinschuppe (Squama frontalis), den Nasenabschnitt (Pars nasalis), die Augenhöhlenplatte (Pars orbitalis) und die Schläfenfläche (Facies temporalis). Dort, wo sich beide Stirnbeine median vereinigen, verläuft beim Pferd die Sutura interfontalis. Jedes Stirnbein enthält eine oder mehrere Stirnhöhlen (Sinus frontalis).

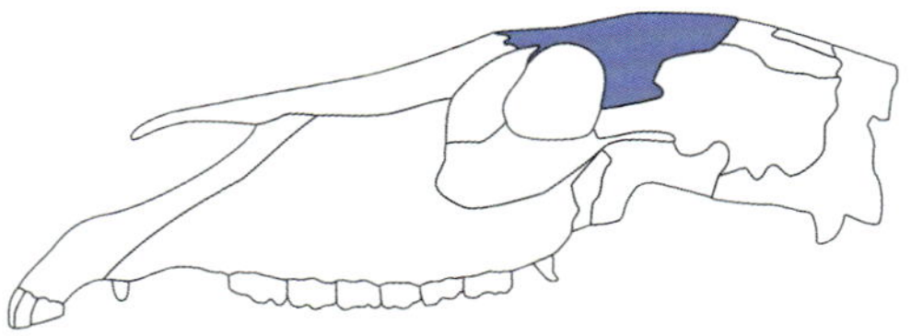

Abb. 1.21 Os frontale. Oberschädel des Pferdes, Ansicht von lateral.

Squama frontalis (Stirnbeinschuppe)

Die Stirnbeinschuppe besteht aus einem breiten Stirnteil und einem kleinen Nasenteil (Pars nasalis). Sie befindet sich in Höhe der Orbitamitte und grenzt rostral an das Nasenbein (Os nasale), mit dem sie die Sutura frontonasalis bildet. Kaudal entsteht mit dem angrenzenden Tränenbein (Os lacrimale) die Sutura frontolacrimalis. Lateral erhebt sich an der Squama frontalis der Jochfortsatz (Processus zygomaticus) zur Bildung des oberen Augenhöhlenrandes (Margo supraorbitalis). Beim Pferd verbindet sich dieser mit dem Jochfortsatz des Schläfenbeins (Os temporale) und bildet dort die Sutura frontotemporalis. An der Orbitalfläche des Processus zygomaticus sitzt die Tränendrüsengrube (Fossa glandulae lacrimalis) zur Aufnahme der Tränendrüse. Am Ursprung des Processus zygomaticus findet sich das Foramen supraorbitale, das beim Pferd gut palpierbar ist und als Orientierungspunkt dient, der zeigt, wo das Stirnbein in den Fortsatz übergeht. An der Grenze zwischen der Stirnbeinschuppe und der Schläfenfläche verläuft die beim Pferd deutlich ausgeprägte Linea temporalis, die sich scheitelwärts als Crista sagittalis externa fortsetzt. An der Abgrenzung zum Scheitelbein entsteht die Sutura coronalis.

Pars orbitalis (Augenhöhlenplatte)

Die Augenhöhlenplatte ist nach innen gewölbt und bildet von der Stirnbeinschuppe aus die mediale Orbitawand. An ihrem unteren freien Rand ist die Platte zur Incisura sphenoidalis eingezogen, die die Flügel des Praesphenoids aufnimmt. Das in die Schädelhöhle führende Foramen ethmoidale liegt beim Pferd dorsal des Canalis opticus an der Stirnbein-Keilbein-Grenze. Medial vom Jochfortsatzursprung ist die Orbitalwand zur Fovea trochlearis vertieft und nimmt dort den Ansatz des schrägen dorsalen Augenmuskels auf.

Die Augenhöhlenplatte geht in die kleine, konkave Fläche der Facies temporalis des Stirnbeins über. Die Schläfenfläche bildet rostrale Abschnitte der Fossa temporalis, wo sie dem Schläfenmuskel (M. temporalis) als Ansatzstelle dient [1], [4]. Für die therapeutische Anwendung am Pferdeschädel kann das Stirnbein als eine einheitliche Knochenstruktur betrachtet werden.

Suturen des Stirnbeins im Überblick

- Sutura interfrontalis (zwischen den Stirnbeinen)
- Sutura frontonasalis (zwischen Stirnbein und Nasenbein)
- Sutura frontolacrimalis (zwischen Stirnbein und Tränenbein)
- Sutura frontotemporalis (zwischen Stirnbein und Schläfenbein)
- Sutura coronalis (zwischen Stirnbein und Scheitelbein)
- Sutura frontoethmoidalis (zwischen Stirnbein und Siebbein)
- Sutura frontopalatina (zwischen Stirnbein und Gaumenbein)
- Sutura frontomaxillaris (zwischen Stirnbein und Oberkieferbein)
- Sutura frontozygomatica (zwischen Stirnbein und Jochbein)
- Sutura sphenofrontalis (zwischen Stirnbein und Keilbein)

▶ Die Suturen des Stirnbeins, die im Rahmen der Schädelmobilisation behandelt werden:

- Sutura coronalis (▶ Abb. 1.50)
- Sutura interfrontalis (▶ Abb. 1.53)
- Sutura frontotemporalis (▶ Abb. 1.51)
- Sutura frontonasalis (▶ Abb. 1.54)
- Sutura frontolacrimalis (▶ Abb. 1.56)

1.7.5 Os parietale (Scheitelbein)

Das Os parietale ist ein paariger Knochen und formt die Dach- sowie Teile der Seitenflächen des Kopfskeletts (▶ Abb. 1.22). Es liegt zwischen dem Hinterhauptsbein (Os occipitale) und den Stirnbeinen (Ossa frontalia). Mit dem Hinterhauptsbein bildet das Scheitelbein die Sutura lambdoidea und mit den Stirnbeinen die Sutura coronalis. Rostral setzen sich beide Anteile des Scheitelbeins in der Sutura sagittalis zusammen. Seine kaudalen Enden vereinigen sich median im Zwischenscheitelbein (Os interparietale), wo sich beim Pferd die Crista sagittalis externa erhebt und sich in den Lineae temporales auf das Os parietale fortsetzt.

Die Außenfläche des Scheitelbeins (Facies externa) teilt sich in das Dach (Planum parietale) und die Seitenflächen (Planum temporale) des Schädels, wo sich die Ossa parietalia mit den Schläfenbeinen in der Sutura squamosa vereinigen. An der Schädelhöhlenfläche (Facies interna) verlaufen Gefäßrinnen und sie ist durch Vertiefungen und Erhebungen unregelmäßig durch die Gehirnoberfläche geprägt. Median enthält die Innenfläche der Scheitelbeine beim Pferd die Crista sagittalis interna [1], [4].

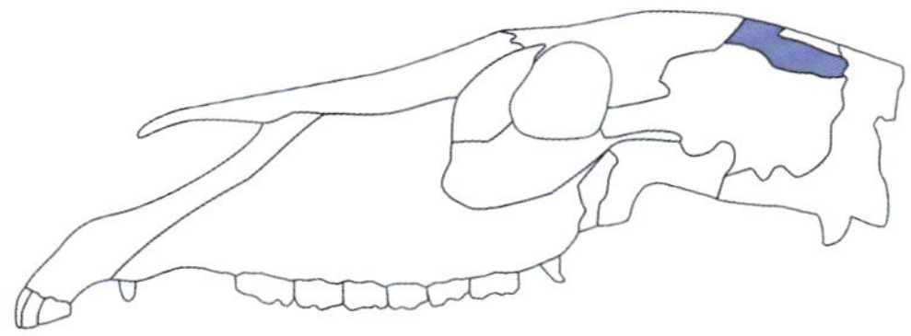

Abb. 1.22 Os parietale. Oberschädel des Pferdes, Ansicht von lateral.

Suturen des Scheitelbeins im Überblick

- Sutura lambdoidea (Sutura occipitoparietalis) (zwischen Scheitelbein und Hinterhauptsbein)
- Sutura coronalis (zwischen Scheitelbein und Stirnbein)
- Sutura sagittalis (zwischen den Scheitelbeinen)
- Sutura squamosa (zwischen Scheitelbein und Schläfenbein)
- Sutura parietalointerparietalis (zwischen Scheitelbein und Zwischenscheitelbein),
- Sutura sphenoparietalis (zwischen Scheitelbein und Keilbein)

▶ Die Suturen des Scheitelbeins, die im Rahmen der Schädelmobilisation behandelt werden:

- Sutura squamosa (▶ Abb. 1.42)
- Sutura lambdoidea (▶ Abb. 1.45)
- Sutura sagitalis (▶ Abb. 1.48)
- Sutura parietalointerparietalis (▶ Abb. 1.46)
- Sutura coronalis (▶ Abb. 1.50)

1.7.6 Os interparietale (Zwischenscheitelbein)

Das Os interparietale ist zunächst paarig angelegt und befindet sich in der Medianen zwischen dem Hinterhauptsbein (Os occipitale) und den Scheitelbeinen (Ossa parietalia). Seine beiden Seitenteile sind beim adulten Pferd zu einem scheitelwärts zugespitzten, unpaarigen Knochen verwachsen, der den gut palpierbaren Anteil der Crista sagittalis externa trägt. Das Zwischenscheitelbein bildet mit dem Hinterhauptsbein die Sutura occipitointerparietalis. An seiner Innenfläche entlässt das Os interparietale den Sichelfortsatz (Processus tentoricus), der mit dem Sichelfortsatz des Hinterhauptsbeins und denen der Scheitelbeine das knöcherne Kleinhirnzelt (Tentorium cerebelli osseum) formt [1]. Mit den Scheitelbeinen müsste das Os interparietale die Sutura parietalointerparietalis bilden, deren Aufzeichnung jedoch in keiner Literatur zu finden ist (▶ Abb. 1.23).

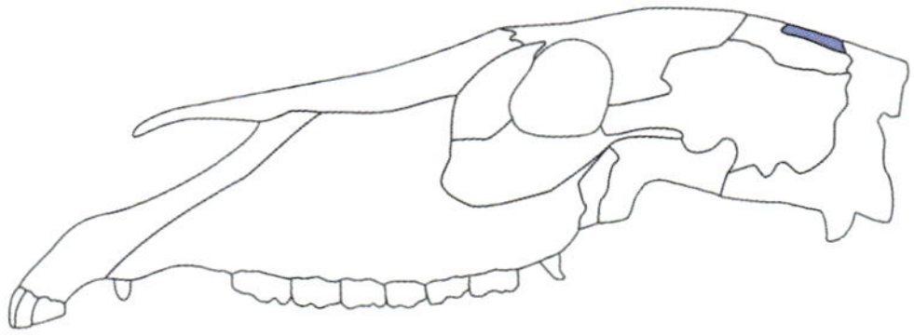

Abb. 1.23 Os interparietale. Oberschädel des Pferdes, Ansicht von lateral.

Suturen des Zwischenscheitelbeins im Überblick

- Sutura occipitointerparietalis (zwischen Zwischenscheitelbein und Hinterhauptsbein)
- Sutura parietalointerparietalis (zwischen Zwischenscheitelbein und Scheitelbein)

▶ Die Suturen des Zwischenscheitelbeins, die im Rahmen der Schädelmobilisation behandelt werden:

- Sutura occipitointerparietalis (▶ Abb. 1.44)
- Sutura parietalointerparietalis (▶ Abb. 1.46)

1.7.7 Os ethmoidale (Siebbein)

Das Siebbein ist unpaarig und liegt in der Tiefe des Schädels zwischen den Augenhöhlen im Nasengrund, wo es die Nasenhöhle von der Schädelhöhle abgrenzt. Seine Dachplatte ist von unten in die Incisura ethmoidalis des Stirnbeins (Os frontale) eingeschoben. Die Seitenplatten des Siebbeins werden beiderseits von der Orbitalplatte des Stirnbeins, dem Flügel des Praesphenoids, dem Tränenbein (Os lacrimale) und einem Teil der senkrechten Platte des Gaumenbeins (Os palatinum) überdeckt. Die Gaumenbeinplatte schließt sich zudem mit dem Pflugscharbein (Vomer) der Bodenplatte des Siebbeins von ventral an (▶ Abb. 1.24).

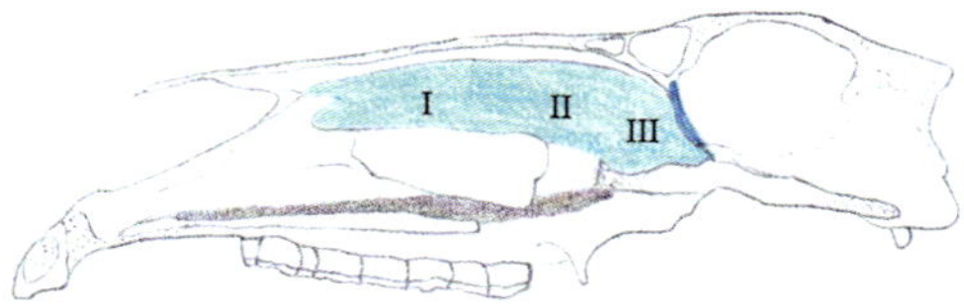

Abb. 1.24 Os ethmoidale. Pferdeschädel, Paramedianschnitt, rechte Hälfte, Medialansicht. Dunkelblau: Os ethmoidale, hellblau: Endoturbinale I, II und III (weitere Endoturbinalia).

Lamina externa (Außenwand)

Durch die Prägung seiner Außenwand hat das Os ethmoidale die Form eines liegenden Rohres. Die Außenwand besteht aus der stirnwärts gerichteten Dachplatte (Lamina tectoria), der beidseitigen, papierdünnen Seitenplatte (Lamina orbitalis) und der Bodenplatte (Lamina basalis). Zur Schädelhöhle hin wird das Rohr durch die Siebbeinplatte (Lamina cribrosa) abgeschlossen. Der Hohlraum des Rohres wird durch die knöcherne mediane Scheidewand (Lamina perpendicularis) zweigeteilt, wodurch ein Doppelrohr entsteht. In das Innere des Hohlraums ragt von der Dachplatte und den Seitenplatten beidseitig das Siebbeinlabyrinth (Labyrinthus ethmoidalis) hervor, aus dem sich die Siebbeinmuscheln (Ethmoturbinalia) entwickeln. Zwischen die Siebbeinmuscheln schieben sich die Siebbeingänge (Meatus ethmoidales) für die durchströmende Atemluft.

Lamina cribrosa (Siebbeinplatte)

Die quergestellte Siebbeinplatte ist die Abgrenzung der Nasenhöhle von der Schädelhöhle und ist von mehreren Foramina durchbohrt, durch die die Nervenfortsätze der Riechschleimhaut zum Riechkolben des Gehirns verlaufen. Die mediane Lamina perpendicularis setzt sich bogenförmig als Hahnenkamm (Crista galli) in die Schädelhöhle fort und trennt die Siebbeinplatte in 2 Siebbeingruben (Fossae ethmoidales), denen die Riechkolben inne liegen. Rostral geht die mediane Scheidewand in die knorpelige Nasenscheidewand über.

Labyrinthus ethmoidalis (Siebbeinlabyrinth)

Das Siebbeinlabyrinth besteht aus den aufgerollten Siebbeinmuscheln, durch die sich, wie oben beschrieben, die Siebbeingänge für die Atemluft bahnen. Die Ethmoturbinalia sind beim Pferd in 3 Reihen angeordnet und bestehen aus 12 größeren Endoturbinalia und 50 kleineren Ectoturbinalia. Das Endoturbinale I ist die längste Siebbeinmuschel und dringt weit in die Nasenhöhle vor. Es setzt an der Crista ethmoidalis des Nasenbeins an und bildet die knöcherne Grundlage der oberen Nasenmuschel (Concha nasalis dorsalis). Das Endoturbinale II schließt sich ventral an und ist Grundlage für die mittlere Nasenmuschel (Concha nasalis media). Die ventrale Nasenmuschel (Concha nasalis ventralis) des Maxilloturbinale gehört nicht zu den Ethmoturbinalia, sondern ist eine eigenständige Bildung des Oberkieferbeins (Maxilla). Die Nasenmuscheln bzw. Muschelbeine ragen in den Nasengang vor und unterteilen dort die beiden Nasenhöhlen in 3 Gänge: den oberen Nasengang (Meatus nasi dorsalis) zwischen dem Nasendach und der oberen Nasenmuschel, den mittleren Nasengang (Meatus nasi medius) zwischen den Nasenmuscheln und den unteren Nasengang (Meatus nasi ventralis) zwischen der unteren Nasenmuschel und dem Nasenboden [1], [4].

Suturen des Siebbeins im Überblick

- Sutura ethmoidomaxillaris (zwischen Siebbein und Oberkiefer)
- Sutura ethmoidonasalis (zwischen Siebbein und Nasenbein)
- Sutura frontoethmoidalis (zwischen Siebbein und Stirnbein)
- Sutura palatoethmoidalis (zwischen Siebbein und Gaumenbein)
- Sutura sphenoethmoidalis (zwischen Siebbein und Keilbein)
- Sutura vomeroethmoidalis (zwischen Siebbein und Pflugscharbein)

✔ Merke

Die **Suturen des Siebbeins** sind innenliegend und können im Rahmen der Schädelmobilisation nur indirekt behandelt werden.

1.8 Gesichtsschädelknochen

Der Gesichtsschädel (Facies, Splanchno- oder Viszerokranium) umrahmt die Nasenhöhle (▶ Abb. 1.25). Die Gesichtsschädelknochen (Ossa faciei) bilden die Nasenkapsel und beteiligen sich an der Bildung der knöchernen Orbita. Die 3 rostral gelegenen Hirnschädelknochen Stirnbein, Siebbein und Keilbein gehen in den Gesichtsschädel über, sodass das Nasendach (Dorsum nasi) gemeinsam vom Stirnbein (Os frontale) und vom Nasenbein (Os nasale) geformt wird. Die Seitenwand besteht jeweils aus dem Tränenbein (Os lacrimale), dem Jochbein (Os zygomaticum), dem Oberkieferbein (Maxilla) und dem Zwischenkieferbein (Os incisivum). Letzteres bildet die Gesichtsspitze des Pferdeschädels.

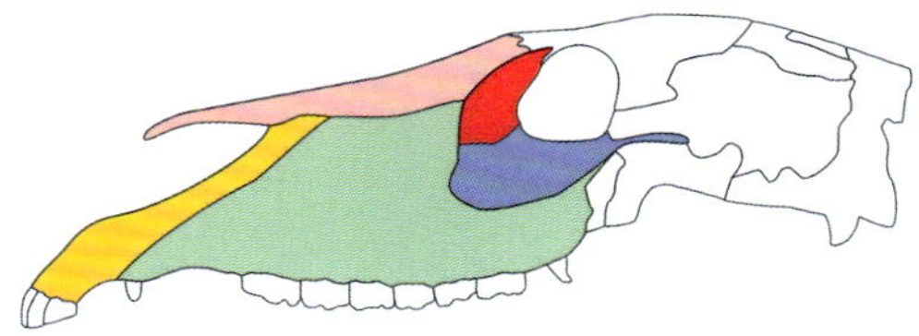

Abb. 1.25 Die zur Schädelmobilisation relevanten Knochen des Gesichtsschädels. Oberschädel des Pferdes, Ansicht von lateral.

Das Gaumenbein (Os palatinum), das Oberkieferbein (Maxilla) und das Zwischenkieferbein (Os incisivum) stellen die Bodenwand der Nasenhöhle dar, die gleichzeitig das Dach der Mundhöhle bildet. Nasenhöhlenwärts dieser 3 Knochen befindet sich das Pflugscharbein (Vomer), welches in der Literatur meistens ebenfalls zu den Gesichtsschädelknochen gezählt wird. Gleiches gilt für das Flügelbein (Os pterygoideum), das zusammen mit Teilen des Pflugscharbeins, Gaumenbeins und Keilbeins das Dach und die Seitenwand der Schlundkopfhöhle bildet. Die Abgrenzung der Nasenhöhle gegen die Schädelhöhle übernimmt das Siebbein (Os ethmoidale). Die Muschelbeine (Ossa conchae) bestehen aus dem Endoturbinale I und II und dem Os conchae nasalis ventralis. Die beiden Endoturbinalia stehen mit dem Siebbein in Verbindung und bilden die obere (I) und mittlere (II) Nasenmuschel. Das Os conchae nasalis ventralis ist die knöcherne Grundlage für die untere Nasenmuschel. Bis auf das unpaare Pflugscharbein sind alle Gesichtsschädelknochen paarig angelegt [1], [4].

Anatomie

Die **Knochen des Gesichtsschädels (Ossa faciei)** bestehen aus den folgenden Strukturen

Nasendach (Dorsum nasi)
- Stirnbein (Os frontale)
- Nasenbein (Os nasale)

Seitenwände
- Tränenbein (Os lacrimale)
- Jochbein (Os zygomaticum)
- Oberkieferbein (Maxilla)
- Zwischenkieferbein (Os incisivum)

Bodenwand der Nasenhöhle (Dachwand der Mundhöhle)
- Gaumenbein (Os palatinum)
- Oberkieferbein (Maxilla)
- Zwischenkieferbein (Os incisivum)
- Pflugscharbein (Vomer)

Dach der Schlundkopfhöhle
- Flügelbein (Os pterygoideum)
- Gaumenbein (Os palatinum)
- Keilbein (Os sphenoidale)
- Pflugscharbein (Vomer)

1.8.1 Os frontale (Stirnbein)

Informationen zum Stirnbein sind in dem Kap. Stirnbein (S. 32) zu finden.

1.8.2 Os nasale (Nasenbein)

Das paarige Nasenbein liegt rostral vom Stirnbein (Os frontale) und bildet den knöchernen Nasenrücken (Dorsum nasi) des Pferdeschädels sowie das Dach der Nasenhöhle (▶ Abb. 1.26). Seine beiden Anteile schließen sich median mit einer stumpfen Naht in der Sutura internasalis zusammen. Die Außenfläche des Os nasale (Facies externa) ist gewölbt und an seiner leicht konkaven Innenfläche (Facies interna) verläuft die Crista ethmoidalis als Ansatzstelle für das Endoturbinale I.

Mit den umliegenden Knochen ist das Nasenbein durch Schuppennähte verbunden. An der dorsalen Begrenzung zum Stirnbein befindet sich die Sutura frontonasalis. Mit dem Tränenbein (Os lacrimale) bildet das Nasenbein die Sutura nasolacrimalis und mit dem Zwischenkieferbein (Os incisivum) die Sutura nasoincisiva. Zusammen mit dem Oberkieferbein (Maxilla) entsteht die laterale Sutura nasomaxillaris. Am rostralen Ende der Ossa nasalia entsteht der medial spitz zugezogene Processus rostralis, der zwischen sich und dem Zwischenkieferbein den beim Pferd gut palpierbaren Nasenzwischenkieferausschnitt (Incisura nasoincisiva) bildet. Kaudal sind am Nasenbein die knorpeligen Nasenflügel verankert und bei älteren Pferden kann das Os nasale kaudal die rostrale Abteilung der Stirnhöhle beinhalten [1].

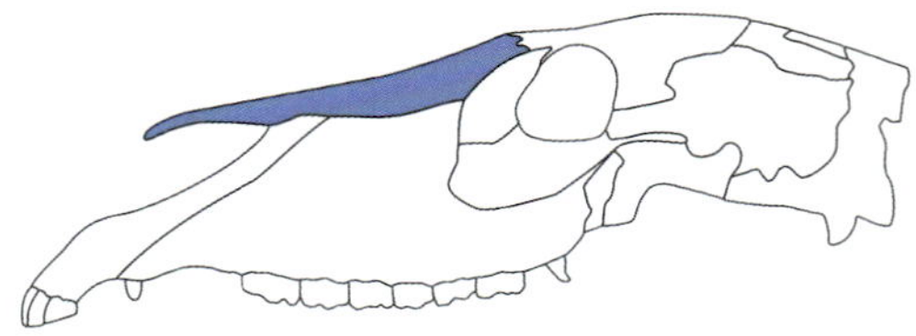

Abb. 1.26 Os nasale. Oberschädel des Pferdes, Ansicht von lateral.

Suturen des Nasenbeins im Überblick

- Sutura internasalis (zwischen den Nasenbeinen)
- Sutura frontonasalis (zwischen Nasenbein und Stirnbein)
- Sutura nasolacrimalis (zwischen Nasenbein und Tränenbein)
- Sutura nasoincisiva (zwischen Nasenbein und Zwischenkieferbein)
- Sutura nasomaxillaris (zwischen Nasenbein und Oberkieferbein)
- Sutura ethmoidonasalis (zwischen Nasenbein und Siebbein)
- Sutura frontopalatina (zwischen Nasenbein und Gaumenbein)

▶ Die Suturen des Nasenbeins, die im Rahmen der Schädelmobilisation behandelt werden:
- Sutura frontonasalis (▶ Abb. 1.54)
- Sutura internasalis (▶ Abb. 1.60)
- Sutura nasolacrimalis (▶ Abb. 1.55)
- Sutura nasoincisiva (▶ Abb. 1.58)
- Sutura nasomaxillaris (▶ Abb. 1.62)

1.8.3 Os lacrimale (Tränenbein)

Das paarige Tränenbein begrenzt die knöcherne Augenhöhle (Orbita) rostral und bildet beim Pferd den medialen Augenwinkel. Es steht in Kontakt mit dem Stirnbein (Os frontale), dem Jochbein (Os zygomaticum), dem Nasenbein (Os nasale) und dem Oberkieferbein (Maxilla). Daraus ergeben sich die folgenden Knochennähte: die Sutura frontolacrimalis am Stirnbein, die Sutura lacrimozygomatica am Jochbein, die Sutura nasolacrimalis am Nasenbein sowie die Sutura lacrimomaxillaris zwischen Tränenbein und Oberkiefer.

✔ **Merke**

Das **Os lacrimale** ist der kleinste und empfindlichste Gesichtsknochen am Pferdeschädel (▸ Abb. 1.27).

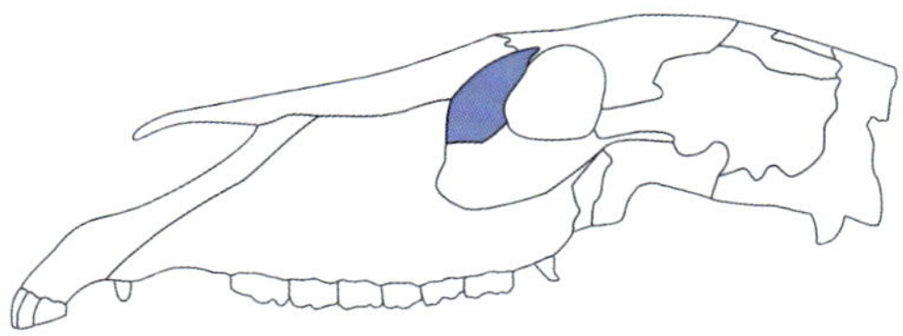

Abb. 1.27 Os lacrimale. Oberschädel des Pferdes, Ansicht von lateral.

Facies lateralis (Außenfläche)

Eingeteilt wird die Außenfläche des Tränenbeins in die Augenhöhlenfläche (Facies orbitalis) und die Angesichtsfläche (Facies facialis). Beide Flächen vereinigen sich mediorostral im Margo supra- bzw. infraorbitalis und lassen dort beim Pferd den Processus lacrimalis caudalis entspringen. Die Angesichtsfläche trägt beim Pferd zusätzlich den Processus lacrimalis rostralis. In der Augenhöhlenfläche sitzt nahe dem Orbitarand der Tränentrichter (Fossa sacci lacrimalis) als Vertiefung für den Tränensack, der in den Tränennasengang führt. Kaudal des Tränentrichters findet sich an der Augenhöhlenfläche die Fossa musculi obliqui ventralis für den Ursprung des unteren schiefen Augenmuskels.

Facies nasalis (Innenfläche)

Die Innenfläche des Tränenbeins begrenzt anteilig die Kieferhöhle und in ihrer Mitte verläuft längs der knöcherne Tränengang (Canalis lacrimalis). In dem Tränenkanal befindet sich der Tränennasengang (Ductus nasolacrimalis), der die Tränenflüssigkeit vom Auge in den Nasenvorhof leitet. Zusätzlich bestehen beim Pferd Aussackungen zur Kieferhöhle [1], [4], [7]. Für die therapeutische Anwendung am Pferdeschädel kann das Tränenbein als eine einheitliche Knochenstruktur betrachtet werden.

Suturen des Tränenbeins im Überblick

- Sutura frontolacrimalis (zwischen Tränenbein und Stirnbein)
- Sutura lacrimozygomatica (zwischen Tränenbein und Jochbein)
- Sutura nasolacrimalis (zwischen Tränenbein und Nasenbein)
- Sutura lacrimomaxillaris (zwischen Tränenbein und Oberkieferbein)

▸ Die Suturen des Tränenbeins, die im Rahmen der Schädelmobilisation behandelt werden:

- Sutura nasolacrimalis (▸ Abb. 1.55)
- Sutura lacrimomaxillaris (▸ Abb. 1.61)
- Sutura lacrimozygomatica (▸ Abb. 1.57)
- Sutura frontolacrimalis (▸ Abb. 1.56)

1.8.4 Os zygomaticum (Jochbein)

Das Os zygomaticum ist paarig angelegt und befindet sich ventrolateral vom Tränenbein (Os lacrimale). Dort bildet es Teile des Bodens und der Seitenwand der Orbita sowie anteilig den Jochbeinbogen (Arcus zygomaticus). Durch die Angesichtsleiste und die markante Form trägt das Jochbein bei jedem Pferdeschädel zu dessen individueller Gesichtsform bei (▸ Abb. 1.28).

Der Jochbeinkörper (Corpus), der zwischen Oberkiefer (Maxilla) und Tränenbein eingeschoben ist, begrenzt die Kieferhöhle orbital. Mit dem Oberkieferbein bildet das Os zygomaticum die Sutura zygomaticomaxillaris und mit dem Tränenbein die Sutura lacrimozygomatica. Kaudal entlässt der Jochbeinkörper den Schläfenfortsatz

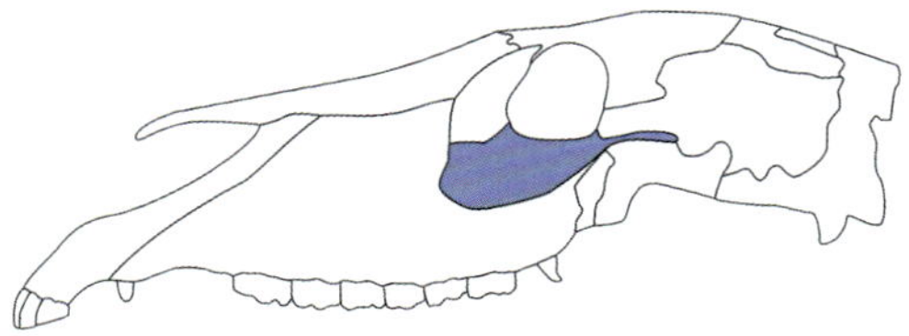

Abb. 1.28 Os zygomaticum. Oberschädel des Pferdes, Ansicht von lateral.

(Processus temporalis), der mit dem Jochbeinfortsatz (Processus zygomaticus) des Os temporale den knöchernen Jochbeinbogen bildet. Der obere Augenhöhlenrand (Margo supraorbitalis) besteht beim Pferd aus dem Jochfortsatz des Os temporale und dem Jochfortsatz des Os frontale. Am Schläfenbein entsteht so die Sutura temporozygomatica mit dem Jochbein, und mit dem Stirnbein vereinigt es sich in der Sutura frontozygomatica. Die Angesichtsfläche (Facies lateralis) und die Augenhöhlenfläche (Facies orbitalis) des Jochbeins schließen sich im Margo infraorbitalis zusammen. Die beim Pferd deutlich ausgeprägte Angesichtsleiste (Crista facialis) entspringt auf der lateralen Angesichtsfläche des Os zygomaticum und geht längsverlaufend in das Oberkieferbein über [1], [4].

✔ **Merke**

Für die therapeutische Anwendung am Pferdeschädel kann das **Jochbein** als eine einheitliche Knochenstruktur betrachtet werden.

Suturen des Jochbeins im Überblick

- Sutura zygomaticomaxillaris (zwischen Jochbein und Oberkieferbein)
- Sutura lacrimozygomatica (zwischen Jochbein und Tränenbein)
- Sutura temporozygomatica (zwischen Jochbein und Schläfenbein)
- Sutura frontozygomatica (zwischen Jochbein und Stirnbein)

► **Die Suturen des Jochbeins, die im Rahmen der Schädelmobilisation behandelt werden:**

- Sutura zygomaticomaxillaris (► Abb. 1.59)
- Sutura lacrimozygomatica (► Abb. 1.57)
- Sutura temporozygomatica (► Abb. 1.52)

1.8.5 Os maxillare, Maxilla (Oberkieferbein)

Das Oberkieferbein ist der größte Schädelknochen und der Hauptknochen des Gesichtsschädels. Es ist paarig angelegt, stellt den größten Teil der Seitenwand des Kopfskeletts dar und bildet das Gaumendach sowie die Nasen- und Mundhöhlenwand. Die Maxilla gliedert sich beim Pferd in den Körper (Corpus maxillare), den Zahnfachfortsatz (Processus alveolaris), den Gaumenfortsatz (Processus palatinus) und den Jochbeinfortsatz (Processus zygomaticus). Gemeinsam mit dem Tränenbein (Os lacrimale) und dem Körper des Jochbeins (Os zygomaticum) bildet der Oberkieferkörper die Kieferhöhle (Sinus maxilaris), die eine Nebenhöhle der Nase ist. Die Angesichtsleiste der Maxilla bietet dem stärksten Kaumuskel Ansatzfläche, dem M. masseter. Mit den umliegenden Gesichtsknochen bildet die Maxilla am Zwischenkieferbein (Os incisivum) die Sutura maxilloincisiva, die Sutura nasomaxillaris mit dem Nasenbein (Os nasale), die Sutura lacrimomaxillaris mit dem Tränenbein (Os lacrimale) sowie die Sutura zygomaticomaxillaris mit dem Jochbein (Os zygomaticum); s. ► Abb. 1.29.

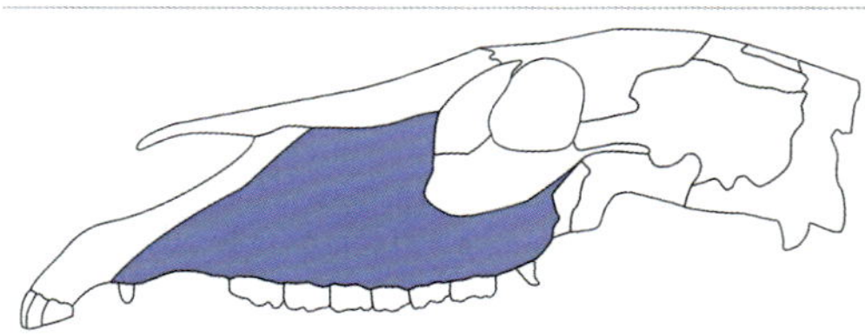

Abb. 1.29 Os maxillare. Oberschädel des Pferdes, Ansicht von lateral.

Corpus maxillare (Körper der Maxilla)

Am Oberkieferkörper unterscheidet man die Außenfläche (Facies facialis), die Innenfläche (Facies nasalis), die Flügelgaumenfläche (Facies pterygopalatina) und beim Pferd zusätzlich die Augenhöhlenfläche (Facies orbitalis).

Der Außenfläche entspringt lateral die Gesichtsleiste (Crista facialis), die bis zum Jochbein zieht und beim Pferd besonders markant und scharfrandig ausgeprägt ist. Sie bietet mit ihrem Jochbeinanteil den Ursprung für den äußeren Kaumuskel (M. masseter). Der Canalis infraorbitalis, der kaudal in der Fossa pterygopalatina mit dem Foramen maxillare ansetzt, öffnet sich auf der Außenfläche mit dem beim Pferd palpierbaren Foramen infraorbitale. In dieser lateralen Knochenöffnung des Gesichtsschädels tritt der N. infraorbitalis nebst dem Canalis alveolaris zur Innervation und Versorgung der Zähne aus. Das Foramen infraorbitale liegt beim Pferd auf Höhe des 3. und 4. Backenzahnes, fingerbreit hinter der Mitte der Verbindungslinie zwischen der Incisura nasoincisiva und dem rostralen Ende der Crista facialis.

Der Innenfläche des Oberkieferkörpers entspringt die Crista conchalis, die Ursprung für die untere Nasenmuschel ist. Beim Pferd beherbergt sie kaudal die untere Muschelhöhle, die mit der rostralen Kieferhöhle verbunden ist. Dorsal der Crista conchalis eröffnet sich an der Facies nasalis der knöcherne Tränenkanal (Canalis lacrimalis) durch das Foramen lacrimale.

Die Flügelgaumenfläche erstreckt sich über die kaudale Kieferfläche bis zur Oberkieferbeule (Tuber maxillae) und begrenzt die mediale Flügelgaumengrube (Fossa pterygopalatina). In dieser befinden sich das Foramen maxillare, das Foramen sphenopalatinum und das Foramen palatinum caudale.

Processus alveolaris (Zahnfachfortsatz)

Der Zahnfachfortsatz entspringt dem Oberkieferkörper ventral als Längsleiste. An seinem freien Rand (Margo alveolaris) lässt er die Zahnfächer (Alveoli dentales) für die Backenzähne und an der Grenze zum Os incisivum das Fach für den Eck- oder Hakenzahn entstehen. Der Zahnfachrand trägt beim Pferd beidseitig 10–11 Zahnfächer. Die Alveolen sind durch Scheidewände (Septa interalveolaria) und die Wurzelfächer durch die Septa interradicularia voneinander getrennt. Die Zahnwurzeln wölben den Knochen an der Außenfläche als Leisten (Juga alveolaria) vor. Zwischen dem ersten Backenzahn und dem Eck- oder Hakenzahn findet man beim Pferd einen zahnfreien Abschnitt (Margo interalveolaris), der als Diastema bezeichnet wird.

Processus palatinus (Gaumenfortsatz)

Der Gaumenfortsatz entspringt oberhalb des Processus alveolaris und zieht als horizontal liegende Platte nach medial. Er vereinigt sich mit dem Gaumenfortsatz der anderen Seite median in der Sutura palatina. Kaudal verschmilzt der Processus palatinus mit der Horizontalplatte des Gaumenbeins (Os palatinum) und rostral grenzt er mit Anteilen des Zwischenkieferbeins (Os incisivum) die paarige Gaumenspalte (Fissura palatina) ab. Diese zusammengesetzte Knochenplatte stellt das knöcherne Mundhöhlendach und zugleich den Boden der Nasenhöhle dar. An der Nasenfläche des Gaumenfortsatzes findet sich die Crista nasalis zur Anheftung des Pflugscharbeins (Vomer). An der Mundfläche befindet sich das große Gaumenloch (Foramen palatinum majus), das beim Pferd im Grenzbereich zwischen dem Gaumenfortsatz der Maxilla und der Horizontalplatte des Gaumenbeins liegt [1], [4].

> ✔ **Merke**
> Für die therapeutische Anwendung am Pferdeschädel kann das **Oberkieferbein** als eine einheitliche Knochenstruktur betrachtet werden.

Suturen des Oberkieferbeins im Überblick

- Sutura maxilloincisiva (zwischen Oberkieferbein und Zwischenkieferbein)
- Sutura nasomaxillaris (zwischen Oberkieferbein und Nasenbein)

- Sutura lacrimomaxillaris (zwischen Oberkieferbein und Tränenbein)
- Sutura zygomaticomaxillaris (zwischen Oberkieferbein und Jochbein)
- Sutura ethmoidomaxillaris (zwischen Oberkieferbein und Siebbein)
- Sutura palatomaxillaris (zwischen Oberkieferbein und Gaumenbein)
- Sutura intermaxillaris (zwischen den Oberkieferbeinen)
- Sutura sphenomaxillaris (zwischen Oberkieferbein und Keilbein)
- Sutura vomeromaxillaris (zwischen Oberkieferbein und Pflugscharbein)

► Die Suturen des Oberkieferbeins, die im Rahmen der Schädelmobilisation behandelt werden:

- Sutura maxilloincisiva (► Abb. 1.63)
- Sutura nasomaxillaris (► Abb. 1.62)
- Sutura lacrimomaxillaris (► Abb. 1.61)
- Sutura zygomaticomaxillaris (► Abb. 1.59)

1.8.6 Os incisivum (Zwischenkieferbein)

Das Os incisivum ist paarig angelegt und bildet die Spitze des Gesichtsschädels. Es setzt sich aus seinem Körper (Corpus ossis incisivi) mit dem Zahnfachfortsatz (Processus alveolaris), dem Nasenfortsatz (Processus nasalis) und dem Gaumenfortsatz (Processus palatinus) zusammen. Als einheitlicher Knochen formen diese Teile den Naseneingang und anteilig das Gaumendach. Kaudal mit dem Oberkiefer (Maxilla) und dem Nasenbein (Os nasale) verbunden, bildet das Zwischenkieferbein die Sutura nasoincisiva mit dem Nasenbein sowie die Sutura maxilloincisiva mit dem Oberkiefer (► Abb. 1.30).

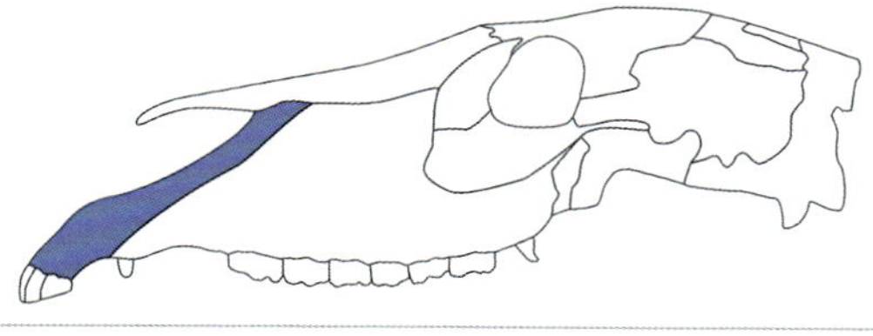

Abb. 1.30 Os incisivum. Oberschädel des Pferdes, Ansicht von lateral.

Corpus ossis incisivi (Körper des Zwischenkieferbeins)

Am Körper des Zwischenkieferbeins werden die vorgewölbte Lippenfläche (Facies labialis) und die ausgehöhlte Gaumenfläche (Facies palatina) unterschieden. Der freie Rand des Os incisivums ist zu Zahnfächerfortsätzen (Processus alveolares) ausgeformt, die zum Unterkiefer (Mandibula) hin die Fächer für die 3 Schneidezähne jeder Seite beinhalten. Nach kaudal setzt sich der Processus alveolaris im zahnfreien Margo interalveolaris auf den Oberkiefer (Maxilla) fort. Das Zahnfach für den Hakenzahn befindet sich beim Pferd zumeist im Oberkieferbein und nur selten im Zwischenkieferbein. Die beiden Anteile des Os incisivum vereinigen sich in einer medianen Knochennaht, der Sutura interincisiva, die den beim Pferd weiten Canalis interincisivus führt.

Processus nasalis (Nasenfortsatz)

Der Nasenfortsatz des Zwischenkieferbeins zieht schräg dorsal zum Nasenrücken, wo er sich zwischen dem Os nasale und dem Os maxillare einschiebt. Er stellt die laterale Begrenzung des Naseneingangs dar und bildet mit dem Nasenbein die palpierbare Incisura nasoincisiva.

Processus palatinus (Gaumenfortsatz)

Der Gaumenfortsatz des Os incisivum ist ein kaudal gerichteter, schmaler Fortsatz, der den rostralen Abschnitt des knöchernen Gaumendachs bildet. Kaudal verbindet er sich mit dem Gaumenfortsatz des Oberkieferbeins und bildet dadurch die laterale Gaumenspalte (Fissura palatina). Beim Pferd verschmelzen die beiden Gaumenfortsätze in einer medianen Naht. Auf ihrer Nasenfläche bilden beide Gaumenfortsätze einen Sulcus, wo die knorpelige Nasenscheidewand und das Pflugscharbein (Vomer) ansetzen [1], [4]. Für die therapeutische Anwendung am Pferdeschädel kann das Zwischenkieferbein als eine einheitliche Knochenstruktur betrachtet werden.

Suturen des Zwischenkieferbeins im Überblick

- Sutura nasoincisiva (zwischen Zwischenkieferbein und Nasenbein)
- Sutura maxilloincisiva (zwischen Zwischenkieferbein und Oberkieferbein)
- Sutura interincisiva (zwischen den Zwischenkieferbeinen)
- Sutura vomeroincisiva (zwischen Zwischenkieferbein und Pflugscharbein)

▸ Die Suturen des Zwischenkieferbeins, die im Rahmen der Schädelmobilisation behandelt werden:

- Sutura nasoincisiva (▸ Abb. 1.58)
- Sutura maxilloincisiva (▸ Abb. 1.63)
- Sutura interincisiva (▸ Abb. 1.64)

1.8.7 Os palatinum (Gaumenbein)

Das paarig ausgebildete Gaumenbein liegt zwischen dem Oberkieferbein (Maxilla), dem Keilbein (Os sphenoidale) und dem Flügelbein (Os pterygoideum). Die Maxilla befindet sich rostral des Os palatinum und die anderen beiden Knochen sind kaudal vom Gaumenbein gelegen. Das Os palatinum besteht aus einer Horizontalplatte (Lamina horizontalis) und aus einer vertikalen Perpendikularplatte (Lamina perpendicularis). Mit der Horizontalplatte ist es an der Bildung des harten Gaumens beteiligt und mit der Perpendikularplatte an der Gestaltung der Seiten- und Dachwand des Nasenrachengangs (Meatus nasopharyngeus) sowie an der knöchernen Begrenzung des Nasenrachens (Choane). Das Gaumenbein liegt in der Tiefe des Gesichtsschädels und verbindet dort über den Nasenrachengang die Nasenhöhle mit dem Nasenrachen (▸ Abb. 1.31).

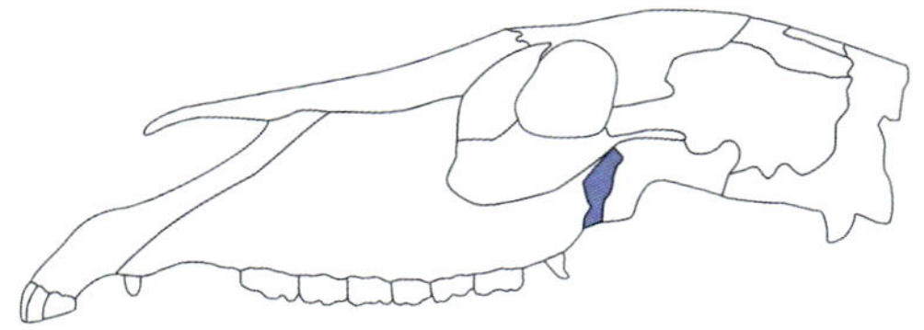

Abb. 1.31 Os palatinum. Oberschädel des Pferdes, Ansicht von lateral.

Lamina horizontalis (Horizontalplatte)

Die Horizontalplatte des Gaumenbeins ist beim Pferd schmal ausgebildet und stellt den kaudalen Abschluss des knöchernen Gaumendachs dar. Rostral ist sie mit dem Gaumenfortsatz der Maxilla vereinigt. Kaudal trägt die Horizontalplatte den dem Nasenrachengang zugewandten freien Rand, den Choanenrand (Margo liber). Der Choanenrand ist Ursprung für das Gaumensegel (Velum palatinum) und ihm entspringt median der Choanenstachel (Spina nasalis caudalis). Auf der Nasenhöhlenfläche der Lamina horizontalis verläuft, wie auch auf dem Gaumenfortsatz der Maxilla und des Zwischenkieferbeins (Os incisivum), die Crista nasalis als Ansatzfläche für das Pflugscharbein (Vomer). Wo die beiden Horizontalplatten median miteinander verschmelzen, ist auf der Mundhöhlenfläche ein flacher Wulst (Torus palatinus) ausgebildet. Zwischen der Horizontalplatte des Gaumenbeins und dem Oberkieferbein verläuft beim Pferd der Gaumenkanal (Canalis palatinus major), der sich auf der Mundhöhlenfläche im Foramen palatinum majus öffnet. Nebengänge des Gaumenkanals und deren Ausgangsöffnungen (Foramina palatina minora) liegen ebenfalls in der Lamina horizontalis.

Lamina perpendicularis (Perpendikularplatte)

Die Perpendikularplatte steht vertikal zur Horizontalplatte und ist beteiligt an der Bildung der Seiten- und Dachwand des Nasenrachengangs und an der Begrenzung des Nasenrachens. Sie erstreckt sich nach kaudal bis an das Keilbein und das Flügelbein sowie dorsal bis an die knöcherne Augenhöhle (Orbita). Dorsal an der Außenfläche vereinigt sich die Lamina perpendicularis mit den Knochen der Orbita. Medial entlässt die Horizontalplatte die Lamina sphenoethmoidalis, die sich mit den Flügeln des Pflugscharbeins (Alae vomeris) und der Bodenplatte des Siebbeins (Os ethmoidale) verbindet. Der ventrale Abschnitt der Perpendikularplatte ist nach kaudal zum Processus sphenoidalis verlängert, dessen freier Rand lateral den Choanenrand ergänzt. Die mediale Fläche der Perpendikularplatte (Facies nasalis) bildet die Seitenwand der Choane, deren Dach aus der Unterfläche der Lamina sphenoethmoidalis und den Flügeln des Pflugscharbeins geformt wird. Als Facies maxillaris wird die laterale Fläche der Lamina perpendicularis bezeichnet, die medial an der Gestaltung der Fossa pterygopalatina beteiligt ist. Beim Pferd wird die Perpendikularplatte von der Gaumenhöhle (Sinus palatinus) pneumatisiert, welche sich mit der Keilbeinhöhle zum Sinus sphenopalatinus vereinigt [1], [4].

> ✔ **Merke**
> Für die therapeutische Anwendung am Pferdeschädel kann das **Gaumenbein** als eine einheitliche Knochenstruktur betrachtet werden.

Suturen des Gaumenbeins im Überblick

- Sutura frontopalatina (zwischen Gaumenbein und Stirnbein)
- Sutura palatoethmoidalis (zwischen Gaumenbein und Siebbein)
- Sutura palatomaxillaris (zwischen Gaumenbein und Oberkieferbein)
- Sutura palatina mediana (zwischen den Gaumenbeinen)
- Sutura pterygopalatina (zwischen Gaumenbein und Flügelbein)
- Sutura sphenopalatina (zwischen Gaumenbein und Keilbein)
- Sutura vomeropalatina (zwischen Gaumenbein und Pflugscharbein)

> ✔ **Merke**
> Die **Suturen des Gaumenbeins** sind innenliegend und können im Rahmen der Schädelmobilisation nur indirekt behandelt werden.

1.8.8 Vomer (Pflugscharbein)

Das Pflugscharbein ist ein unpaariger Knochen, der in der Tiefe des Gesichtsschädels liegt (▸ Abb. 1.32). Er grenzt mit der Sutura vomerosphenoidalis an das rostrale Ende des Keilbeins (Os sphenoidale), von wo aus er durch das Choanengebiet weit in die Nasenhöhle zieht und an der medianen Leiste des Nasenbodens (Crista nasalis) ansetzt. Kaudal befestigt ist der Vomer nahe dem Choanenrand und rostral endet er beim Pferd mit der Sutura vomeroincisiva bereits vor dem Zwischenkieferbein (Os incisivum).

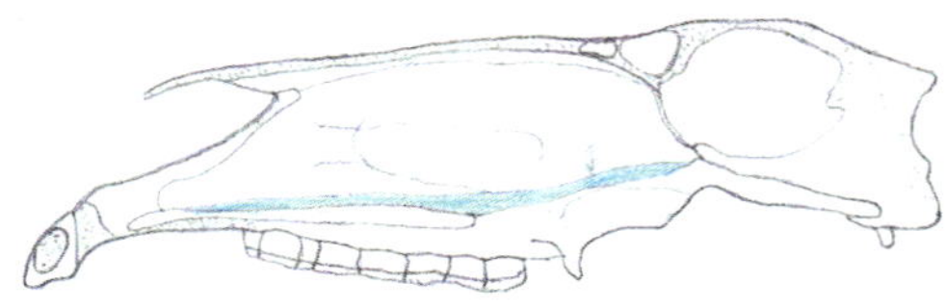

Abb. 1.32 **Vomer.** Pferdeschädel, Paramedianschnitt, rechte Hälfte, Medialansicht.

Die schmale Bodenplatte des Pflugscharbeins, die mit der Crista nasalis des Nasenbodens verbunden ist, ragt im kaudalen, freien Abschnitt als Crista vomeris vor. Von der Bodenwand aus ziehen die beiden Seitenplatten des Vomer nach dorsal und lassen mit der Bodenplatte zusammen den Sulcus septalis zum Ansatz der Nasenscheidewand entstehen.

Die Seitenplatten sind sagittal gestellt und als Pflugscharbeinflügel (Alae vomeris) unter der Bodenplatte des Siebbeins (Os ethmoidale) nach horizontal umgeklappt. Dort umgeben die Flügel mit ihrer kaudalen Inzisur das Rostrum des vorderen Keilbeins (Os praesphenoidale). Lateral verbinden sich die Alae vomeris in der Sutura vomeropalatina mit dem Gaumenbein (Os palatinum). Die Verbindung zum Oberkieferbein (Maxilla) entsteht in der Sutura vomeromaxillaris und die zum Siebbein in der Sutura vomeroethmoidalis [1], [4].

Suturen des Pflugscharbeins im Überblick

- Sutura vomerosphenoidalis (zwischen Pflugscharbein und Keilbein)
- Sutura vomeroincisiva (zwischen Pflugscharbein und Zwischenkieferbein)
- Sutura vomeromaxillaris (zwischen Pflugscharbein und Oberkieferbein)
- Sutura vomeropalatina (zwischen Pflugscharbein und Gaumenbein)
- Sutura vomeroethmoidalis (zwischen Pflugscharbein und Siebbein)

✔ **Merke**

Die **Suturen des Pflugscharbeins** sind innenliegend und können im Rahmen der Schädelmobilisation nur indirekt behandelt werden.

1.8.9 Os sphenoidale (Keilbein)

Informationen zum Keilbein sind in Kap. Os sphenoidale (S. 28) zu finden.

1.8.10 Os pterygoideum (Flügelbein)

Das paarige Flügelbein weist beim Pferd Besonderheiten auf. Während es bei den übrigen Haussäugetieren ein platter Knochen ist, ist das Os pterygoideum beim Pferd eine geschwungene Knochenplatte, die an der Bildung des Dachs bzw. der Seitenwand des Nasenrachenraumes beteiligt ist. Das equine Os pterygoideum besteht aus einem horizontal gelagerten Teil und einem sagittal gestellten Teil (▶ Abb. 1.33). Der horizontale Teil ist an der rachenseitigen Fläche des Keilbeins und des Pflugscharbeins (Vomer) angelagert. Der sagittale Teil verbindet sich mit der medialen Fläche der Lamina perpendicularis des Gaumenbeins (Os palatinum). Der ventrale freie Rand des Flügelbeins ist zu einem Häkchen (Hamulus pterygoideus) ausgeformt, das beim Pferd besonders markant ist und ventral weit über den Choanenrand ragt [1], [4].

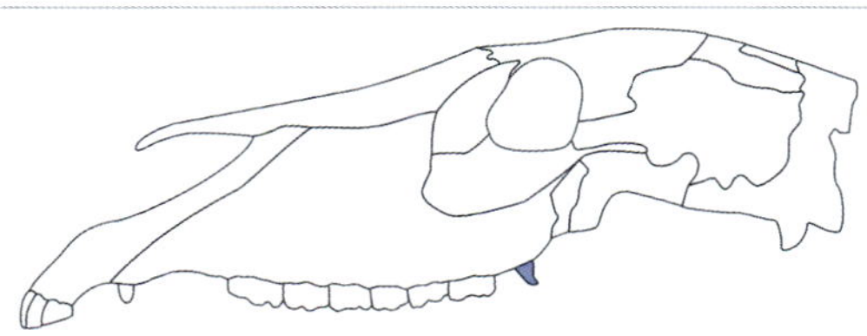

Abb. 1.33 Os pterygoideum. Oberschädel des Pferdes, Ansicht von lateral.

Suturen des Flügelbeins im Überblick

- Sutura pterygosphenoidalis (zwischen Flügelbein und Keilbein)
- Sutura pterygopalatina (zwischen Flügelbein und Gaumenbein)

✔ **Merke**

Die **Suturen des Flügelbeins** sind innenliegend und können im Rahmen der Schädelmobilisation nur indirekt behandelt werden.

1.8.11 Os mandibulare, Mandibula (Unterkiefer)

Der Unterkiefer ist ein paarig angelegter Knochen und besteht aus 2 Unterkieferhälften, die beim Pferd nach dem ersten Lebensjahr in der Synchondrosis et Sutura intermandibularis in der Medianen miteinander verwachsen (▶ Abb. 1.34). Die beiden Unterkieferhälften umgeben den Kehlgang (Spatium mandibulae), dessen Abgrenzung nach rostral der Kinnwinkel (Angulus mentalis) ist. Man unterscheidet an der Mandibula den zähnetragenden Unterkieferkörper (Corpus mandibulae) und den jochbogenwärts nach dorsal aufgestellten Unterkieferast (R. mandibulae).

Corpus mandibulae (Unterkieferkörper)

Der Unterkieferkörper wird unterteilt in den rostralen Schneidezahnanteil (Pars incisiva) und den kaudalen Backenzahnanteil (Pars molaris).

Der Schneidezahnanteil besteht aus einer horizontalen Platte mit der ventral gelegenen, konvexen Lippenfläche (Facies labialis) und der dorsalen, ausgehöhlten bzw. konkaven Zungenfläche (Facies lingualis). Beide Flächen verbinden sich rostral im Arcus alveolaris, der die Zahnfächer für die 6 Schneidezähne trägt. Mit einem Abstand schließt sich kaudal beim Pferd das Zahnfach für den Eckzahn an, das bei der Stute nicht immer ausgebildet ist.

Der Backenzahnanteil gleicht einer sagittal hochgestellten Platte, die in eine laterale Backen-

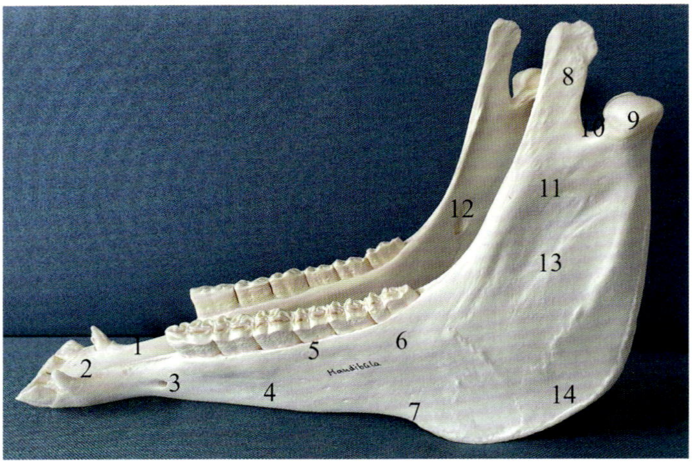

Abb. 1.34 Unterkiefer des Pferdes. Mandibula, Ansicht von lateral. 1 Margo interalveolaris (Diastema), 2 Pars incisive, 3 Foramen mentale, 4 Corpus mandibulae, 5 Margo alveolaris, 6 Pars molaris, 7 Incisura vasorum facialium, 8 Processus coronoideus, 9 Caput mandibulae des Proc. condylaris, 10 Incisura mandibulae, 11 R. mandibulae, 12 Foramen mandibulae, 13 Fossa masseterica, 14 Angulus mandibulae. (Quelle: Inken Voges-Falkenberg)

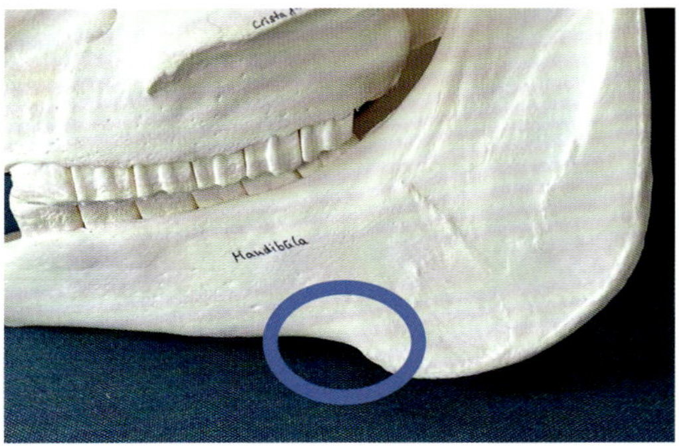

Abb. 1.35 Palpierbare Knochenstruktur, Incisura vasorum facialium. Pferdeschädel, Ansicht von lateral. (Quelle: Inken Voges-Falkenberg)

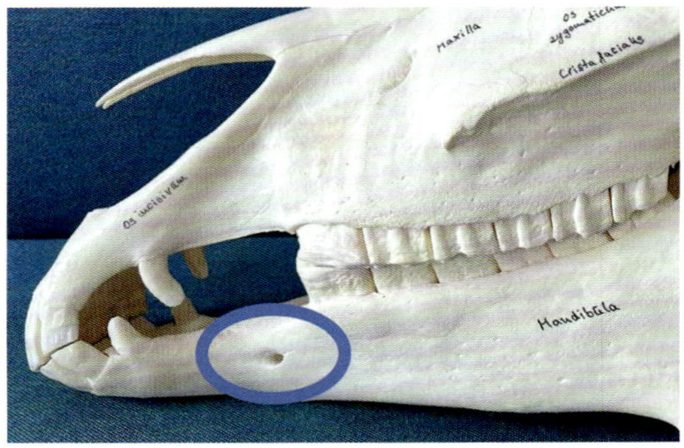

Abb. 1.36 Palpierbare Knochenstruktur, Foramen mentale. Pferdeschädel, Ansicht von lateral. (Quelle: Inken Voges-Falkenberg)

fläche (Facies buccalis) und eine mediale Zungenfläche (Facies lingualis) eingeteilt wird. Der untere Rand der Pars molaris (Margo ventralis) ist in der Seitenansicht beim Pferd fast gerade und an der Grenze zwischen Körper und Ast zur Incisura vasorum facialium eingezogen. An diesem Gefäßausschnitt kann man beim Pferd den Puls fühlen (▶ Abb. 1.35).

Am dorsalen Rand des Backenzahnanteils sind kaudal im Margo alveolaris die Zahnfächer für die 6–7 Backenzähne des Pferdes angelegt. Der rostrale Abschnitt besteht aus dem zahnfreien Margo interalveolaris, der beim Pferd sehr lang ist und auch als Diastema oder Lade bezeichnet wird.

Der Unterkieferkörper wird von dem Unterkieferkanal (Canalis mandibulae) durchzogen, der auch den sensiblen N. alveolaris mandibularis führt. Der Kanal beginnt kaudal auf der Medialfläche des Unterkieferastes mit dem Foramen mandibulae, setzt sich bogenförmig unterhalb der Backenzahnfächer nach rostral fort und öffnet sich mit dem tastbaren Foramen mentale zwischen Backenzahn- und Schneidezahnanteil auf der Lateralfläche des Unterkieferkörpers.

Zu den Zahnfächern der Schneidezähne und des Eckzahnes entlässt der Canalis mandibulae den engen Canalis alveolaris. Das Foramen mandibulae und auch das Foramen mentale sind beide für die Leitungsanästhesie von großer klinischer Bedeutung (▶ Abb. 1.36).

Ramus mandibulae (Unterkieferast)

Der Unterkieferast ist ein platter, sagittal aufgestellter Knochen, der sich vom Unterkieferkörper zum Jochbogen (Arcus zygomaticus) nach dorsal hochzieht. Auf seiner Lateralfläche befindet sich die Fossa masseterica als Ansatzfläche für den äußeren Kaumuskel (M. masseter). Auf der Medialfläche des R. mandibulae sitzt die Fossa pterygoidea für den Ansatz der inneren Kaumuskulatur (Mm. pterygoidei). Durch diese beiden Gruben der Ansatzflächen wird die Knochenplatte zentral sehr dünn.

Zwischen dem ventralen Rand des Corpus und dem Kaudalrand des R. mandibulae befindet sich der Kieferwinkel (Angulus mandibulae), der beim Pferd die Tuberositas musculi sternomandibularis für den ventralen Halsmuskel enthält. Das freie Ende des Unterkieferastes trägt jochbogenwärts kaudal den Processus condylaris mit einer querkonvexen Gelenkwalze (Caput mandibulae) zur Artikulation mit dem Kiefergelenk (Articulatio temporomandibularis). Rostral befindet sich am freien Ende des R. mandibulae der hohe und breite Processus coronoideus als Ansatzfläche für den Schläfenmuskel (M. temporalis). Der freie Raum zwischen diesen beiden Fortsätzen wird als Incisura mandibulae bezeichnet [1], [4].

1.8.12 Articulatio temporomandibularis (Kiefergelenk)

Das Kiefergelenk, die Articulatio temporomandibularis, wird auch als Temporomandibuläres Gelenk (TMG) bezeichnet. Es stellt die gelenkige Verbindung zwischen dem kräftigen Unterkieferast (R. mandibulae) und der Pars squamosa des Schläfenbeins (Os temporale) her. Im Kiefergelenk artikulieren das Caput mandibulae des Processus condylaris des Unterkiefers (Mandibula) mit der quergestellten Gelenkfläche des Os temporale. Die Gelenkerhöhung befindet sich bei der Bildung des Kiefergelenks im Caput mandibulae des Processus condylaris. Es verläuft quer zu der Längsachse des Schädels und stellt die Gelenkwalze dar. Die Gelenkvertiefung liegt im Processus zygomaticus der Schläfenbeinschuppe (Pars squamosa), der sich in das Tuberculum articulare, die Fossa mandibularis mit ihrer Facies articularis und den Processus retroarticularis gliedert (▸ Abb. 1.37).

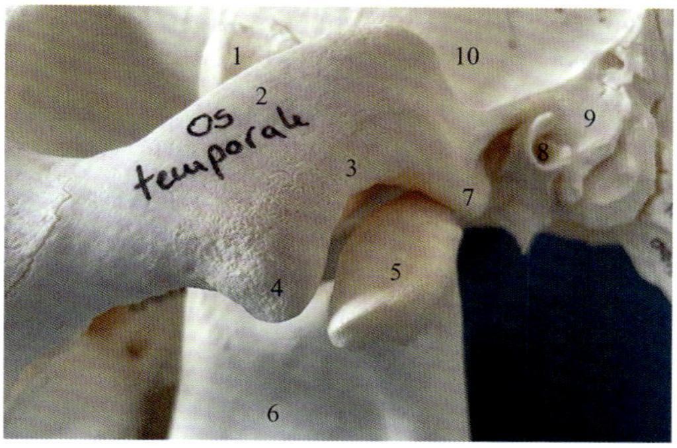

Abb. 1.37 Kiefergelenk des Pferdes. Kiefergelenk, Ansicht von lateral, linke Seite. 1 Processus coronoideus mandibulae, 2 Processus zygomaticus des Os temporale, 3 Fossa mandibularis, 4 Tuberculum articulare, 5 Caput mandibulae, 6 R. mandibulae, 7 Processus retroarticularis, 8 Porus acusticus externus, 9 Pars petrosa des Os temporale, 10 Fossa temporalis. (Quelle: Inken Voges-Falkenberg)

Das Kiefergelenk ist ein inkongruentes Walzengelenk (Articulatio condylaris), dessen Gelenkflächen durch eine beidseitig konkave, querovale Faserknorpelscheibe (Discus articularis) ausgeglichen werden. Die an den freien, knöchernen Gelenkrändern sitzende, kräftige Gelenkkapsel (Capsula articularis) inseriert am Diskus, wodurch 2 Gelenkhöhlen entstehen. Das innere Stratum synoviale der Gelenkkapsel unterteilt diese in die größere, dorsale Articulatio discotemporalis und die engere, ventrale Articulatio discomandibularis.

Das straffe Lig. laterale und das elastische Lig. caudale verstärken seitlich das Stratum fibrosum der Gelenkkapsel. Das rostrale Lig. laterale verläuft vom Processus zygomaticus des Os temporale zum rostralen Abschnitt des Processus condylaris mandibulae. Das hintere Lig. caudale befindet sich zwischen dem Processus retroarticularis des Os temporale und dem kaudalen Abschnitt des Processus condylaris mandibulae [1], [4], [7].

Biomechanik des Kiefergelenks

Das Kiefergelenk steht in einer direkten knöchernen Verbindung zum Schädel sowie in einer funktionellen Beziehung mit den Kopfgelenken. Dysfunktionen und Läsionen des Kiefergelenks haben über die faszialen und muskulären Folgeketten eine direkte Auswirkung und Beeinträchtigung des gesamten Bewegungs- und Verdauungsapparats zur Folge. Der faserknorpelige Discus articularis des Kiefergelenks gleicht die Inkongruenz der Gelenkflächen aus und macht somit eine dreidimensionale Kaubewegung möglich.

Die Kaubewegung des Pferdes erfolgt durch die Lateralverschiebung und Rotationsbewegungen zwischen der Maxilla und der Mandibula. Zwischen dem Diskus und der Mandibula entsteht eine Scharnierbewegung und zwischen der Fossa mandibularis und dem Diskus eine Gleitbewegung. Das Caput mandibulae befindet sich bei geschlossener Maulspalte unterhalb der Fossa mandibularis. Beim Öffnen des Mauls verschiebt sich das Caput mandibulae nach rostral in Richtung Tuberculum articulare der Pars squamosa und führt dabei den Discus articularis mit. Dieser Vorgang wird als zentrale Okklusion bezeichnet.

Die Seitwärtsbewegungen ergeben sich dadurch, dass das Caput mandibulae um die vertikale Achse rotiert, wodurch das Bewegungsausmaß der Lateral- und Medialbewegung des Unterkiefers geringer ist. Diese seitliche Okklusion ermöglicht dem Pferd die Mahlbewegung. Das Kiefergelenk hat folgende Bewegungsmöglichkeiten: das Senken und Heben des Unterkiefers, die Öffnungs- und Schließbewegungen des Mauls, die Seitwärtsbewegung für den Mahlvorgang beim Kauen sowie in geringem Maße das Vor- und Zurückschieben der Mandibula [1], [3], [9].

1.8.13 Os hyoideum, Apparatus hyoideus (Zungenbein)

Die Verbindung des Zungenbeins mit dem Oberschädel wird von der Articulatio temporohyoidea hergestellt, die den Aufhängeapparat des Zungenbeins mit der Schädelbasis verbindet.

Das Zungenbein ist ein aus mehreren Elementen zusammengesetzter Knochen, der mit Epi-, Stylo- und Tympanohyoid den Aufhängeapparat der Zunge bildet und für die Befestigung der Zungenwurzel angelegt ist (▶ Abb. 1.38). Das Os hyoideum befindet sich zwischen den Unterkieferästen, ist rostral mit dem Zungengrund, kaudal mit dem Kehlkopf und schädelwärts mit dem Schläfenbein (Os temporale) verbunden. Das eigentliche Hyoid

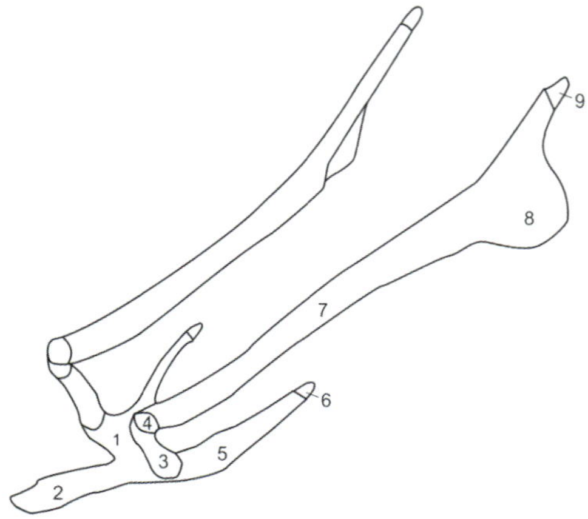

Abb. 1.38 Zungenbein des Pferdes. Hyoid, Ansicht von lateral. 1 Basihyoideum, 2 Processus lingualis, 3 Ceratohyoideum, 4 Epihyoideum, 5 Thyreohyoideum, 6 knorpeliger Abschnitt des Thyreohyoideums, 7 Stylohyoideum, 8 Angulus stylohyoideus, 9 Tympanohyoideum.

liegt zwischen der Zunge, seitlich der Zunge und dem Kehlkopf, während alle schädelwärts gerichteten Anteile seinen Aufhängeapparat darstellen. Das Hyoid setzt sich aus 3 Teilen zusammen: dem unpaarigen Zungenbeinkörper (Corpus ossis hyoidei), auch als Basihyoideum bezeichnet, dem paarigen Kehlkopfhorn (Thyrohyoideum) und dem ebenfalls paarigen Zungenhorn (Ceratohyoideum).

Basihyoideum, Thyrohyoideum, Ceratohyoideum (Hyoid)

Das Basihyoideum liegt im Zungengrund, bildet das Querstück des Zungenbeins und entlässt in der Medianen nach rostral den Processus lingualis, der beim Pferd lang ist. Von den beiden Seiten des Zungenbeinkörpers gehen jeweils die Kehlkopfhörner ab und verbinden sich kaudal beweglich mit dem Schildknorpel (Cartilago thyreoidea) des Kehlkopfs. Das Thyrohyoideum ist beim Pferd mit dem Basihyoideum knöchern verwachsen. Das Zungenhorn ist mit dem Basihyoideum spalthaltig durch ein schwaches Gelenk verbunden. Es ragt beiderseits des Zungengrundes nach dorsal und dient der Anheftung des Aufhängeapparats, der das Zungenbein mit dem Schläfenbein verbindet.

Apparatus hyoideus (Aufhängeapparat)

Der Aufhängeapparat besteht auf beiden Seiten aus einem dreigliedrigen Skelettstück: dem proximalen Zungenbeinast (Tympanohyoideum), dem mittleren Zungenbeinast (Stylohyoideum) und dem distalen Zungenbeinast (Epihyoideum). Das kurze Tympanohyoideum ist beim Pferd knorpelig bzw. synchondrotisch ausgebildet und verbindet sich dorsal mit dem Processus styloideus des Os temporale. Das Stylohyoideum ist ein platter Knochenstab, der am proximalen Abschnitt beim Pferd einen schwach kaudal vortretenden Winkel (Angulus stylohyoideus) aufweist. Das Epihyoideum des Pferdes gleicht der Form einer Erbse und ist schon frühzeitig mit dem Stylohyoideum knöchern verwachsen [1], [4].

1.8.14 Articulatio atlantooccipitalis (Atlantookzipitalgelenk, Erstes Kopfgelenk)

Das erste Kopfgelenk ist zusammen mit dem zweiten Kopfgelenk (Articulatio atlantoaxialis), das zwischen den ersten beiden Halswirbeln (Atlas und Axis) sitzt, für die Bewegung des Kopfes zuständig (▶ Abb. 1.39). Das Atlantookzipitalgelenk ist paarig angelegt, verbindet den Hirnschädel mit der Wirbelsäule und befindet sich zwischen dem Hinterhauptsbein (Os occipitale) und dem ersten Halswirbel (Atlas).

Die Atlantookzipitalgelenk besteht aus 2 Ellipsoidgelenken (Articulationes ellipsoidae), die jeweils eine eigenständige Gelenkkapsel (Capsula articularis) besitzen. Die artikulierenden Gelenkpartner sind die Okziputkondylen (Condyli occipitales) des Hinterhauptsbeins beider Seiten mit den jeweiligen konkaven Foveae articulares craniales des Atlas. Die beiden Gelenkkapseln setzen an den Gelenkrändern an, sind dorsal weit voneinander entfernt, aber ventral eng gelegen. Bei älteren Pferden können sie eine Verbindung eingehen und so eine einheitliche Gelenkkapsel bilden.

Das Atlantookzipitalgelenk wird in seiner Funktion von mehreren Gelenkbändern (Ligg. articularia) verstärkt: Die Seitenbänder (Ligg. lateralia) haben ihren Ursprung medial an den Processus paracondylares des Hinterhauptsbeins und ziehen

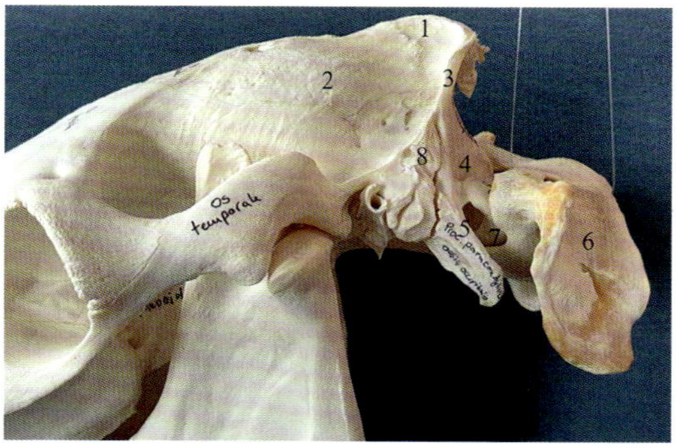

Abb. 1.39 Atlantookzipitalgelenk des Pferdes. Atlantookzipitalgelenk, Ansicht von lateral. 1 Os interparietale, 2 Os parietale, 3 Crista nuchae, 4 Os occipitale, 5 Processus paracondylaris, 6 Atlas, 7 Condylus occipitalis, 8 Pars petrosa des Os temporale. (Quelle: Inken Voges-Falkenberg)

kranial an die Basis der Atlasflügel (Alae atlantis). Die Membrana atlantooccipitalis ventralis unterstützt die Gelenkkapseln bindegewebig und flächenhaft von ventral. Die Membrana atlantooccipitalis dorsalis ist lateral mit den Gelenkkapseln verschmolzen und verschließt als kräftige, bindegewebige Platte den erweiterten Gelenkspalt (Spatium interarticulare atlantooccipitale). Aufgrund der Form der Gelenkflächen sind die Bewegungsrichtungen des Atlantookzipitalgelenks überwiegend Streckung (Extension) und Beugung (Flexion). Eine Seitwärts- oder Drehbewegung ist nur in geringem Ausmaß möglich [4], [13].

1.9 Suturen des Schädels

Die Schädelknochen sind untereinander durch Knochennähte, sogenannte Suturen (Suturae capitis), verbunden. Das Wort „Sutur" stammt aus dem Lateinischen „Sutura" von „sutura" für „zusammennähen", „Naht", im Deutschen „Knochennaht" oder „Schädelnaht" [10]. Suturen sind bindegewebige Nahtstellen zwischen den mineralisierten Deckknochen des Schädels. Sie bestehen aus kollagenen Fasern, die die Schädelknochen an ihren Rändern auf unterschiedliche Arten verbinden. Dadurch verleihen die Suturen dem Kopfskelett nicht nur Stabilität, sondern besitzen zusätzlich eine absorbierende Fähigkeit. Die Knochennähte bestehen zum Zeitpunkt der Geburt und beim juvenilen Pferd aus knorpeligen Verbindungen (Synchondro-

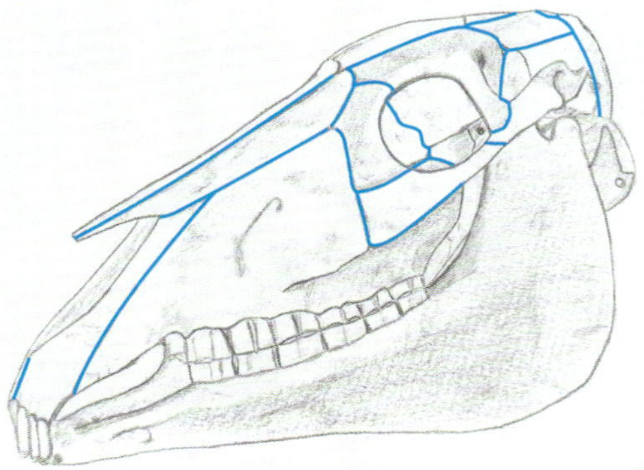

Abb. 1.40 Die Suturen des Pferdeschädels im Überblick. Pferdeschädel, Ansicht von lateral.

sen). Beim adulten Pferd zählen die Suturen zu den spaltfreien Knochenverbindungen (Synarthrosen). Sie gehören damit zu den unechten, nichtsynovialen Gelenken ohne flüssigkeitsgefüllte Gelenkhöhle, Gelenkspalt oder Gelenkkapsel. Innerhalb der spaltfreien Knochenverbindungen werden die Suturen als bindegewebige Verbindungen (Juncturae fibrosae) eingeordnet (▶ Abb. 1.40).

1.9.1 Aufbau der Suturen

Suturen sind die Wachstumsfugen des Kopfskeletts, die überwiegend sichtbar sind und beweglich bleiben. Sie bilden die Knochennähte an den Knochenrändern zwischen den Deckknochen des Schädels. Die Nähte verlaufen dort als Bindegewebssaum (Nahtband), das dem Knochen sein Flächenwachstum ermöglicht. Hat das Kopfskelett seine endgültige Größe und Form erreicht, verbleibt an diesen Nahträndern an der Ober- und Unterfläche Bindegewebe mit Kollagenfasern. Die Suturen bestehen demnach aus Bindegewebe mit straffen, kollagenen Fasern, die spiralförmig gedreht verlaufen und damit an den Aufbau eines Stahlseils erinnern [3].

Als diese festen, bindegewebsfaserigen Nahtstellen verbinden die Suturen die Ränder der Schädelknochen zudem mit unterschiedlichen Nahtformen. Je nach ihrer Bewegungsrichtung bilden sich während des Wachstums die entsprechend benötigten Suturarten an den Knochenrändern aus; s. Kap. Arten der Suturen (S. 49). Dadurch entsteht eine stabile, aber dennoch dynamische Verbindung unter den einzelnen Schädelknochen. Ständige minimale Bewegungen wirken einer starren Verknöcherung entgegen. Das Pferd besitzt insgesamt circa 55 syndesmotische Suturen am Kopfskelett.

In histomorphologischen Untersuchungen konnte nachgewiesen werden, wie die Suturen vom Knochengewebe umgeben sind. Die Gewebegrenze zwischen dem Knochengewebe und den straffen Bindegewebsfasern der Sutur stellt sich als zellhaltiger Saum dar. Das Bindegewebe füllt den Suturspalt vollständig aus und enthält neben zahlreichen, spindelförmigen Fibrozyten auch vereinzelt Blutgefäße. Die Fibrozyten sind entweder zentral oder randständig im Bindegewebe angeordnet. In dem Knochengewebe konnten gerade, mäanderförmige, herzförmige, u-förmige und runde Suturverläufe festgestellt werden. Zwischen dem Suturverlauf und dem Faserverlauf des straffen Bindegewebes konnte in histologischen Schnitten ein Zusammenhang mit der Anordnung der Fibrozyten erkannt werden [2].

1.9.2 Funktion der Suturen

Die Knochennähte des Schädels sind dazu in der Lage, sich an extrem wirkende Kräfte und mechanischen Stress anzupassen. Sie können sich an Spannungs-, Kompressions- und Distraktionskräfte adaptieren und ermöglichen minimale, federnde Bewegungen. Die Suturen erlauben dem kraniofazialen Knochengewebe ein gewisses Bewegungsausmaß und sind zur Absorption von Belastungen fähig. Durch die Fähigkeit zur reversiblen Schädelverformung gewährleisten die Suturen einen erleichterten Geburtsvorgang. Anschließend ermöglichen sie das Schädel- und Knochenwachstum mit der Adaption der neurokranialen Knochen an das ebenfalls wachsende Gehirn.

Die kranialen Suturen sind um das 35-Fache elastischer als die angrenzenden Deckknochen. Das Ausmaß der Energieabsorption ist zum einen von der Suturenart abhängig und zum anderen von der Faserorientierung der Suturen. Hierbei liefert die „butt-ended"-Sutur durch ihren ebenen Kontakt mit glatten Kanten die höchste Belastbarkeit; s. Kap. Arten der Suturen (S. 49). In einer aufwändigeren ineinandergreifenden Knochennaht ist die Belastbarkeit empfindlich verringert. Die Ergebnisse zu dieser Feststellung basieren auf der

Finite-Element-Methode, die physikalische Eigenschaften von Suturen unter der Einwirkung einer Belastung messbar macht. Die mechanischen Belastungen, denen die Suturen ausgesetzt sein können, werden in 3 Arten eingeteilt:

- stoßartige Belastung
- zyklische Belastung
- quasistatische Belastung

Stoßartige Belastung

Unter die stoßartigen Belastungen fallen Traumata wie äußere Krafteinwirkungen durch Schläge oder Stürze. Hierbei machen die Suturen zuerst eine Deformation des Schädels möglich, bevor es zu einer Schädelfraktur kommt.

Zyklische Belastung

Zu den zyklischen Belastungen gehören die Muskelkontraktionen, die während des Kauvorgangs stattfinden. Die hierbei auftretenden Kompressions- und Spannungskräfte wurden in den interparietalen und interfrontalen Suturen am Schweineschädel nachgewiesen. Auch die Kompressionsbelastungen der Schädelkapsel bei der Geburt fallen unter die zyklischen Belastungen.

Quasistatische Belastung

Das reine Gewicht des Kopfes, dem sich die Wirbelsäule entgegensetzt, wird als quasistatische Belastung für die Suturen angesehen. Eine weitere Krafteinwirkung, der die Knochennähte in der postnatalen Phase ausgesetzt sind, ist das Wachstum des Gehirns mit seiner entsprechenden Ausdehnung. Während dieses Wachstumsvorgangs strahlt die Dura mater in das Gewebe der Suturen ein. Sie verursacht Zugkräfte auf die Schädelnähte, bei denen man davon ausgeht, dass sie eine stimulierende Wirkung auf die Vermehrung der Suturenfibrozyten haben. Durch dieses Prinzip werden das Gehirnwachstum und das Schädelwachstum miteinander synchronisiert.

1.9.3 Arten der Suturen

Die Knochenränder der Schädelknochen artikulieren auf unterschiedliche Weise miteinander. Entsprechend ihrer Bewegungsrichtung bilden sie an ihren Knochenkanten verschiedene Suturenformen aus, die an die unterschiedlichen Beanspruchungen und Bewegungen angepasst sind. Die Schädelknochen werden von den Suturen auf ihre individuelle Position und Funktion entsprechend verbunden. Die angrenzenden Knochenränder können sich an ihren Enden treffen (butt-ended), sich überlappen (overlapping) oder sich in die keilförmige Vertiefung eines benachbarten Knochens einfügen (Schindelysis).

Butt-ended-Nähte

Zu den „butt-ended“-Nähten gehören die Sutura sagittalis, die Sutura interfrontalis und die Sutura palatina media. Die Sutura sagittalis verbindet die beiden Scheitelbeine (Ossa parietalia) und die Sutura interfrontalis die beiden Stirnbeine (Ossa frontalia) miteinander. In der Sutura palatina media verschmelzen die Anteile der beiden Gaumenbeine (Ossa palatina).

Overlapping-Nähte

Zu den „overlapping“-Nähten zählen die Sutura coronalis und die Sutura squamosa. Die Sutura coronalis liegt zwischen den Stirnbeinen (Ossa frontalia) und den Scheitelbeinen (Ossa parietalia). Die Sutura squamosa vereinigt die Scheitelbeine mit dem Schläfenbein (Os temporale) und dem Keilbein (Os sphenoidale).

Schindelysis

Eine Schindelysis ist beispielsweise die Sutura vomerosphenoidalis, die das Pflugscharbein (Vomer) mit dem Keilbein verbindet [2].

Anatomie

Je nach Struktur der Verbindungsflächen und des Ineinandergreifens der Nahtränder werden die **Suturen** in unterschiedliche Arten eingeteilt. Man unterscheidet zwischen der **falschen Naht (Sutura plana)** und der **echten Naht (Sutura vera)**. Letztere ist wiederum unterteilt in die Schuppennaht (Sutura squamosa), die gezahnte Naht (Sutura dentata), die Zahnnaht (Sutura serrata), die Blattnaht (Sutura foliata) und in die Schindelnaht (Schindylesis).

Falsche Naht (Glattnaht, Sutura plana, Sutura spuria)

Die beteiligten Knochen stoßen stumpf aufeinander, liegen einander eben an und schließen bündig ab. Sie haben keine Zacken, Unebenheiten oder Vertiefungen (► Abb. 1.41). Zum Beispiel:

- Sutura nasomaxillaris
- Sutura zygomaticomaxillaris
- Sutura internasalis
- Sutura interfrontalis

Echte Naht (Sutura vera)

Die aneinandergrenzenden Knochen werden durch ineinandergreifende, sägezahnartige Knochenränder miteinander verbunden. Dazu gehören:

- Schuppennaht (Sutura squamosa): Die Knochenränder sind breit abgeschrägt und überlappen sich (► Abb. 1.42). Zum Beispiel: Sutura squamosa, Sutura temporoparietalis, Sutura frontonasalis
- Gezahnte Naht (Sutura dentata): Die Knochenenden sind gezahnt und flach ineinander verkeilt (► Abb. 1.43). Zum Beispiel: Sutura sagittalis
- Zahnnaht (Zacken- oder Sägenaht, Sutura serrata): Die Knochenränder sind gezahnt und spitz ineinander verkeilt. Zum Beispiel: Sutura coronalis
- Blattnaht (Blättchennaht, Sutura foliata, Sutura foliosa): Die Knochenkanten formen sagittal zur Knochenplatte gestellte Knochenblättchen, die scharf ineinandergreifen. Zum Beispiel: Sutura frontonasalis
- Schindelnaht (Nutennaht, Schindylesis): Angrenzende Knochenränder fügen sich keilförmig in die Vertiefung eines Nachbarknochens ein. Zum Beispiel: Sutura vomerosphenoidalis

Zusätzlich zu der Verbindungsstruktur und der Art des Ineinandergreifens der Schädelnähte, können diese zudem aufgrund ihrer Lokalisation am Schädel eingeteilt werden. Hierbei können die paarigen von den unpaarigen Suturen unterschieden werden.

Unpaarige Knochennähte

Zu den unpaarigen Knochennähten des Schädeldaches gehören die Stirnnaht (Sutura interfrontalis) und die Pfeilnaht (Sutura sagittalis). Die Sutura interfrontalis verbindet die beiden Stirnbeine und die Sutura sagittalis vereint die beiden Scheitelbeine.

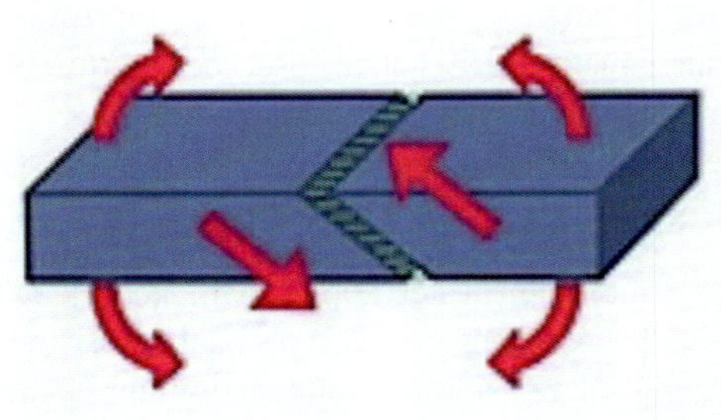

Abb. 1.42 Sutura squamosa. (Quelle: Inken Voges-Falkenberg)

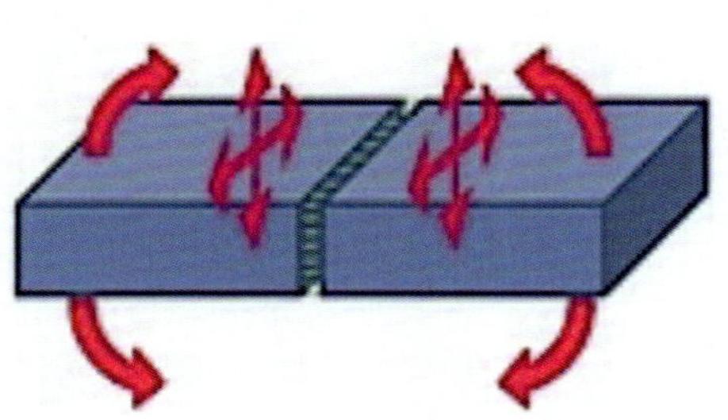

Abb. 1.41 Sutura plana. (Quelle: Inken Voges-Falkenberg)

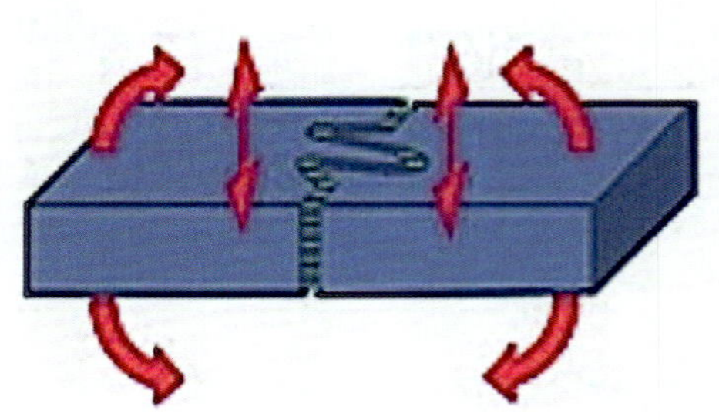

Abb. 1.43 Sutura dentata. (Quelle: Inken Voges-Falkenberg)

Paarige Knochennähte

Die Schädelnähte, die paarig angelegt sind, sind die Kranznaht (Sutura coronalis), die Lambdanaht (Sutura lambdoidea) und die Schuppennaht (Sutura sqamosa). Die Sutura coronalis liegt zwischen den Ossa frontalia und den Ossa parietalia. Die Sutura lambdoidea verbindet das Hinterhauptsbein (Os occipitale) mit den Knochenrändern der Scheitelbeine und wird auch als Sutura occipitalis bezeichnet. Die Sutura squamosa befindet sich zwischen den Scheitelbeinen, dem Schläfenbein und dem Keilbein. Die Sutura sagittalis, die Sutura coronalis und die Sutura lambdoidea stellen die 3 größten Knochennähte des Schädeldaches dar [2].

1.9.4 Suturen im Einzelnen

Für die Mobilisation des Schädels bzw. der kraniofazialen Strukturen, einschließlich deren Untersuchung und Behandlung auf Läsionen oder bei Dysfunktionen, sind die nachfolgenden 21 Schädelnähte relevant. Die Suturen des Keilbeins (Sutura occipitosphenoidalis, sphenosquamosa, frontosphenoidalis) sowie die Sutura intermaxillaris haben für die Behandlung keine Bedeutung und sind aufgrundessen nicht im folgenden Kapitel näher beschrieben.

Sutura occipitointerparietalis: Os occipitale ↔ Os interparietale

Die Sutura occipitointerparietalis (▸ Abb. 1.44) befindet sich zwischen der Hinterhauptsschuppe (Squama occipitalis) und dem Zwischenscheitelbein (Os interparietale). Die Sutur ist nicht paarig und nur beim Pferd vorhanden. In der Medianen, wo die Seitenteile des Zwischenscheitelbeins zu einem scheitelwärts zugespitzten, unpaarigen Knochen verwachsen, liegt die Sutura occipitointerparietalis unmittelbar seitlich von dem gut zu palpierenden Scheitelkamm (Crista sagittalis externa).

Sutura lambdoidea: Os occipitale ↔ Os parietale

Das Hinterhauptsbein (Os occipitale) bildet mit dem Scheitelbein (Os parietale) die Sutura lambdoidea (Lambdanaht). Sie verläuft paarig an der Hinterhauptsschuppe (Squama occipitalis) und zieht sich quer verlaufend am leistenartigen Genickkamm (Crista nuchae) entlang. Die Sutura lambdoidea zählt durch ihren Verlauf zu den 3 größten Knochennähten des Schädeldaches (▸ Abb. 1.45).

Sutura parietalointerparietalis: Os parietale ↔ Os interparietale

Mit den Scheitelbeinen (Ossa parietalia) bildet das Zwischenscheitelbein (Os interparietale) beim Pferd die Sutura parietalointerparietalis (▸ Abb. 1.46), deren Aufzeichnung jedoch in keiner Literatur zu finden ist.

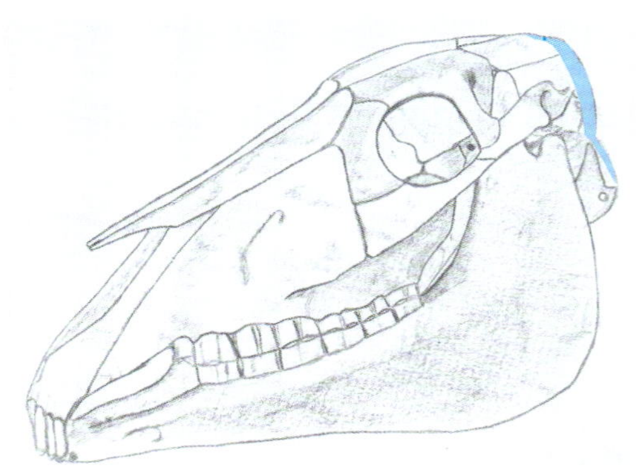

Abb. 1.44 Sutura occipitointerparietalis. Pferdeschädel, Ansicht von lateral.

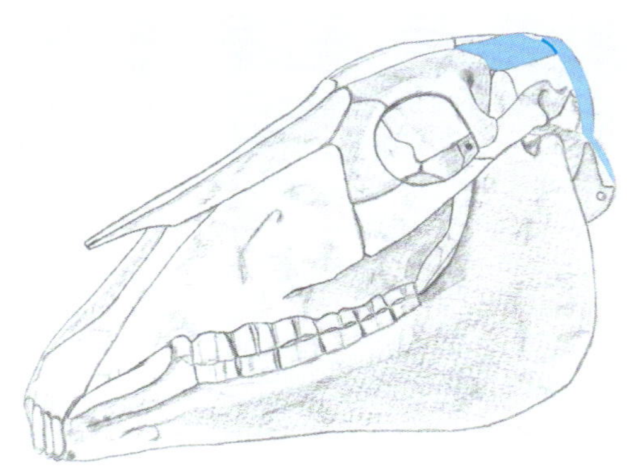

Abb. 1.45 Sutura lambdoidea. Pferdeschädel, Ansicht von lateral.

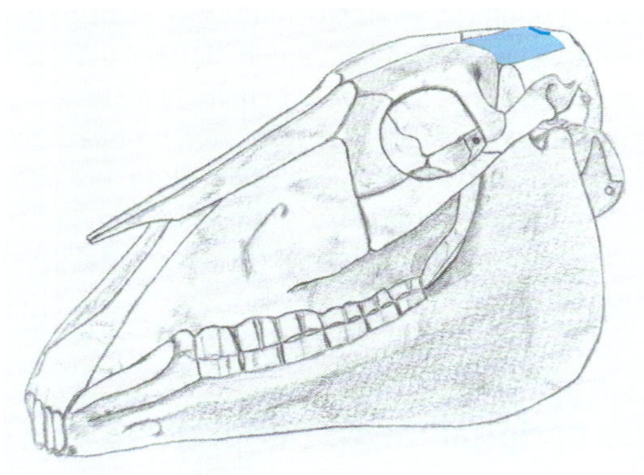

Abb. 1.46 Sutura parietalointerparietalis. Pferdeschädel, Ansicht von lateral.

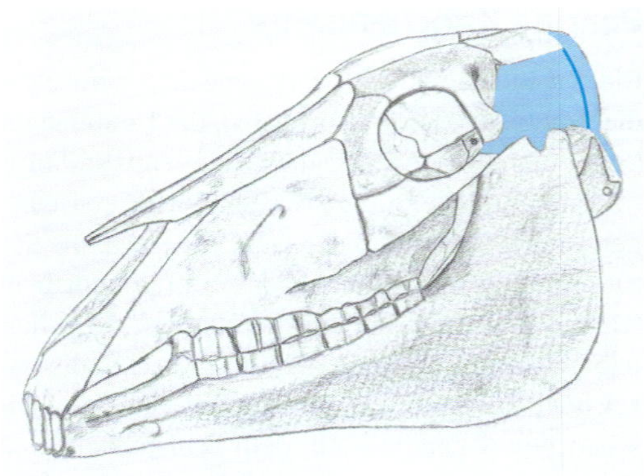

Abb. 1.47 Sutura occipitotemporalis. Pferdeschädel, Ansicht von lateral.

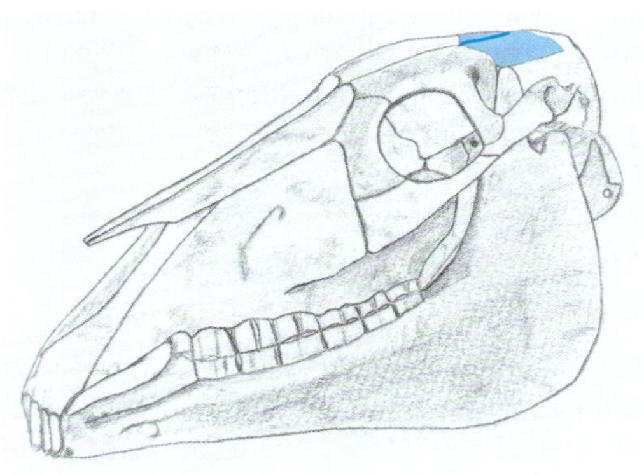

Abb. 1.48 Sutura sagittalis. Pferdeschädel, Ansicht von lateral.

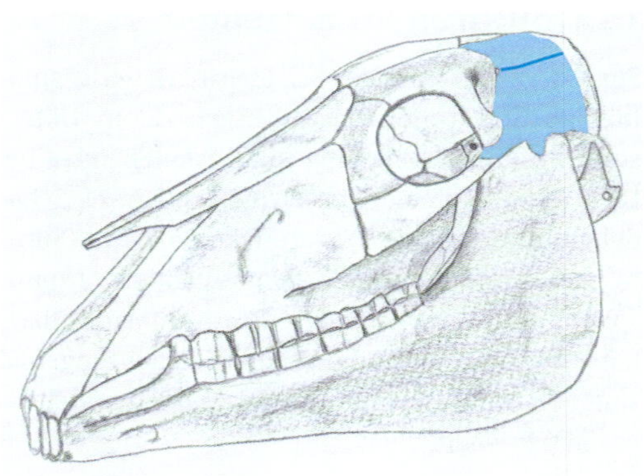

Abb. 1.49 Sutura squamosa. Pferdeschädel, Ansicht von lateral.

Sutura occipitotemporalis (Sutura occipitomastoidea): Os temporale ↔ Os occipitale

Die Sutura occipitotemporalis, die synonym als Sutura occipitomastoidea bezeichnet wird, vereinigt das Hinterhauptsbein (Os occipitale) mit dem Schläfenbein (Os temporale). Sie verläuft ventral des Genickkamms (Crista nuchae) vom Hinterhauptsbein zur Pars mastoidea des Schläfenbeins (▸ Abb. 1.47).

Sutura sagittalis: Os parietale ↔ Os parietale

Die Sutura sagittalis entsteht dort, wo sich die beiden Anteile des Scheitelbeins (Os parietale) rostral miteinander verbinden (▸ Abb. 1.48). Sie ist unpaarig und zählt als Sutura plana zu den butt-ended-Nähten. Die Sutura sagittalis gehört zu den 3 größten Knochennähten des Hirnschädels.

Sutura squamosa: Os temporale ↔ Os parietale

Zwischen dem Schläfenbein (Os temporale) und dem Scheitelbein (Os parietale) bildet die Sutura squamosa mit festen Schuppennähten eine Knochennaht, die auch als Schuppennaht bekannt ist (▸ Abb. 1.49). Sie entsteht dort, wo die Schläfenbeinschuppe (Pars squamosa ossis temporalis) auf die Seitenfläche (Planum temporale) der Ossa parietalia trifft. Die Sutura squamosa ist paarig vorhanden, gehört zu den overlapping-Nähten und,

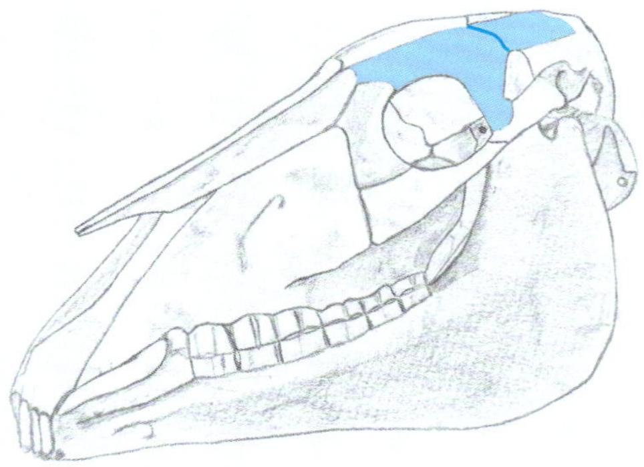

Abb. 1.50 Sutura coronalis. Pferdeschädel, Ansicht von lateral.

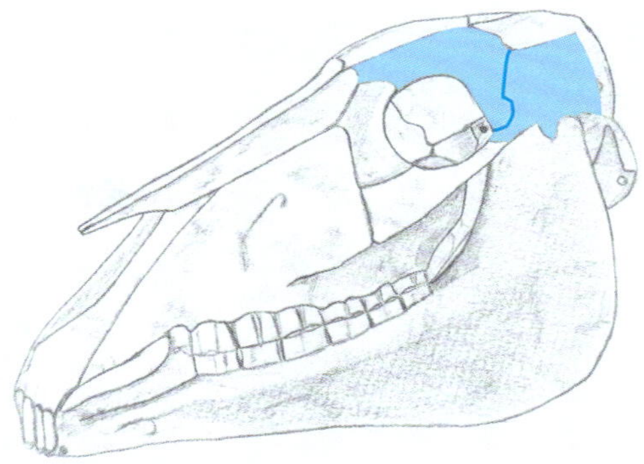

Abb. 1.51 Sutura frontotemporalis. Pferdeschädel, Ansicht von lateral.

wie sich bereits aus ihrem Namen ableiten lässt, ist ihre Nahtform eine Schuppennaht (Sutura squamosa).

Sutura coronalis: Os frontale ↔ Os parietale

Die Sutura coronalis wird auch als Kranznaht bezeichnet und zählt durch ihren paarigen Verlauf zwischen den Stirnbeinen (Ossa frontalia) und den Scheitelbeinen (Ossa parietalia) zu den 3 größten Suturen des Schädeldaches (► Abb. 1.50). Sie besteht aus einer overlapping-Naht, die als spitz verzahnte Zackennaht (Sutura serrata) ausgeprägt ist.

Sutura frontotemporalis: Os temporale ↔ Os frontale

Die Schläfenbeinschuppe (Pars squamosa ossis temporalis) bildet die paarige Sutura frontotemporalis zwischen dem Schläfenbein (Os temporale) und dem Stirnbein (Os frontale). Die Sutura frontotemporalis verläuft dort, wo sich lateral an der Squama frontalis der Jochfortsatz (Processus zygomaticus) zur Bildung des oberen Augenhöhlenrandes (Margo supraorbitalis) erhebt. Beim Pferd verbindet sich dieser mit dem Jochfortsatz des Schläfenbeins und bildet dort die Sutur (► Abb. 1.51).

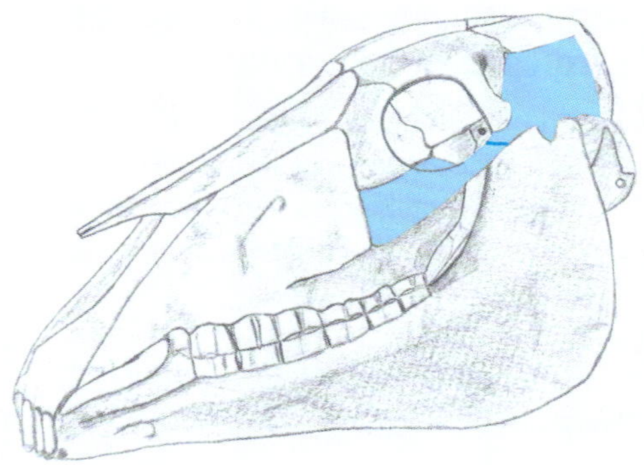

Abb. 1.52 Sutura temporozygomatica. Pferdeschädel, Ansicht von lateral.

Sutura temporozygomatica: Os zygomaticum ↔ Os temporale

In der Sutura temporozygomatica verbinden sich das Jochbein (Os zygomaticum) und das Schläfenbein (Os temporale). Die Sutur durchzieht den knöchernen Jochbeinbogen (Arcus zygomaticus) dort, wo der Jochbeinkörper kaudal den Schläfenfortsatz (Processus temporalis) entlässt und dieser sich mit dem Jochbeinfortsatz (Processus zygomaticus) des Os temporale vereinigt (► Abb. 1.52). Die Sutura temporozygomatica ist paarig, eine echte Knochennaht (Sutura vera) und in ihrer Form eine Schuppennaht (Sutura squamosa).

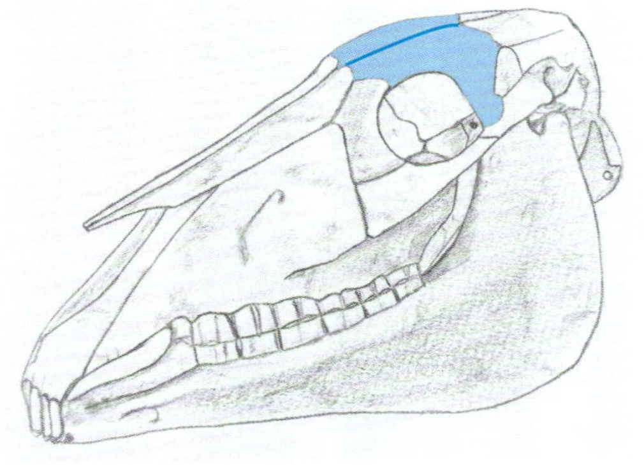

Abb. 1.53 **Sutura interfrontalis.** Pferdeschädel, Ansicht von lateral.

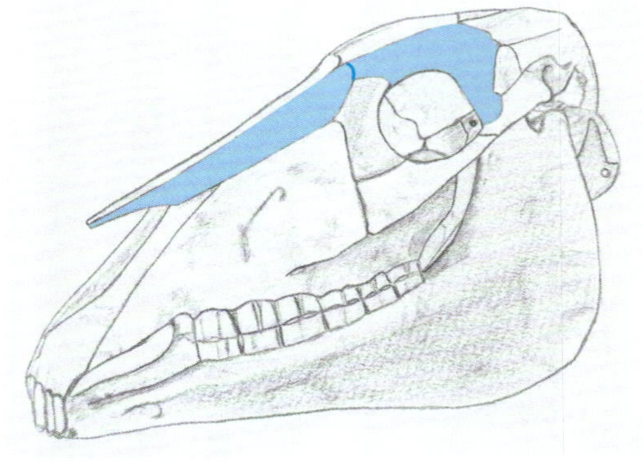

Abb. 1.54 **Sutura frontonasalis.** Pferdeschädel, Ansicht von lateral.

Sutura interfrontalis: Os frontale ↔ Os frontale

Die Sutura interfrontalis verläuft in der Medianen des Hirnschädels, wo sich die beiden Stirnbeine (Ossa frontalia) miteinander vereinigen. Ihr Verlauf erstreckt sich über die Stirnbeinschuppe (Squama frontalis) und den Nasenabschnitt (Pars nasalis) des Stirnbeins (▸ Abb. 1.53). Die Sutura interfrontalis ist unpaarig, eine stumpfe butt-ended-Naht sowie in ihrer Nahtform eine Glattnaht (Sutura plana).

Sutura frontonasalis: Os nasale ↔ Os frontale

Die Sutura frontonasalis verbindet das Stirnbein (Os frontale) mit dem Nasenbein (Os nasale). An dem breiten Stirnteil der Stirnbeinschuppe (Squama frontalis) verläuft die Knochennaht auf Höhe der Orbitamitte, wo die Stirnbeinschuppe rostral an das Nasenbein grenzt (▸ Abb. 1.54). Die Sutura frontonasalis ist paarig und eine gezahnte Schuppennaht (Sutura squamosa).

Sutura nasolacrimalis: Os lacrimale ↔ Os nasale

In der Sutura nasolacrimalis vereinigen sich das Tränenbein (Os lacrimale) und das Nasenbein (Os nasale). Das Tränenbein begrenzt als kleinster Gesichtsschädelknochen die knöcherne Augenhöhle (Orbita) rostral und enthält dorsal des Augenwinkels den Processus lacrimalis rostralis. Die Sutura nasolacrimalis umgibt diesen Processus mediolateral vom oberen Orbitabogen bis zum ventral gelegenen Jochbein (▸ Abb. 1.55). Sie ist paarig vorhanden und in ihrer Form eine Schuppennaht (Sutura squamosa).

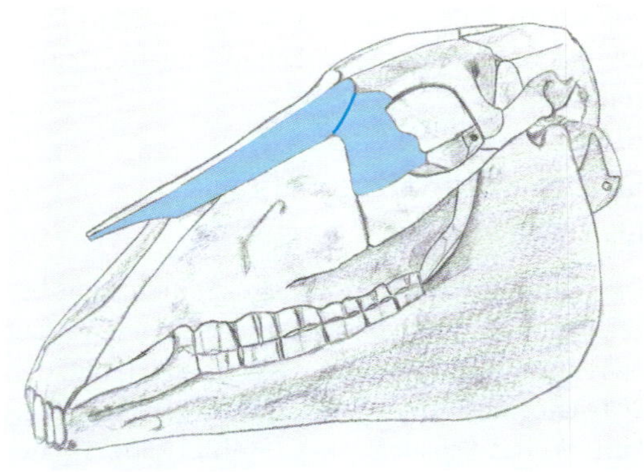

Abb. 1.55 **Sutura nasolacrimalis.** Pferdeschädel, Ansicht von lateral.

Sutura frontolacrimalis: Os frontale ↔ Os lacrimale

Zwischen dem Stirnbein (Os frontale) und dem Tränenbein (Os lacrimale) befindet sich die Sutura frontolacrimalis (▸ Abb. 1.56). Ihr Verlauf ist nur kurz und beginnt am oberen Augenhöhlenrand (Margo supraorbitalis) dorsal an der Orbita. Die Sutur zieht am Nasenteil (Pars nasalis) der Stirnbeinschuppe (Squama frontalis) entlang bis zum Kaudalende des Nasenbeins. Die Sutura frontola-

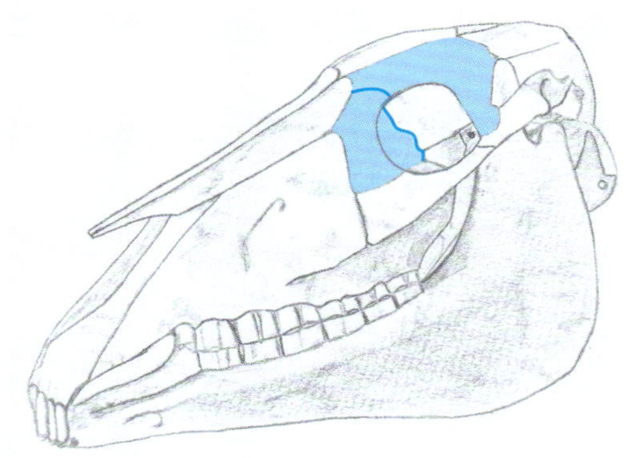

Abb. 1.56 Sutura frontolacrimalis. Pferdeschädel, Ansicht von lateral.

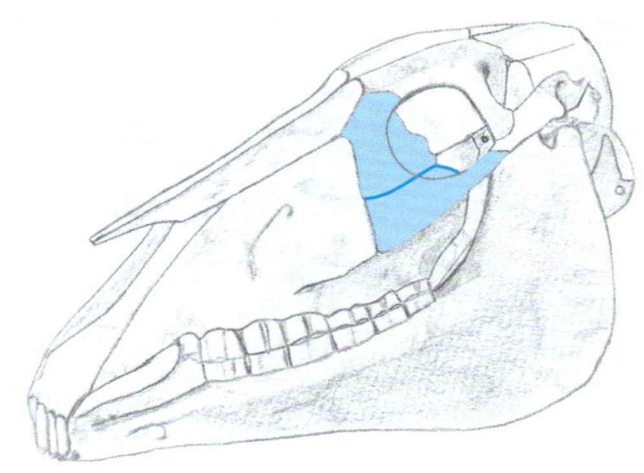

Abb. 1.57 Sutura lacrimozygomatica. Pferdeschädel, Ansicht von lateral.

crimalis ist paarig und den echten Knochennähten (Sutura vera) zuzuordnen.

Sutura lacrimozygomatica: Os zygomaticum ↔ Os lacrimale

Die Sutura lacrimozygomatica verbindet das Tränenbein (Os lacrimale) mit dem Jochbein (Os zygomaticum). Vom Margo infraorbitalis der Orbita ausgehend, verläuft sie parallel zur deutlich ausgeprägten Angesichtsleiste (Crista facialis), ungefähr auf der Höhe des Foramen infraorbitale. Die Knochennaht verläuft quer von der Augenhöhlenfläche (Facies orbitalis) des Tränenbeins über dessen Angesichtsfläche (Facies facialis ossis lacrimalis) und endet auf Höhe der Mitte der Crista facialis (▶ Abb. 1.57). Die Sutura lacrimozygomatica ist paarig vorhanden und den echten Nähten (Sutura vera) zuzuordnen.

Sutura nasoincisiva: Os incisivum ↔ Os nasale

Kaudal mit dem Nasenbein (Os nasale) verbunden, bildet das Zwischenkieferbein (Os incisivum) mit diesem die Sutura nasoincisiva (▶ Abb. 1.58). Die Knochennaht liegt unmittelbar kaudal am palpierbaren Nasenzwischenkieferausschnitt (Incisura nasoincisiva) und hat einen nur kurzen Verlauf bis zum Oberkiefer (Maxilla). Die Sutura nasoincisiva ist paarig und eine Schuppennaht (Sutura squamosa).

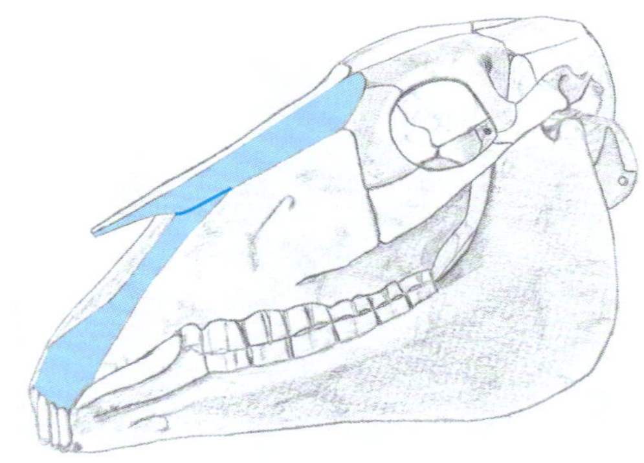

Abb. 1.58 Sutura nasoincisiva. Pferdeschädel, Ansicht von lateral.

Sutura zygomaticomaxillaris: Os zygomaticum ↔ Os maxillare (Maxilla)

Das Jochbein (Os zygomaticum) und der Oberkiefer (Maxilla) vereinigen sich in der Sutura zygomaticomaxillaris (▶ Abb. 1.59). Diese Knochennaht ist neben der Sutura maxilloincisiva die längste des Gesichtsschädels. Sie beginnt rostral der Orbita auf Höhe des Augenwinkels und des Foramen infraorbitale und überquert die Angesichtsleiste (Crista facialis) sagittal. Anschließend verläuft die Sutur am ventralen Rand der Crista facialis und parallel zu ihrer Erhebung. Sie endet dort, wo der Jochbeinkörper kaudal den Schläfenfortsatz (Processus temporalis) entlässt. Die Sutura zygomaticomaxillaris ist paarig und als Glattnaht (Sutura plana) ohne Vertiefungen ausgeprägt.

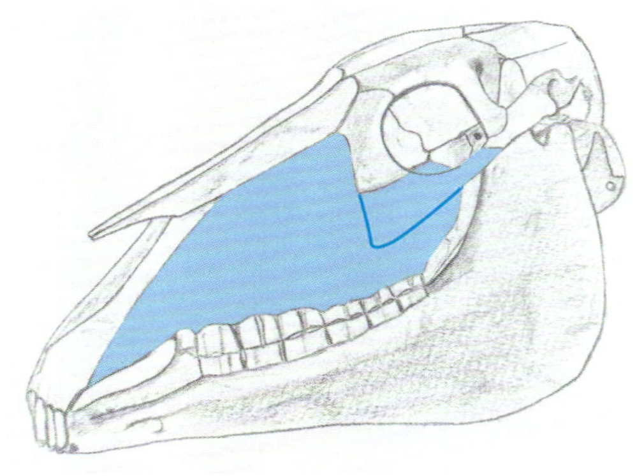

Abb. 1.59 Sutura zygomaticomaxillaris. Pferdeschädel, Ansicht von lateral.

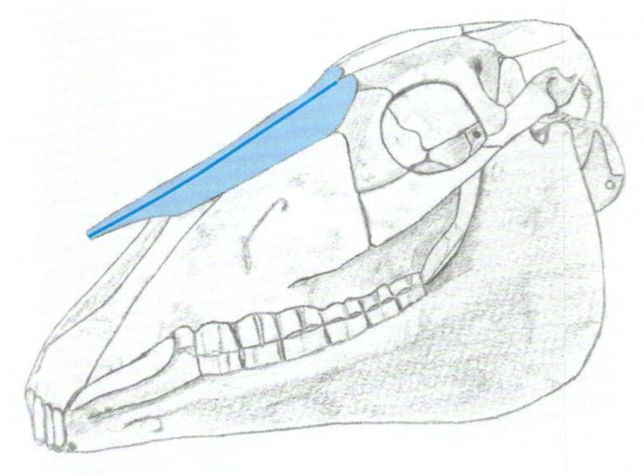

Abb. 1.60 Sutura internasalis. Pferdeschädel, Ansicht von lateral.

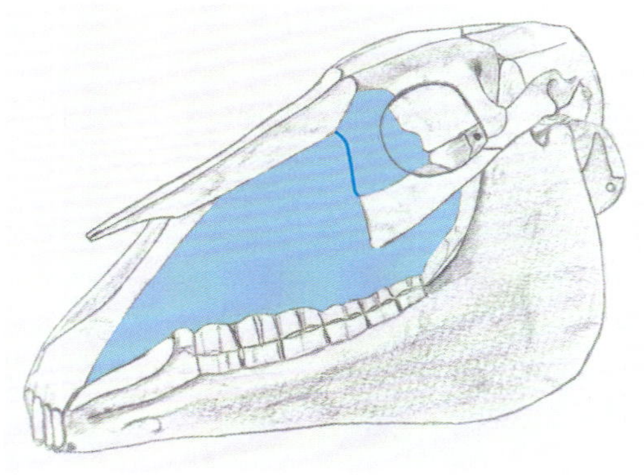

Abb. 1.61 Sutura lacrimomaxillaris. Pferdeschädel, Ansicht von lateral.

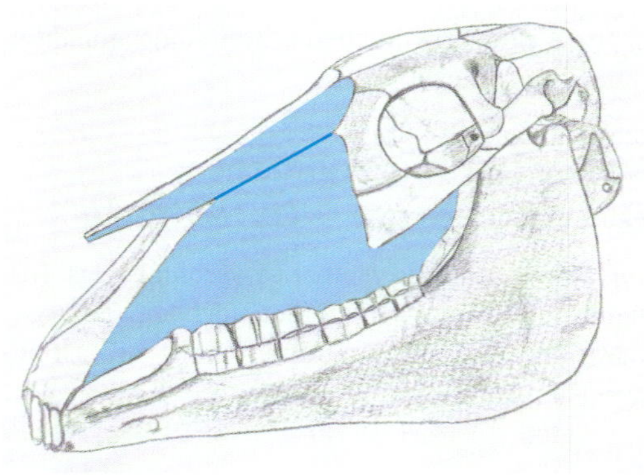

Abb. 1.62 Sutura nasomaxillaris. Pferdeschädel, Ansicht von lateral.

Sutura internasalis: Os nasale ↔ Os nasale

Die beiden Anteile des Nasenbeins (Os nasale) schließen sich median in der Sutura internasalis zusammen. Die Sutur verläuft vom spitz zulaufenden Processus rostralis am rostralen Ende der Ossa nasalia medial bis zur Abgrenzung an die Stirnbeine. Dort, wo der Processus rostralis mit dem Zwischenkieferbein den gut palpierbaren Nasenzwischenkieferausschnitt (Incisura nasoincisiva) bildet, kann man die Knochennaht genau mittig zwischen den Ausschnitten sehr gut finden (▶ Abb. 1.60). Die Sutura internasalis ist unpaarig, verbindet sich als stumpfe Knochennaht und ist eine Glattnaht (Sutura plana).

Sutura lacrimomaxillaris: Os lacrimale ↔ Os maxillare (Maxilla)

Die Sutura lacrimomaxillaris verbindet das Tränenbein (Os lacrimale) mit dem Oberkieferbein (Os maxillare). Sie nimmt nur einen kurzen Verlauf ein und liegt sagittal auf Höhe der Mitte der Angesichtsleiste (Crista facialis), rostral der Orbita (▶ Abb. 1.61). Die Sutura lacrimomaxillaris ist paarig vorhanden.

Sutura nasomaxillaris: Os nasale ↔ Os maxillare (Maxilla)

Zwischen dem Oberkieferbein (Os maxillare) und dem Nasenbein (Os nasale) befindet sich die Sutura nasomaxillaris (▶ Abb. 1.62). Sie verläuft lateral am Gesichtsschädel parallel zum Nasenrücken

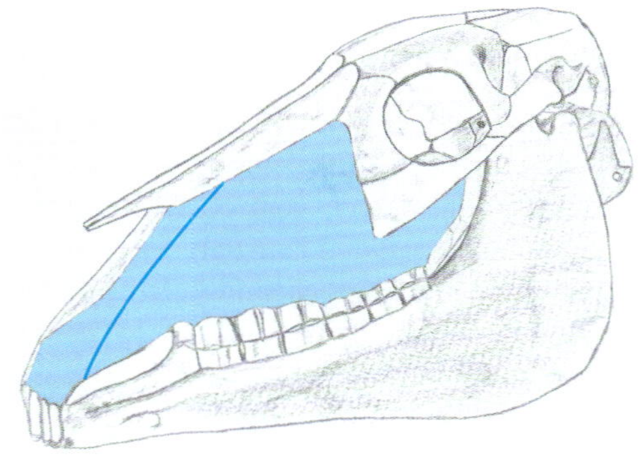

Abb. 1.63 **Sutura maxilloincisiva.** Pferdeschädel, Ansicht von lateral.

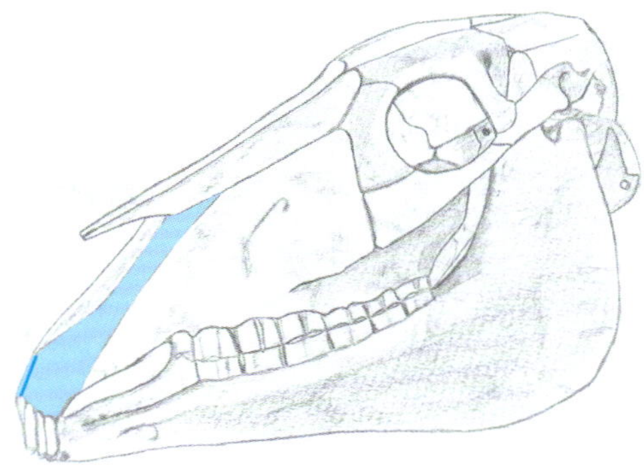

Abb. 1.64 **Sutura interincisiva.** Pferdeschädel, Ansicht von lateral.

(Dorsum nasi). Vom Tränenbein kommend, zieht sie rostral bis an das Zwischenkieferbein und endet dort ungefähr auf Höhe des Foramen infraorbitale. Die Sutura nasomaxillaris verläuft paarig auf beiden Seitenflächen des Gesichtsschädels und ist eine gezahnte Schuppennaht (Sutura squamosa).

Sutura maxilloincisiva: Os incisivum ↔ Os maxillare (Maxilla)

Die Sutura maxilloincisiva verbindet das Zwischenkieferbein (Os incisivum) mit dem Oberkieferbein (Os maxillare). Sie nimmt am Gesichtsschädel neben der Sutura zygomaticomaxillaris den längsten Verlauf zwischen 2 Schädelknochen ein. Vom Nasenbein kommend zieht diese paarige Knochennaht am Foramen infraorbitale vorbei und endet rostral des Eckzahnfaches am Margo interalveolaris (▶ Abb. 1.63).

Sutura interincisiva: Os incisivum ↔ Os incisivum

Die beiden Anteile des Os incisivum vereinigen sich in einer medianen Knochennaht, der Sutura interincisiva (▶ Abb. 1.64). Sie führt beim Pferd den weiten Canalis interincisivus. Die unpaarige Knochennaht beginnt am Margo alveolaris, medial zwischen den Schneidezähnen, und zieht nach kaudal durch den Körper des Zwischenkieferbeins (Corpus ossis incisivi).

1.10 Muskulatur des Schädels

Eine Bewegungseinschränkung der Gesichtsschädelknochen führt zu Blockaden und Dysfunktionen im kranialen Bereich, die weitreichende Auswirkungen auf die muskulären Strukturen des Pferdes haben können. Wird die Muskulatur von umliegenden Knochen komprimiert, kann dies eine reduzierte Durchblutung und einen verringerten Stoffwechsel der Muskeln zur Folge haben. Die Kautätigkeit kann deutlich eingeschränkt werden, und es entsteht eine Dysfunktion des Ober- und Unterkiefers. Eine reduzierte Kautätigkeit wirkt sich auf die Beweglichkeit des Zungenbeins aus, das biomechanisch mit den oberen und unteren Muskelketten verbunden ist. Befindet sich beispielsweise die Kaumuskulatur in einem erhöhten Spannungszustand, kann die Mundboden- und Zungenmuskulatur infolgedessen einseitig oder beidseitig druckempfindlich und hyperton werden.

Praxis

Ohne einen nachgiebigen Kiefer kann das Pferd das Genick nicht öffnen und die Funktionalität der Muskelketten wird gehemmt. Durch die Verbindung der Unterkiefer- und Zungenmuskulatur mit der vorderen Extremität kann das Pferd dadurch Taktfehler in der Vorderhand entwickeln. Aufgrund der muskulären Interaktion der dorsalen Muskelkette mit dem Genick kann auch die Hinterhand von Taktunreinheiten betroffen sein.

Das Pferd hat 40 Kopfmuskeln. Nach ihrem Ursprung und ihrer Innervation werden diese in 6 Gruppen eingeteilt:

- Gesichtsmuskulatur
- Schlundkopfmuskulatur
- Kau- und Kehlgangmuskulatur
- Kehlkopfmuskulatur
- Zungenmuskulatur
- äußere Augenmuskeln

Der Hautmuskel überzieht als M. cutaneus faciei den Schädel des Pferdes. Er verläuft als oberflächliche Muskelplatte und zieht rostral an die Mundwinkel.

1.10.1 Muskeln im Einzelnen

Gesichtsmuskulatur

Die Gesichtsmuskulatur (Fazialismuskulatur) wird auch als mimische Muskulatur bezeichnet. Alle Gesichtsmuskeln werden vom N. facialis innerviert. Durch die Lage und Funktion der einzelnen Muskeln umfasst die **Gesichtsmuskulatur** 4 Muskelgruppen:

- Lippen- und Backenmuskeln (▸ Tab. 1.1)
- Muskeln der Nase (▸ Tab. 1.2)
- Muskeln der Augenlider (▸ Tab. 1.3)
- Muskeln der Ohrmuschel (▸ Tab. 1.4)

Tab. 1.1 Lippen- und Backenmuskulatur.

Muskulatur	Verlauf, Funktion und Besonderheiten
M. orbicularis oris (Lippenschließmuskel)	• **A/U:** über die Mm. incisivi ist er direkt mit den Alveolarrändern des Os incisivum und der Mandibula verbunden • **V:** kreisförmig um den Mundwinkel • **F:** Schließer der Maulspalte, Druck auf Lippendrüsen, Saugbewegung • **B:** Hauptmuskel der Lippen, hat keinen direkten Kontakt zum Skelett
Mm. incisivus superior und inferior (Schneidezahnmuskel)	• **U:** Alveolarränder des Os incisivum und der Mandibula • **V:** direkt unter der Lippenschleimhaut • **A:** strahlt in den M. orbicularis oris ein • **F:** Heber der Oberlippe, Niederzieher der Unterlippe
M. levator labii superioris	• **U:** rostroventral der Orbita an der Maxilla • **V:** spindelförmiger, kräftiger Muskel, Muskelbauch verdeckt Foramen infraorbitale • **A:** Oberlippe • **F:** Heber der Oberlippe, Flehmen • **B:** beim Pferd Vereinigung der Muskeln beider Seiten zu medianer Endplatte
M. caninus (Kiefernasenmuskel)	• **U:** Rostralrand der Crista facialis • **V:** zieht zwischen beiden Insertionsschenkeln des M. levator nasolabialis durch • **A:** lateraler Nasenflügel, Nüster, Nasentrompete, M. orbicularis • **F:** Rückzieher und Heber der Oberlippe, Erweiterer Nüstern
M. buccinator (Backenmuskel)	• **U:** Proc. coronoideus mandibulae, kaudale Fortsetzung des M. orbicularis oris • **V:** kaudal vom M. masseter bedeckt, hat eine Pars buccalis und eine tiefere Pars molaris, Muskelfasern sind an den Alveolarfortsätzen von Ober- und Unterkiefer befestigt • **A:** Mundwinkel, R. mandibulae • **F:** Rückbringen des Futters aus Vestibulum in Cavum oris proprium zwischen die Kauflächen der Zähne, Druck auf Backendrüsen, Gegenspieler der Zunge • **B:** bildet zwischen Ober- und Unterkiefer die muskulöse Grundlage der Wange
M. mentalis (Kinnmuskel)	• **U:** beiderseits vom Alveolarrand des Corpus mandibulae auf Höhe der Eckzähne • **V:** Bildung von Kinnpolster mit fettreichem Bindegewebe • **A:** Vereinigung der Muskelfasern beider Seiten in der Unterlippe • **F:** Kontraktion und Stabilisation Unterlippe, Spannung und Runzelung der Kinnhaut

Tab. 1.1 Fortsetzung

Muskulatur	Verlauf, Funktion und Besonderheiten
M. zygomaticus (Jochmuskel)	• **U:** Arcus zygomaticus • **V:** zieht als dünnes Muskelband nach rostroventral • **A:** Mundwinkel • **F:** Rückzieher der Mundwinkel
M. depressor labii inferioris	• **U:** kaudal am M. buccinator, Proc. coronoideus mandibulae • **V:** unterquert den M. masseter, verläuft am Ventralrand des M. buccinator über die Mandibula, das Foramen mentale bedeckend • **A:** Unterlippe • **F:** Rück- und Niederzieher der Unterlippe

U: Ursprung, V: Verlauf, A: Ansatz, F: Funktion, B: Besonderheit

Tab. 1.2 Muskeln der Nase.

Muskulatur	Verlauf und Funktion
M. levator nasolabialis (Nasenlippenheber)	• **U:** Nasenrücken, Stirn • **V:** ist eine dünne Muskelplatte, teilt sich in 2 Insertionsabschnitte auf: M. caninus verläuft zwischen beiden Anteilen • **A:** Nasenflügel und Oberlippe • **F:** Heber und Zurückzieher der Oberlippe, Erweiterer der Nüstern
M. dilatator naris apicalis	• **U/A:** Flügelknorpel • **V:** Verbindung der Flügelknorpel beider Seiten, beim Pferd quer unter der medianen Endplatte des M. levator labii superioris • **F:** Erweiterer der Nüstern
M. lateralis nasi	• **V:** beim Pferd mit unterschiedlichen Anteilen um die Incisura nasoincisiva • **F:** Erweiterer der Nasentrompete

U: Ursprung, V: Verlauf, A: Ansatz, F: Funktion

Tab. 1.3 Muskeln der Augenlider.

Muskel	Verlauf und Funktion
M. orbicularis oculi	• **U/A:** umgibt als geschlossener Kreismuskel die Lidspalte • **V:** hat Pars orbitalis und Pars palpebralis • **F:** Schließmuskel der Lidspalte
M. malaris (Wangenmuskel)	• **U:** Crista facialis • **V:** dünne Muskelstreifen, die ventrorostral ziehen • **A:** unteres Augenlid • F: Niederzieher des unteren Augenlids
M. levator anguli oculi medialis	• **U:** Stirnfaszie, Stirnbein • **V:** zieht in die mediale Portion des oberen Augenlids • **A:** medialer Augenwinkel • **F:** Heber des Oberlids

U: Ursprung, V: Verlauf, A: Ansatz, F: Funktion

Tab. 1.4 Muskeln der Ohrmuschel.

Muskulatur	Verlauf und Funktion
M. parotidoauricularis	• **U:** Glandula parotis, Fascia parotidea • **V:** überspannt unter der Ohrmuschel als breiter, bandförmiger Muskel einen Großteil der Ohrspeicheldrüse • **A:** ventral an Ohrmuschel • **F:** Niederzieher der Ohrmuschel
Die restlichen Ohrmuschelmuskeln sind: • Mm. auriculares rostrales, dorsales, caudales und ventrales • M. cervicoauricularis • M. cervicoscutularis • Mm. cervicoauricularis • M. interscutularis • M. frontoscutularis (Pars frontalis und Pars temporalis) • M. scutuloauricularis • M. zygomaticoauricularis • M. styloauricularis	–

U: Ursprung, V: Verlauf, A: Ansatz, F: Funktion

Alle Muskeln der Ohrmuschel haben ihre Ursprünge rings um den Ohrmuschelgrund und ermöglichen somit die Verlagerung und Rotation der Ohrmuschel in alle Richtungen. Dies spielt insbesondere bei der korrekten Anpassung des Equipments eine wichtige Rolle; s. Kap. Relevanz der Equipmentpassung (S. 208).

Kau- und Kehlgangmuskulatur

Die Kaumuskeln (▶ Tab. 1.5) und die oberflächlichen Kehlgangmuskeln (▶ Tab. 1.6) werden alle vom N. mandibularis innerviert. Dementsprechend werden sie auch als Mandibularismuskeln bezeichnet (▶ Abb. 1.65, ▶ Abb. 1.66).

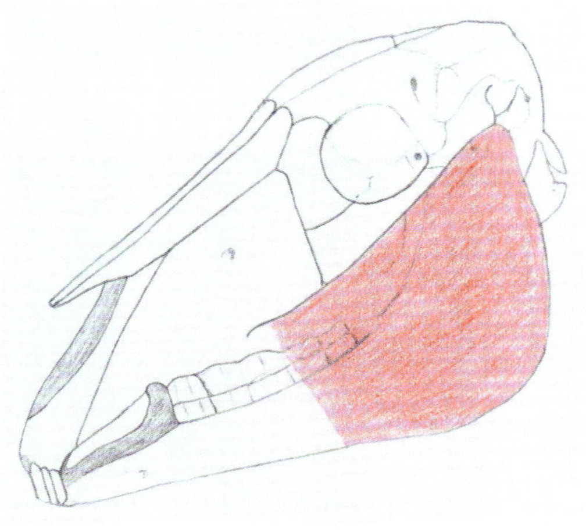

Abb. 1.65 M. masseter.

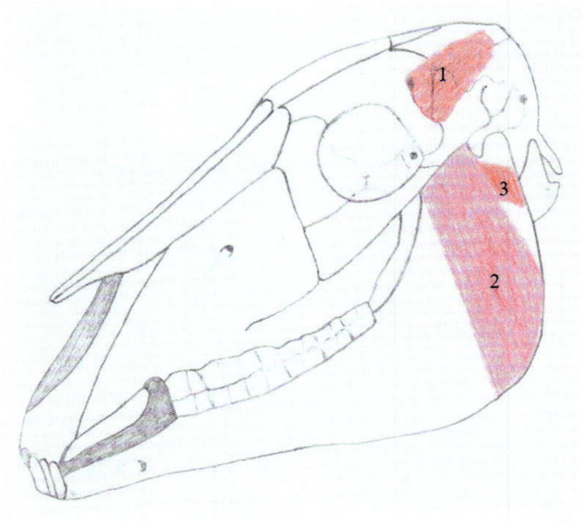

Abb. 1.66 M. temporalis und Mm. pterygoidei medialis et lateralis. 1 M. temporalis, 2 u. 3 Mm. pterygoidei, 2 Pars medialis, 3 Pars lateralis.

Tab. 1.5 Kaumuskeln.

Muskulatur	Verlauf, Funktion Besonderheiten
M. masseter (äußerer Kaumuskel)	• **U:** Crista facialis, Arcus zygomaticus • **V:** stark gefiedert und von Sehnenplatten durchsetzt, verläuft großflächig über die Mandibula von der Incisura vasorum bis unterhalb des Kiefergelenks • **A:** R. mandibulae bis zur Incisura vasorum facialium • **F:** vertikaler Heber der Mandibula (zentrale Okklusion), Schließer der Maulspalte, bei einseitiger Kontraktion Mahlbewegungen durch Lateralverschiebung (seitliche Okklusion) • **B:** stärkster Kaumuskel, stellt beim Pferd die Ganasche dar, unterschiedliche Muskelfaserverlaufsrichtungen, wodurch die verschiedenen Funktionen ermöglicht werden
M. temporalis (Schläfenmuskel)	• **U:** Fossa temporalis • **V:** füllt die gesamte Fossa temporalis aus • **A:** Proc. coronoideus mandibulae • **F:** Heber der Mandibula, Schließer der Maulspalte • **B:** „Beißmuskel", hypertrophiert bei zu starker Reiterhandeinwirkung und Zähneknirschen
Mm. pterygoidei medialis und lateralis (innere Kaumuskeln)	• **U:** Flügelbein, Gaumenbein, Keilbein • **V:** kleiner M. pterygoideus lateralis, großer M. pterygoideus medialis, zwischen beiden Portionen verläuft der N. mandibularis, bildet kaudale Grenze der Incisura vasorum • **A:** R. mandibulae • **F:** Heber der Mandibula, Schließer der Maulspalte, bei einseitiger Kontraktion Seitwärtszieher des Unterkiefers • **B:** bei Lateralverschiebung der Mandibula kontralaterale Synergisten des M. masseter, hat Faserzüge am Discus articularis, womit er die Position des Diskus an Kieferverschiebungen anpassen kann
U: Ursprung, V: Verlauf, A: Ansatz, F: Funktion, B: Besonderheit	

Tab. 1.6 Kehlgangsmuskulatur.

Muskulatur	Verlauf, Funktion und Besonderheiten
M. digastricus	• **U:** Proc. paracondylaris des Os occipitale • **V:** Pferd hat 2 Muskelbäuche: Venter rostralis und Venter caudalis, durch Zwischensehne getrennt • **A:** R. mandibulae • **F:** Öffner der Maulspalte, Nieder- und Rückwärtszieher der Mandibula
M. occipitomandibularis (Hinterhaupt-Unterkiefer-Muskel)	• **U:** Processus paracondylaris • **V:** kann als Anteil des Venter caudalis des M. digastricus aufgefasst werden • **A:** Angulus mandibulae • F: Öffner der Maulspalte
M. mylohyoideus	• **U:** Linea mylohyoidea des Corpus mandibulae • **V:** quer zwischen den Mandibeln, seine Fasern treffen sich median in einer bindegewebiger Raphe, erstreckt sich vom Kinn bis zum Basihyoid • **A:** Basihyoid • **F:** Tragen und Heben der Zunge, Andrücken der Zunge an den Gaumen • **B:** bildet mit seinen transversal verlaufenden Fasern eine Art muskulösen Hängegurt für die Kehlgangsorgane, ermöglicht Einleitung des Schluckaktes
U: Ursprung, V: Verlauf, A: Ansatz, F: Funktion, B: Besonderheit	

Tab. 1.7 Zungenaußenmuskeln.

Muskulatur	Verlauf, Funktion und Besonderheiten
M. genioglossus (Kinnwinkel-Zungen-Muskel)	• **U:** Pars incisiva mandibulae • **V:** zieht nach kaudal, strahlt parallel zur Medianebene fächerförmig in die Zunge ein • **A:** Proc. lingualis • **F:** Bewegung des Zungenbeins und der Zunge nach rostral, Hervorziehen der Zunge
M. styloglossus (Zungenbein-ast-Zungenmuskel)	• **U:** ventrokaudal am Stylohyoid • **V:** rostroventral, verläuft im Seitenrand der Zunge • **A:** Zungenspitze • **F:** zieht Zungenbein und Kehlkopf nach kaudodorsal, Zurückzieher der Zunge • **B:** bildet beim Pferd Öse um die Zwischensehnen des M. digastricus
M. hyoglossus	• **U:** Zungenbeinkörper • **V:** zieht von kaudal in die Zunge, zwischen medialem M. genioglossus und lateralem

U: Ursprung, V: Verlauf, A: Ansatz, F: Funktion, B: Besonderheit

Zungenmuskulatur (extrinsische Zungenmuskeln)

Die äußere Muskelgruppe der Zunge besteht aus drei Muskeln. Diese bewegen Zungenbein und -körper (▶ Tab. 1.7).

Zungenbinnenmuskeln (intrinsische Zungenmuskeln)

Zusammen werden die Zungenbinnenmuskeln als M. lingualis proprius bezeichnet. Sie stellen Fasersysteme dar, die in alle Richtungen des Raumes verlaufen und sich gegenseitig durchkreuzen. Dadurch erwirken diese Muskeln die Formveränderung der Zunge. Alle Zungenmuskeln werden vom N. hypoglossus innerviert [7].

1.10.2 Kopffaszien

Die Kopffaszien werden in eine oberflächliche und eine tiefe Schicht eingeteilt. Die Faszien des Pferdekopfes sind:

- Fascia capitis superficialis
  - Fascia parotidea
  - Fascia masseterica
  - Fascia temporalis superficialis
- Fascia capitis profundus
  - Fascia buccopharyngea
  - Fascia pharyngobasilaris
  - Fascia temporalis

> **Hinweis**
> In Anbetracht der klinischen Relevanz werden nachfolgend nur die Gesichtsmuskulatur, die Kau- und Kehlgangsmuskeln sowie die Zungenmuskulatur aufgeführt.

1.11 Höhlen des Schädels

Eine reduzierte Beweglichkeit der Gesichtsschädelknochen wirkt sich auf alle direkt angrenzenden Strukturen aus. Geht die Elastizität einer dynamischen Struktur verloren, hat dies direkte Konsequenzen auf die umliegenden Gewebe. Da die intrakranialen Anteile des Pferdeschädels dazu fähig sind, sich an einwirkende Kräfte anzupassen, fällt auch den Kopfhöhlen eine Bedeutung zu. Dysfunktionen der Schädelknochen können u. a. Nebenhöhlenentzündungen hervorrufen, was eine Interaktion zwischen den Knochen und den Kopfhöhlen verdeutlicht. Kompressions- und Distraktionskräfte können im Rahmen therapeutischer Maßnahmen über die Gesichtsknochen demnach Auswirkungen auf die Höhlen des Kopfes haben.

1.11.1 Entstehung der Kopfhöhlen

Die Knochen des Kopfskeletts sind überwiegend platte Knochen und bestehen aus kompakten Knochenplatten, der Lamina externa und der Lamina interna. Zwischen den Laminae liegt die spongiöse Mittelschicht (Diploe), die durch das Einwachsen von Schleimhautbuchten verdrängt werden kann. Durch diesen Vorgang entstehen mit Schleimhaut ausgekleidete, lufterfüllte, sogenannte pneumatisierte Räume im Inneren der Schädelknochen. Die Bildung der Kopfhöhlen setzt in der späten Fetalperiode ein. Durch die Separierung der inneren und äußeren Knochenlamellen entstehen die Ausdehnung und die Größe der Hohlräume. Die fertig ausgeformten Kopfhöhlen beeinflussen und prägen die Kopfgestalt des Pferdes und legen dessen endgültige Kopfform fest.

1.11.2 Kopfhöhlen

Die Schädelknochen bilden 2 große Hohlräume im Pferdekopf: die Schädelhöhle (Cavum cranii) im Hirnschädel und die Nasenhöhle (Cavum nasi), die sich im Nasenteil des Gesichtsschädels befindet. Die Nasennebenhöhlen (Sinus paranasales) stellen weitere Hohlräume dar, die von der Nasenhöhle ausgehen und sich zwischen die Außen- und Innenlamellen verschiedener Schädelknochen im Hirn- und Gesichtsschädel ausdehnen.

Cavum cranii (Schädelhöhle)

Die Schädelhöhle umgibt das Gehirn des Pferdes und teilt sich in die rostrale, große Schädelhöhle, die das Großhirn aufnimmt, und die kaudale, kleine Schädelhöhle zur Aufnahme des Rautenhirns. Dorsal werden beide Abteilungen durch das weit vorragende, halbbogenförmige Kleinhirnzelt (Tentorium cerebelli osseum) getrennt. Die laterale Begrenzung erfolgt durch die Crista partis petrosae. Die basale Abgrenzung durch die Türkensattellehne (Dorsum sellae turcicae) ist beim Pferd nicht oder nur schwach ausgebildet. An diesen Knochenleisten hängt das häutige Hirnzelt (Tentorium cerebelli membranaceum), das die Großhirnhemisphären vom Kleinhirn abgrenzt.

Das Schädeldach (Calvaria) bildet die dorsale Wand der Schädelhöhle und besteht von rostral nach kaudal aus dem Os frontale, Os parietale, Os interparietale und dem Os occipitale. Pneumatisiert ist das Schädeldach nur im vorderen Bereich, ventral und kaudodorsal des Os frontale, durch die Stirnhöhle (Sinus frontalis). Die Innenfläche des Schädeldachs ist durch Vertiefungen, Erhebungen und Windungen für das Gehirn gekennzeichnet. In der Medianen der Calvaria verläuft die Crista sagittalis interna, die der Hirnsichel (Falx cerebri) Ansatzfläche bietet. An der Crista verläuft ein Blutleiter des Gehirns, der kaudal in den Querblutleiter (Sinus transversus) übergeht. Der Schläfengang (Meatus temporalis) liegt zwischen dem kaudal gelegenen Scheitelbein und Hinterhauptsbein sowie dem rostral gelegenen Schläfenbein. Er zieht vom Querblutleiter nach ventral und öffnet sich im Foramen retroarticulare nach außen.

Die rostrale Wand der Schädelhöhle wird aus der Lamina cribrosa des Siebbeins und der Lamina interna des Stirnbeins gebildet. An der Crista galli beider Seiten ist die Siebplatte zu den Siebbeingruben (Fossae ethmoidales) vertieft. An der Lamina cribrosa befinden sich Durchtrittsstellen für Gehirnnerven.

Das Os occipitale bildet die kaudale Wand der Schädelhöhle. Ventral in der kaudalen Wand befindet sich das Foramen magnum, das den Durchtritt aus der Schädelhöhle in den Wirbelkanal darstellt.

Die basale Wand der Schädelhöhle (Basis cranii interna) wird in 3 Schädelgruben (Fossae cranii) unterteilt:

- vordere Schädelgrube
- mittlere Schädelgrube
- hintere Schädelgrube

Die vordere Schädelgrube (Fossa cranii rostralis) ist am weitesten dorsal gelegen und erstreckt sich von der Lamina cribrosa des Siebbeins bis zur Crista orbitosphenoidalis des vorderen Keilbeins. Die Crista überdacht den Sulcus chiasmaticus, der die Rinne für die Sehnervenkreuzung bildet. Durch den Sulcus zieht auf beiden Seiten der Canalis opticus, durch den der Sehnerv (N. opticus) in das Gehirn eintritt.

Die mittlere Schädelgrube (Fossa cranii media) liegt dem hinteren Keilbein auf und ist stufenförmig gegen die vordere Schädelgrube abgesetzt. Kaudal reicht sie bis zur basalen Crista sphenooccipitalis sowie zur lateralen Crista partis petrosae. In der mittleren Schädelgrube ist das Os basisphenoidale zu einer Vertiefung, dem Türkensattel (Sella turcica), eingezogen. Rostral ist diese Vertiefung zur Hirnanhanggrube (Fossa hypophysialis) ausgeprägt, welche die Hypophyse beherbergt. Die Keilbeinflügel und Anteile des Schläfen- und Scheitelbeins bilden die Seitenteile der mittleren Schädelgrube. Auf den Flügeln des Os basis sphenoidale verlaufen beim Pferd 2 Nervenrinnen, die zur Fissura orbitalis bzw. zum Foramen rotundum ziehen.

Die hintere Schädelgrube (Fossa cranii caudalis) erstreckt sich rostral von der Crista sphenooccipitalis und der Crista partis petrosae bis kaudal zum Foramen magnum. Sie besteht aus der Pars petrosa des Os temporale und der Pars basilaris des Os occipitale. Die Pars basilaris des Hinterhauptsbeins enthält 2 flache Vertiefungen, die die basalen Anteile des Rautenhirns, die Brücke (Pons) und das verlängerte Mark (Medulla oblongata) aufnehmen. Beim Pferd befindet sich zwischen dem Hinterhauptsbein und der Felsenbeinpyramide ein breiter Spalt, der eine Verbindung zwischen dem kaudalen Foramen jugulare und dem kranialen Foramen lacerum herstellt. Durch beide Öffnungen ziehen ebenfalls Nerven und Gefäße. An der Pars petrosa des Schläfenbeins sitzt der Porus acusticus internus, der in den kurzen inneren Gehörgang (Meatus acusticus internus) führt.

Cavum nasi (Nasenhöhle)

Die Nasenhöhle wird von den Gesichtsschädelknochen umschlossen und reicht von der knöchernen Nasenöffnung (Apertura nasi ossea) bis zum Siebbein (Os ethmoidale). Die mediane Nasenscheidewand (Septum nasi) unterteilt die Nasenhöhle in eine linke und eine rechte Abteilung. Das Nasenseptum besitzt einen knöchernen und einen knorpeligen Abschnitt, wobei der knöcherne Anteil vom Vomer und der Lamina perpendicularis des Siebbeins gebildet werden. Der knorpelige Anteil der Nasenscheidewand (Cartilago septi nasi) ist deutlich größer als der knöcherne Teil und dorsal am Processus septalis des Nasenbeins befestigt. Der kaudodorsale, blind endende Abschnitt der Nasenhöhle wird als Nasenfundus bezeichnet und enthält die Siebbeinmuscheln (Ethmoturbinalia).

Das Nasenhöhlendach wird vom Os nasale und kaudal auch vom Os frontale gebildet. Die Seitenwände der Nasenhöhle bestehen aus dem Os incisivum, der Maxilla, dem Os lacrimale und dem Os zygomaticum. An der knöchernen Grundlage des Nasenhöhlenbodens sind das Os incisivum, die Maxilla und das Os palatinum beteiligt. Die Lamina cribrosa des Siebbeins und die Lamina interna des Stirnbeins grenzen die Nasenhöhle gegen die Schädelhöhle ab.

In den Nasenhöhlen liegen die obere, die mittlere und die ventrale Nasenmuschel, deren knöcherne Grundlage die Muschelbeine sind; s. Kap. Os ethmoidale (S. 34). Durch die Nasenmuscheln entstehen in der Nasenhöhle 3 Nasengänge: der obere Nasengang (Meatus nasi dorsalis), der mittlere Nasengang (Meatus nasi medius) und der ventrale Nasengang (Meatus nasi ventralis). Über einen sagittalen Spalt, den gemeinsamen Nasengang (Meatus nasi communis), stehen alle 3 Nasengänge miteinander in Verbindung. Auf Höhe des mittleren Nasengangs befindet sich beim Pferd die Mündung des knöchernen Tränenkanals (Canalis lacrimalis) auf der Facies nasalis der Maxilla.

Sinus paranasales (Nasennebenhöhlen)

Die Nebenhöhlen der Nase sind pneumatisierte, mit Schleimhaut ausgekleidete Hohlräume im Inneren der Schädelknochen, die mit der Nasenhöhle in Verbindung stehen. Das Pferd hat 4 Nasennebenhöhlen: die Kieferhöhle, die Stirnhöhle, die Gaumenhöhle und die Keilbeinhöhle (▶ Abb. 1.67).

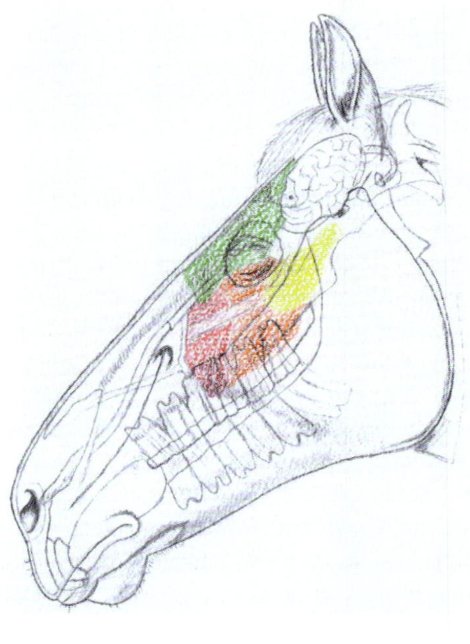

Abb. 1.67 Nasennebenhöhlen des Pferdes. Grün: Sinus frontalis, rot: Sinus maxillaris rostralis, orange: Sinus maxillaris caudalis, gelb: Sinus sphenopalatinus.

Sinus maxillaris (Kieferhöhle)

Die Kieferhöhle ist neben der Stirnhöhle klinisch am bedeutsamsten. Sie pneumatisiert die Maxilla, das Os zygomaticum und das Os lacrimale. Durch eine querverlaufende Scheidewand (Septum sinuum maxillaris) ist die Kieferhöhle in eine kleinere, rostrale (Sinus maxillaris rostralis) und eine große, kaudale Abteilung (Sinus maxillaris caudalis) getrennt. An ihrem dorsalen Rand verläuft der knöcherne Anteil des Tränennasengangs und an ihrer nasenseitigen Wandfläche der knöcherne Canalis infraorbitalis. Kieferhöhleninfektionen können so auf den Canalis infraorbitalis übergreifen und den N. infraorbitalis schädigen, was Läsionen und Störungen im Angesicht und an den Oberkieferzähnen zur Folge haben kann. Der Kieferhöhlenboden ist an den Backenzahnwurzeln nur durch eine dünne Knochenschicht getrennt. Inflammationen, Pulpitiden und andere Infektionen an den Zähnen können aufgrund dessen zu Entzündungen der Kieferhöhle und im weiteren Verlauf auch der Stirnhöhle führen.

Sinus frontalis (Stirnhöhle)

Die Stirnhöhle pneumatisiert das Os frontale und füllt dieses beim Pferd nahezu vollständig aus. Zudem steht die Stirnhöhle bei den Equiden mit dem Sinus conchae dorsalis in offener Verbindung, weswegen beide Höhlen gemeinsam auch als Stirnmuschelhöhle (Sinus conchofrontalis) bezeichnet werden. Die beiden Seiten der Stirnhöhlen sind durch das Septum sinuum frontalium getrennt.

Sinus palatinus (Gaumenhöhle)

Die Gaumenhöhle liegt beim Pferd in der Lamina perpendicularis des Gaumenbeins. Dort verbindet sie sich mit dem Sinus sphenoidalis zum Sinus sphenopalatinus.

Sinus sphenoidalis (Keilbeinhöhle)

Die Keilbeinhöhle pneumatisiert am Pferdeschädel den Körper des vorderen Keilbeins (Os praesphenoidale) und beim älteren Tier auch den Körper des hinteren Keilbeins (Os basisphenoidale). In eine rechte und eine linke Hälfte wird die Keilbeinhöhle unsymmetrisch durch ein Septum geteilt [1], [4], [7], [8].

1.12 Nerven des Schädels

1.12.1 Gehirnnerven

Es gibt 12 paarige Gehirnnerven (Nn. craniales), deren Aus- und Eintrittsstellen direkt am Gehirn liegen. Die Sinnesorgane sind zumeist direkt mit den Hirnnerven verbunden, womit die Nn. craniales für die Funktion des gesamten Organismus zuständig sind. Die Gehirnnerven sind die am weitesten rostral gelegenen Nervenpaare und werden von rostral nach kaudal in römischen Ziffern nummeriert. Die Hirnnerven sind:

1. I N. olfactorius
2. II N. opticus
3. III N. oculomotorius
4. IV N. trochlearis
5. V N. trigeminus
6. VI N. abducens
7. VII N. facialis (intermediofacialis)
8. VIII N. vestibulocochlearis
9. IX N. glossopharyngeus
10. X N. vagus
11. XI N. accessorius
12. XII N. hypoglossus

In Anbetracht der klinischen Relevanz werden an dieser Stelle nur der N. trigeminus und der N. facialis einer kurzen Betrachtung unterzogen. Eine Übersicht der Nerven am Pferdeschädel zeigt ▶ Abb. 1.68.

N. trigeminus (V)

Der N. trigeminus ist der mächtigste Gehirnnerv und der umfangreichste sensible Nerv des Kopfes. Er wird in 3 Hauptäste unterteilt:

- N. maxillaris
- N. mandibularis
- N. ophthalmicus

Der N. mandibularis ist der motorische Anteil, der die Kaumuskulatur versorgt. Der motorische Kern des N. trigeminus befindet sich in der Brücke (Pons). Dort tritt er kaudolateral mit einer Radix sensoria und einer Radix motoria an die Gehirnoberfläche. Der N. trigeminus ist für die sensible

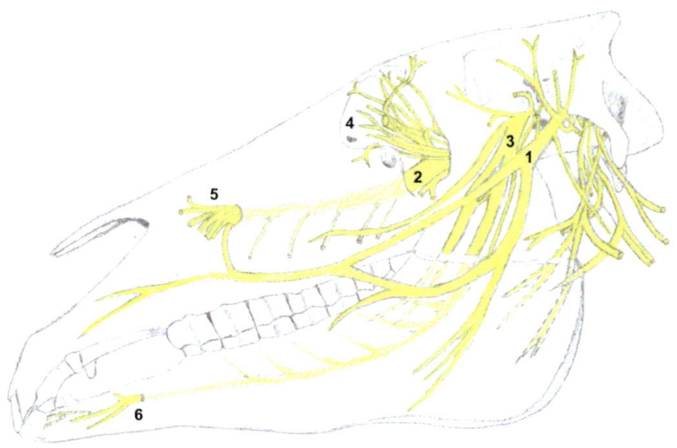

Abb. 1.68 **Nerven am Pferdeschädel.**
1 N. facialis, 2 N. maxillaris,
3 N. mandibularis, 4 N. ophthalmicus,
5 N. infraorbitalis, 6 N. mentalis.

Innervation des Kopfes zuständig. Der größte Teil der Kopfhaut, sämtliche Schleimhäute, die Nüstern und große Teile der Zunge werden zu seinem Versorgungsgebiet gezählt. Auch die sensiblen Fasern für die Wurzeln der Zähne im Ober- und Unterkiefer kommen vom N. trigeminus.

N. facialis (VII)

Der N. facialis innerviert die mimische Muskulatur des Pferdekopfes. Dazu gehören die Gesichtsmuskulatur mit ihren 4 Untergruppen der Lippen- und Backenmuskeln, Muskeln der Augenlider, Muskeln der Nase und Muskeln der Ohrmuschel. Der N. facialis besteht aus 2 funktionell unterschiedlichen Komponenten: dem eigentlichen N. facialis und dem Intermediusanteil (N. intermedius), weswegen er auch als N. intermediofacialis bezeichnet wird. Der N. facialis ist der größere, motorische Anteil, und der N. intermedius stellt den sensibel-sensorischen und parasympathischen Anteil dar. Er versorgt mit seinen sensorischen Fasern Teile der Zunge und mit seinen sekretorischen, parasympathischen Fasern die Tränendrüse und die meisten Kopfspeicheldrüsen [4], [7], [9].

1.13 Blutgefäße des Schädels

1.13.1 Arterien des Kopfes

Das wichtigste Blutgefäß für die Versorgung des Kopfes ist die paarige Halsschlagader, die Aorta carotis communis. Sie kommt vom Hals aus der Apertura thoracis cranialis, verläuft dorsal der Speiseröhre (Oesophagus) und der Luftröhre (Trachea) und zieht kopfwärts. Dorsal des Kehlkopfes teilt sich die Halsschlagader in die Aorta carotis externa und die Aorta carotis interna auf.

Aorta carotis interna

Die Aorta carotis interna zieht zur Schädelbasis. Über die Incisura carotica des Foramen lacerum tritt sie beim Pferd in die Schädelhöhle ein. Während diese Aorta beim Fetus das Hauptgefäß des Gehirns darstellt, bildet sie sich beim adulten Pferd am extrakraniellen Abschnitt zurück und besteht zumeist vollständig aus einem bindegewebigen Strang. Mit dem intrakraniellen Abschnitt mündet die Aorta carotis interna in den Circulus arteriosus cerebri und beteiligt sich auch postnatal an der Versorgung des Gehirns.

Aorta carotis externa

Die Aorta carotis externa stellt die Hauptversorgung des Schädels dar. Sie entlässt neben dem Truncus linguofacialis alle weiteren Arterienabzweigungen. Eine klinische Relevanz für die Schädelmobilisation und die Equipmentpassung haben die A. facialis und die A. labialis inferior. Die A. facialis ist die wichtigste Arterie des Gesichts. Sie schlägt in der Incisura vasorum facialium auf die Lateralseite des Unterkiefers um. An der Stelle, wo die A. facialis aus der Incisura austritt, ist der Puls des Pferdes fühlbar. Die wichtigsten Arterien des Kopfes sind ▸ Abb. 1.69 dargestellt.

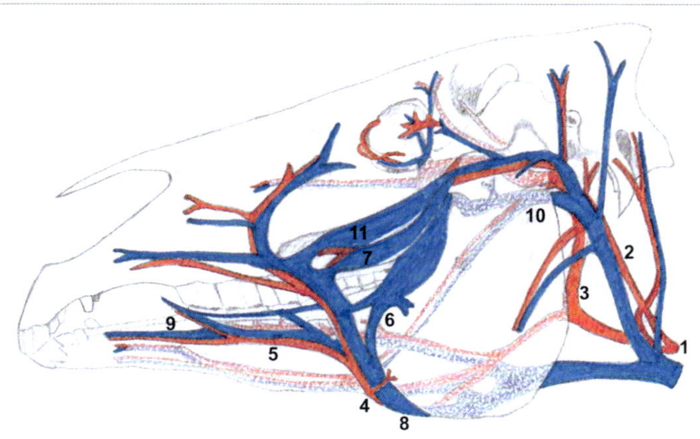

Abb. 1.69 Die Arterien und Venen am Pferdekopf. 1 A. carotis communis, 2 A. Carotis, 3 A. carotis externa interna, 4 A. facialis, 5 A. labialis inferior, 6 V. buccalis, 7 V. profunda faciei, 8 V. facialis, 9 V. labialis inferior, 10 V. maxillaris, 11 Vena bzw. Sinus v. transversae faciei.

1.13.2 Venen des Kopfes

Die Kopfvenen bilden in der Schädelhöhle große, klappenlose Sinus durae matris aus, die als venöse Blutleiter fungieren und so den Blutabfluss aus dem Kopf und dem Gehirn gewährleisten. Die beiden größten Venenäste des Kopfes sind die V. maxillaris und die V. facialis. Die Verbindung der beiden großen Venen erfolgt beim Pferd durch die V. buccalis, die V. profunda faciei und die V. transversa faciei. Diese 3 Venen sind zum Sinus erweitert und verlaufen in und unter dem M. masseter. Der kräftigste Kaumuskel wirkt beim Kauvorgang des Pferdes durch seine Kontraktion wie eine Pumpe. Bei gesenktem Kopf wird das Blut in die V. facialis gepumpt, und bei gehobenem Kopf wird es durch die Schwerkraft in die V. maxillaris abgeleitet. Diese Muskelpumpe gewährleistet einen ausreichenden Blutabfluss aus dem Kopf, da das Pferd als Pflanzenfresser den Kopf über lange Zeit gesenkt hält. Neben den 3 Sinusvenen haben auch die V. facialis und die V. labialis inferior eine klinische Bedeutung für die Schädelmobilisation sowie für die Equipmentpassung [7]. Die Venen des Kopfes sind in ▸ Abb. 1.69 dargestellt.

1.14 Zähne

Die Zähne sind neben dem Zahnfleisch, den Kiefergelenken und der Kaumuskulatur Teil des Kauapparats. Sie formen das Gebiss und übernehmen durch ihre unterschiedliche Gestalt und Stellung im Kiefer verschiedene Aufgaben. Die Gebissform entspricht der Art der Ernährung; das Pferd hat ein Herbivorengebiss.

1.14.1 Entstehung der Zähne

Die Entwicklung des Gebisses setzt in der fünften Lebenswoche ein. Als Erstes bildet das Epithel in der ektodermalen Mundbucht in der Tiefe eine Zahnleiste. An deren Rand entstehen die Zahnknospen als Anlagen der epithelialen Schmelzorgane, wobei die Anzahl der Zahnknospen der Anzahl der Milchzähne entspricht. Wenn das Mesenchym sich zur Zahnpapille verdichtet, stülpt diese die Zahnknospe ein und gestaltet sie erst zum Schmelzbecher um, anschließend zur Schmelzglocke. Die Odontoblasten produzieren die Hauptsubstanz des Zahnes, das Zahnbein (Dentin). Im Bereich der Zahnkrone ist das Dentin vom harten, weißen Zahnschmelz überzogen.

Die Wurzelbildung beginnt kurz vor dem Durchbruch der Zahnkrone mit der Entstehung von Wurzeldentin. Im Anschluss kommt es zur Einwanderung von Zementoblasten in das Dentin, die ein geflechtartiges Knochengewebe entstehen lassen, den Zahnzement. Die Zementbildung erfolgt zuerst am Zahnhals und setzt sich dann bis zur Wurzelspitze fort. Neben der Zementbildung entsteht aus dem mesenchymalen Zahnsäckchen zudem der Zahnhalteapparat (Parodontium). Mit seinen Kollagenfaserzügen (Fibrae cementoalveolares) verankert er die Zähne fest in den Zahnfächern (Alveolen). Mit dem fortschreitenden Wachstum der Zahnwurzel erfolgt der Zahndurchbruch, indem die Zahnkrone die Mundschleimhaut durchstößt. Durch diesen Prozess entsteht in der Umgebung der Zahnkrone aus der Schleimhaut das Zahnfleisch (Gingiva).

1.14.2 Aufbau der Zähne

Alle Zähne bestehen aus 3 Substanzen:

- Zahnbein
- Zahnschmelz
- Zahnzement

Zahnbein

Das Zahnbein (Elfenbein, Dentinum, Dentin) ist die Hauptsubstanz des Zahnes und umschließt die Zahnhöhle (Cavum dentis). Diese wird unterteilt in den Abschnitt, in dem die Zahnkrone liegt (Cavum coronale dentis), und in den Wurzelkanal (Canalis radicis dentis) mit seiner Öffnung (Foramen apicis dentis). Der Hohlraum ist mit lockerem kollagenem Bindegewebe, der Zahnpulpa (Pulpa dentis), gefüllt, die von zahlreichen Nerven und Blutgefäßen durchzogen ist. Das Dentin besteht zu 70 % aus Kalziumphosphat, wird von den Odontoblasten lebenslang gebildet und enthält feine Dentinkanälchen, die für die Schmerzempfindlichkeit der Zähne verantwortlich sind.

Zahnschmelz

Der Zahnschmelz (Enamelum) ist die härteste Substanz im gesamten Organismus und besteht zu 99 % aus Hydroxylapatit. Er überzieht die Zahnkrone bzw. den Zahnkörper als eine weiße, 1–3 mm dicke Schicht. Beim Pferd haben die Kauflächen der Schneidezähne und der Backenzähne Schmelzeinstülpungen (Infundibula, Kunden, Marken). Ist nur die Zahnkrone mit Schmelz überzogen, spricht man von schmelzhöckerigen Zähnen. Daneben gibt es die schmelzfaltigen Zähne, die bei Pflanzenfressern vorkommen und an den Backenzähnen in der Längsrichtung des Zahnes verlaufende Einfaltungen des Schmelzmantels aufweisen.

Zahnzement

Das Zahnzement (Cementum) überzieht als knochenähnliches Gewebe die Zahnwurzel, weist aber eine viel höhere Druckresistenz als Knochengewebe auf. In das Zahnzement sind Sharpey-Fasern eingemauert, die aus Bündeln von Kollagenfibrillen bestehen. Sie verbinden die Zahnoberfläche mit der Alveolarwand und geben somit den Zähnen ihren festen und minimal beweglichen Halt im Zahnfach (Gomphosis). Die Zähne sind mit ihren Wurzeln in den knöchernen Zahnfächern (Alveolen) im Oberkiefer (Maxilla), dem Zwischenkieferbein (Os incisivum) und dem Unterkiefer (Mandibula) befestigt. Der Alveolarknochen gehört mit dem Zahnzement, der Wurzelhaut (Periodontium) und dem Zahnfleisch zum Zahnhalteapparat.

1.14.3 Gebiss des Pferdes

Das Pferdegebiss ist heterodont, da es unterschiedliche Zahnarten enthält. Dazu gehören die Schneidezähne (Dentes incisivi), die Eck- oder Hakenzähne (Dentes canini), die nur beim männlichen Tier gut ausgebildet sind, die vorderen Backenzähne (Dentes praemolares, Mahlzähne) und die hinteren Backenzähne (Dentes molares, Mahlzähne). Der obere Zahnbogen des Pferdes ist weiter als der untere Zahnbogen, weswegen für den optimalen Mahlvorgang der Oberkiefer breiter angelegt ist als der Unterkiefer (Anisognathie). Im Gebiss des Pferdes vollzieht sich ein einmaliger Zahnwechsel, bei dem das Milchgebiss (lakteale Dentition) gegen das bleibende Dauergebiss (permanente Dentition) ausgetauscht wird. Das Pferd hat 28 Zähne im Milchgebiss und sein Dauergebiss umfasst 36–44 Zähne. Beim neugeborenen Fohlen sind die prämolaren Milchzähne und nur selten die ersten Schneidezähne durchgebrochen. Mit 5–9 Monaten ist das vollständige Milchgebiss des Fohlens ausgebildet. Zwischen 9 Monaten und 4,5 Jahren vollzieht sich der Wechsel der Zähne in die permanente Dentition (▶ Tab. 1.8).

Tab. 1.8 Übersicht des Zahnwechsels beim Pferd.

Zahn	Durchbruch	Zahnwechsel
Schneidezahn I 1	6 Tage	2,5 Jahre
Schneidezahn I 2	6 Wochen	3,5 Jahre
Schneidezahn I 3	6 Monate	4,5 Jahre
Hengstzahn C	4–6 Jahre	wechselt nicht
Wolfszahn P 1	1 Jahr	wechselt nicht
Prämolar P 2	von Geburt an	2,5 Jahre
Prämolar P 3	von Geburt an	3 Jahre
Prämolar P 4	von Geburt an	3,5 Jahre
Molar M 1	1 Jahr	wechselt nicht
Molar M 2	2 Jahre	wechselt nicht
Molar M 3	3,5 Jahre	wechselt nicht

Das Dauergebiss des adulten Pferdes umfasst insgesamt 12 Schneidezähne, ggf. 2 Hakenzähne, 12–16 Prämolaren und 12 Molaren (▸ Abb. 1.70). Die Aufteilung der Zähne erfolgt in 4 Quadranten, wobei jeder Quadrant folgende Zähne enthält: 3 Schneidezähne, 1 Eck- bzw. Hakenzahn (Hengstzahn), 3–4 Prämolaren, wobei der erste als Wolfszahn (Dens lupinus) bezeichnet wird und als Rudiment nicht immer durchbricht, sowie 3 Molaren.

Der jährliche Zahnabrieb beträgt beim Pferd durch den Kau- bzw. Mahlvorgang 2–4 mm. Zwischen dem rostralen und dem kaudalen Abschnitt der Kieferhälften befindet sich beim Pferd zwischen den Schneide- und den Backenzähnen ein zahnfreier Abschnitt (Margo interalveolaris), der als Diastema oder Lade bezeichnet wird. Beim juvenilen Pferd stehen die Schneidezahnkronen bei geschlossenen Kiefern fast senkrecht aufeinander, was als Zangengebiss bezeichnet wird. Mit zunehmendem Alter und Abrieb der Kaufläche schiebt sich der Schneidezahn aus der Alveole hervor. Dadurch treffen die Schneidezähne in einem immer spitzeren Winkel aufeinander. Das Zangengebiss verformt sich somit im Laufe der Lebensjahre zu einem Winkelgebiss. Dieser Vorgang kann zur Altersbestimmung des Pferdes herangezogen werden [6], [7].

Hinweis

Mehr zu anatomischen Gegebenheiten am Kopf des Pferdes und der Zusammenhang zur korrekten Equipmentpassung ist in Kap. Relevanz der Equipmentpassung (S. 208) zu finden.

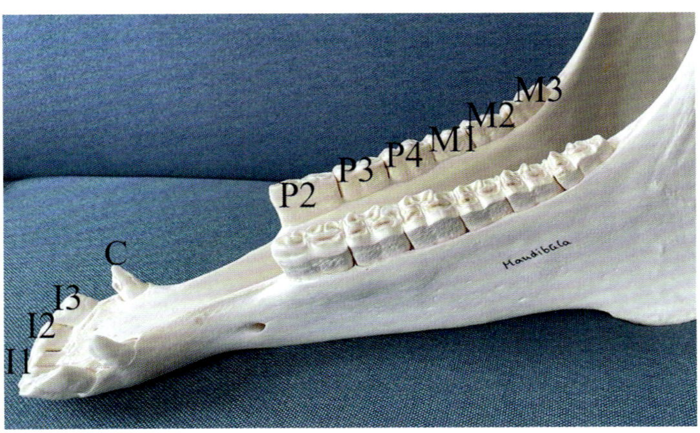

Abb. 1.70 Dauergebiss des adulten Pferdes. Mandibula, Ansicht von lateral. I: Dentes incisivi, C: Dentes canini, P: Dentes praemolares, M: Dentes molares. (Quelle: Inken Voges-Falkenberg)

2 Kraniale Techniken

Inken Voges-Falkenberg

Die zugrunde liegende theoretische Basis der **Equinen CranioSuturalen Therapie** baut auf den Untersuchungs- und Behandlungstechniken des Kraniums aus der Manuellen Therapie der Humanphysiotherapie auf. Hier der Physiotherapie zugeordnet, beschrieb H. J. M. von Piekartz [11] vor mehr als 20 Jahren passive Bewegungen am Neurokranium und Viszerokranium zur Untersuchung und Behandlung kraniofazialer Dysfunktionen. In der Osteopathie wurden Bewegungen und Therapieansätze des Kraniums durch Dr. John E. Upledger und seine Nachfolger bereits 1972 beschrieben [12]. Beiden Therapierichtungen gemein ist das passive Bewegen des Schädelskeletts durch die Hände eines Therapeuten.

Anhand der manuellen kranialen Techniken am Kopf des Pferdes kann der Therapeut systematisch abnormale Spannungen im Schädelgewebe analysieren. Individuelle Beschwerden des Patienten und dessen Schmerzmechanismus können erkannt und behandelt werden. Bei Diagnose entsprechender Einschränkungen in Mobilität und Elastizität erfolgt eine Behandlung der betroffenen Schädelknochen mittels zweier Therapietechniken.

2.1 Theoretischer Hintergrund der Behandlungstechniken

Die Manuelle Therapie (MT) ist ein Teilbereich der Physiotherapie, dem viele verschiedene Konzepte (Kaltenborn, Maitland, McKenzie, Cyriax u.v.m.) zugrunde liegen. Allen gemein ist die Untersuchung und Behandlung von Funktionsstörungen des Bewegungsapparates, welche durch spezielle Handgriff- und Mobilisationstechniken ermöglicht werden. Manuelle Therapie ist in der Regel eine passive Gelenkmobilisation, die unter Kompression oder Distraktion translatorisch und/oder rotatorisch durchgeführt wird [13].

Definition

Der Begriff **Mobilisation** wird in der Manuellen Therapie mit dem mehrmaligen passiven Bewegen von Gelenken in eine eingeschränkte Bewegungsrichtung beschrieben [14].

Orientiert und weiterentwickelt haben sich die verschiedenen MT-Konzepte in den Grundlagen vor allem an der von A. T. Still vor mehr als 140 Jahren begründeten parietalen Osteopathie. Eine klare Abgrenzung der MT als Teilbereich der Physiotherapie zur parietalen Osteopathie ist demnach schwer möglich [15].

Passive Bewegungen am Neurokranium und Viszerokranium (= kraniale, manuelle Techniken) dienen dem Physiotherapeuten [1] oder Osteopathen als aussagekräftiges Instrument, um Schmerzmechanismen im kraniofazialen Bereich zu lokalisieren und zu therapieren. Angeführte Schmerzmechanismen sind u. a. Kopf- und Gesichtsschmerzen, Unruhe, Schwindel oder Zähneknirschen u.v.m. [11].

Behandlung

Passive Bewegungen werden von einem Therapeuten aktiv am Patienten ausgeführt. Es sind Zusatzbewegungen, die für eine normale Gelenkbewegung notwendig sind, die der Patient aber nicht selbst aktiv durchführen kann.

2.1.1 Der Schädel – eine dynamische Einheit

Im Jahr 1975 erforschte der amerikanische Arzt und Professor für Biomechanik Dr. John E. Upledger an der Michigan State Universität die Beweglichkeit der Schädelknochen. Anhand eines Licht- und Elektronenmikroskops konnten er und sein Forscherteam Blutgefäße, Nerven-, Kollagen- und Elastinfasern in den Suturen von Lebendpräparaten bildlich belegen. Dies ließ sie zu dem Schluss kommen, dass eine Verknöcherung der Schädelnähte nicht gegeben ist [12].

Ein Team aus Humanmedizinern des Philadelphia College of Osteopatic Manipulative Medicine in den USA erbrachte den radiologischen Nachweis für die Beweglichkeit der menschlichen Schädelknochen [16]. Die Mobilität wird von den Forschern mit der Elastizität des Bandapparates zwischen den Suturen begründet. Diese erlaubt den Schädelknochen eine gewisse Nachgiebigkeit, um von außen auf den Schädel einwirkende Kräften elastisch abzufangen und so das Gehirn zu schützen. Die Fasern zwischen den Suturen bestimmen außerdem den Abstand zwischen 2 artikulierenden Schädelknochen, der ca. 250 µm beträgt. Die daraus abgeleitete Beweglichkeit der Schädelknochen liegt bei 200–300 µm (Hinweis: Für Pferde liegen keine vergleichbaren Werte vor). Wissenschaftlich konnte nachgewiesen werden, dass es lediglich zu einer unvollständigen Verknöcherung der Suturen kommt und eine syndesmosenartige Verbindung (bandhafte Verbindung) bis ins hohe Alter bestehen bleibt. Diese ermöglicht dem Schädel die oben angeführte Beweglichkeit und Flexibilität, was den Schädel zu einer dynamischen Einheit macht [12], [16]. Neurobiologische Evidenz und klinisch hochwertige Studien in Orthodontie sowie plastischer und maxillofazialer Chirurgie untermauern die Hypothese, dass das Kranium ein dynamisches System darstellt [17].

Biomechanische Hinweise bezüglich der Beweglichkeit und manuellen Beeinflussung der kraniofazialen Region sowie der Anpassung des Schädels auf einwirkende Kräfte werden in einer systematischen Übersichtsarbeit von L. Chaitow [18] beschrieben. Ebenso zeigen klinische Beobachtungen offensichtliche Veränderungen von Symptomen aufgrund einer Schädeldysfunktion durch passive Bewegungen des Schädels im Kindes- und Erwachsenenalter [16]. In dem Review von L. Krützkamp et al. [6] zum Einfluss von passiven Bewegungen am Kranium wird aus den 37 inkludierten Studien geschlussfolgert, dass die Evidenz aufgrund der Qualität der Studien, der geringen Probandenanzahl und fehlender Langzeitstudien, jedoch (noch) zu gering ist, um wissenschaftlich fundierte Aussagen zu ermöglichen.

Unterschiede passiver Bewegungen

Von Piekartz [19] unterscheidet 2 Arten von passiven Bewegungen in der kraniofazialen Region: die physiologische und die akzessorische bzw. Zusatzbewegung. Die physiologische Bewegung kann von dem Patienten eigenständig aktiv durchgeführt werden. Wohingegen Zusatzbewegungen nur von einer anderen Person angewandt werden können, da sie der Patient nicht selbstständig aktiv umsetzen kann. Diese akzessorischen Bewegungen werden als erforderlich für eine normale Gelenkbewegung beschrieben. Als Beispiel wird die laterale Bewegung der Mandibula im Art. temporomandibularis erläutert, welche für eine normale Mundöffnung notwendig ist, der Patient aber nicht selektiv aktiv ausführen kann.

Gradeinteilung passiver Bewegungen

G. Maitland et al. [20] determinierten passive Bewegungen von Gelenken in verschiedene Grade, welche für die passive Mobilisation des Kraniums übernommen wurden. Passive Bewegungen eines Gelenkes setzen an einem definierten Punkt (A) ein und enden an einem weiteren festgelegten Punkt (B); ▸ Abb. 2.1. In dem Bewegungsraum besteht ein normaler (Gewebs-)Widerstand, der gegen die Bewegung wirkt.

Praxis

Bewegungsgrade:

- **Grad I:** Bewegung mit kleiner Amplitude in einem widerstandsfreien Bereich
- **Grad II:** Bewegung mit großer Amplitude innerhalb des widerstandsfreien Bereichs (R1 = erster Widerstand)
- **Grad III:** Bewegung mit großer Amplitude in den Widerstand
- **Grad IV:** Bewegung mit kleiner Amplitude in den Widerstand

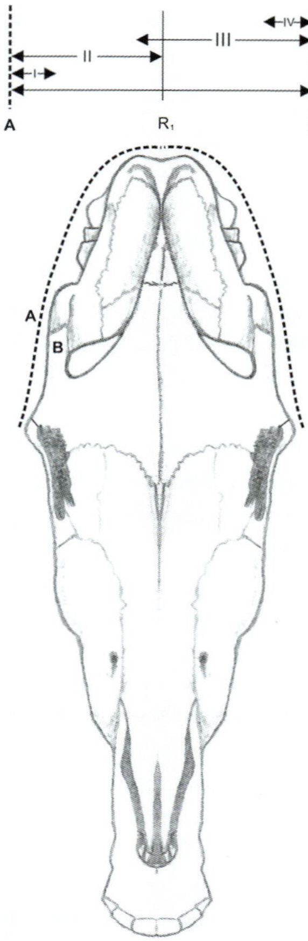

Abb. 2.1 Die Bewegungsgrade. Linie A, gestrichelt: Beginn der passiven Bewegung; Linie B, durchgezogen: Ende der passiven Bewegung.

Das Bewegungsspiel innerhalb verschiedener Gelenke ist sehr unterschiedlich in der Ausprägung. Arthrokinematiker untergliedern Gelenke nach 2 Kriterien, der Mobilität und der Verformung. Jedes Gelenk hat seine eigenen Gesetzmäßigkeiten, ein gesundes Art. glenohumeralis ist bewegungsbetont, zeigt aber wenig Spannung und Verformung. Ein physiologisch funktionierendes Kranium hingegen ist geprägt von wenig Bewegung mit zeitgleich relativ viel Verformung und Spannung. Die Spannungen, welche Druck-, Dehn-, Beuge-, Schiebe- oder Torsionsspannungen sein können, begründen normale ebenso wie pathologische Verformungen ([17] und ein damit einhergehendes Schädelwachstum. Interne Spannungen stimulieren zudem den Knochenaufbau [17].

Bewegungsausmaße des Kraniums

Die Mobilität des Kraniums ist sehr begrenzt, weshalb dessen Bewegungsausmaß äußerst gering ist. Diese ist abhängig von der zu behandelnden Kopfregion und dem Alter des Patienten. Klinische Beobachtungen zeigen eine Variation des Bewegungsausmaßes von 0–3 mm bzw. 0–5 mm (AB-Linie). Zusatzbewegungen der Bewegungsgrade I und II sind im kranialen Bereich aufgrund der geringen Bewegungsamplitude nicht umsetzbar. Dagegen ermöglichen die höheren Intensitäten der Grade III und IV eine gezielte Untersuchung und Behandlung in der Schädelregion [19]. Der Bewegungsspielraum beinhaltet sowohl die Bewegung der beiden artikulierenden Knochen als auch die durch den angewandten Druck entwickelten, lastübertragenden Kräfte der gesamten kranialen Strukturen.

Reaktion des Patienten auf manuelle Techniken

Die Reaktionen von Patienten auf kraniale manuelle Techniken sind vielschichtig. Bei asymptomatischen Probanden konnten anhand der Klinik 3 verschiedene Typen beschrieben werden. Zum einen Patienten, die am passiven Bewegungsende keine lokale Empfindlichkeit wahrnehmen. Beobachtet wurde dies in einer Region mit viel Bewegungsspiel z. B. Sutura occipitosphenoidalis. Eine starke Zunahme der Empfindlichkeit unter der Zusatzbewegung mit direkter Erleichterung dessen bei Beendigung der passiven Bewegung (On-Off-Phänomen) wurde zum anderen bei einer kranialen Region mit wenig Bewegungsausmaß beobachtet. Ein Beispiel hierfür ist die Region um die Sutura lambdoidea. Auch eine ansteigende lokale Empfindlichkeit zu Beginn des ersten Widerstandes, welche mit der Zunahme des Widerstands einherging, konnte als ein weiteres Muster beschrieben werden. Hierbei werden die Handanlage des Behandelnden bzw. eine zu schnell ausgeführte Technik als Ursache herangezogen [19].

Beurteilung der knöchernen Beweglichkeit

In der Behandlung arbeitet der Therapeut mit einer konstanten oder wiederkehrenden Intensität, welche von einigen Gramm bis zu mehreren Kilogramm variiert. Die zum Einsatz kommende Kraft bewirkt Spannung und beeinflusst das kraniale, verformbare System. Es entsteht eine Bewegungsreaktion unter der Verformung des Kraniums durch extrinsische Kräfte. Dieses Phänomen wird in der einschlägigen Literatur als Rebouncing oder „cranial compliance" bezeichnet [17].

Die kraniale manuelle Therapie kommt zur Anwendung, um abnorme Druck- und Spannungsverhältnisse nach z. B. Traumata zu normalisieren. Eine verbesserte Mobilität betroffener Knochen ist die Folge, welche zudem die Beschwerden des Patienten reduzieren kann (sensorische Antwort) [17], [19].

Der Therapeut beurteilt während der Anamnese die knöcherne Beweglichkeit anhand von 3 unterschiedlichen Parametern:

- Resistance
- Rebound
- sensorische Antwort

Behandlung

Beurteilung der **kranialen, knöchernen Beweglichkeit**:

- **Resistance (Widerstand):** Der Therapeut bewertet die vorhandene und qualitative Reaktion des Gewebes auf den zunehmenden Druck. Der Widerstand bei passiven Bewegungen beginnt bei den Schädelknochen sehr früh [20]. Liegt eine verringerte Mobilität eines Knochens vor, ist der erste Widerstand dessen deutlich härter zu spüren.
- **Rebound (Rückstellbewegung):** Der Rebound ist die Reaktion des kranialen Gewebes auf die einwirkenden Kräfte. Durch eine ausgeübte Krafteinwirkung auf ein elastisches Gewebe, kommt es physikalisch zu entsprechenden Rückstellkräften [21]. Ist die Elastizität eines Schädelknochens reduziert, zeigt sich der Bewegungsraum des widerstandsfreien Bereiches (Strecke A–B; ► Abb. 2.3) deutlich verkürzt.
- **Individuelle Reaktionen des Patienten (sensorische Antwort):** Das Auslösen von sensorischen (individuell bekannte Schmerzmechanismen) und physikalischen (veränderte Muskelspannung, Atmung, Hauttemperatur o. Ä.) Reaktionen [22].

2.2 Implementierte Behandlungstechniken im Pferdesport

Der französische Tierarzt Dr. Dominique Giniaux übertrug in den 70er-Jahren das humanosteopathische Behandlungskonzept auf die Pferde [23]. Diese ganzheitliche Therapiemethode verbessert die Beweglichkeit, lindert Schmerzen und unterstützt das Wohlbefinden der Pferde. Grundlage der Veterinärosteopathie ist das Lösen von Blockaden und Spannungen im Bewegungsapparat und den Organen.

Physiotherapeutische Massagegriffe wurden in den 90er-Jahren von Linda Tellington-Jones auf die Pferde übertragen. Diese dienten der Förderung der muskulären Durchblutung und des Stoffwechsels, um Verspannungen zu lösen sowie Schmerzen zu reduzieren. Im Jahr 1995 beschrieb Linda Tellington-Jones diese Grifftechniken in ihrem ersten Buch „Getting in TTouch" [24].

Viele physiotherapeutische und osteopathische Therapieinhalte sind innerhalb der letzten Jahre aus dem Humanbereich auf die Pferde übertragen worden. Auch unterschiedliche Hilfsmittel haben Einzug gehalten und sind aus dem Pferdesport nicht mehr wegzudenken. Das in den 80er-Jahren für den Menschen in China entwickelte Kinesiotape ist heute ebenso am Sport- und Freizeitpferd zu sehen. Kinesiotapes kommen bei weichteil- und gelenkbedingten Schmerzen zum Einsatz, da sie den Stoffwechsel im Gewebe anregen. Bei Fehlstellungen von Extremitäten werden Kinesiotapes zur Korrekturunterstützung genutzt sowie zur Verbesserung der Stabilität der Extremitäten nach Sportverletzungen.

Auch die Therapie mit Hilfe von Injektionen feiner Nadeln ins Gewebe konnte aus dem Humanbereich auf das Pferd transferiert werden. Durch den Nadelreiz der Akupunktur wird laut Traditioneller Chinesischer Medizin der Energiefluss des jeweiligen Meridians angeregt und reguliert. Dies wirkt sich positiv auf die Entspannung der Muskulatur aus und lindert akute sowie chronische Schmerzzustände. Das allgemeine Wohlbefinden des Pferdes wird gesteigert. Das Equine Dry Needling wird mittels steriler Akupunkturnadeln durchgeführt, jedoch wird hier Einfluss auf myofasziale Triggerpunkte und muskulären Hartspann genommen. Der Einstich der Nadeln stimuliert die Sauerstoffversorgung der kontrahierten Muskelfaser und Faszie, verbessert die Durchblutung und verringert nachhaltig die lokale Spannung im Gewebe [25].

Die Equine CranioSuturale Therapie (CranSu) nach Dr. Inken Voges-Falkenberg ist die Übertragung der kranialen manuellen Techniken aus der Humanphysiotherapie auf die Pferde.

2.3 Wirkmechanismen

Die Equine CranioSuturale Therapie beinhaltet 2 Techniken, die aufeinander aufbauend am Pferdeschädel zur Anwendung kommen. In Anlehnung an die passiven Zusatzbewegungen der Manuellen Therapie werden in der Equinen CranioSuturalen Therapie allgemeine und spezifische Techniken unterschieden.

Die Bewegungsrichtungen der Knochen des Viszerokraniums und des Neurokraniums sind durch die Suturverläufe und die Position der Knochen zueinander vorgegeben. In der Osteokinematik (Lehre der Knochenbewegungen im Raum) werden generelle und spezifische Bewegungen unterteilt. Generelle Bewegungen beziehen sich auf mehrere Knochen, wohingegen mit den spezifischen Bewegungen der Fokus auf einen Knochen gelegt wird. Die Knochen beschreiben dann eine Rotation oder eine Translation. Traktion und Kompression sind nach Kaltenborn [26] translatorische Bewegungen des Gelenkspiels. In der Equinen CranioSuturalen Therapie sind folgende Bewegungen möglich:

- Rotation
- Translation
- Distraktion
- Kompression

2.3.1 Allgemeine Techniken (Distraktion)

Die Distraktionstechnik wird den allgemeinen Techniken der Equinen CranioSuturalen Therapie zugeordnet. Diese Technik erfolgt rechtwinklig zur Behandlungsebene. Das Ziel der Distraktion ist eine Druckminderung und damit einhergehende Entlastung sowie Schmerzlinderung. Gleichzeitig erfolgt durch den Zug eine Dehnung der bandhaften Strukturen, was die Beweglichkeit verbessert [28].

> ✔ **Merke**
> In der Medizin wird eine **Distraktion (Synonym: Traktion)** mit dem Auseinanderziehen von Körperstrukturen durch mechanische Einwirkung von außen definiert [27].

Distraktionsbefundung

Zur allgemeinen Befunderhebung wird mittels der Distraktionstechnik Zug auf einzelne Schädelknochen und die entsprechende Sutur ausgeübt, wobei der jeweils artikulierende Knochen währenddessen manuell fixiert wird. Die Distraktionsrichtung verläuft im 90°-Winkel zum entsprechenden Suturverlauf und sollte möglichst suturnah erfolgen. Die Dosierung der Intensität des Zuges entfaltet sich in Abhängigkeit von der individuellen, strukturellen Reaktion sowie der sensorischen Antwort und variiert dementsprechend.

> ✔ **Merke**
> Der **Zug** sollte langsam aufgebaut werden, um die individuelle Reaktion des Pferdes einschätzen zu können. Einer direkten Abwehrreaktion wird so entgegengewirkt.

Unter der Distraktionsbefundung wird mit einer kleinen Bewegungsamplitude intermittierend am Bewegungsende getestet. Der Zug sollte nur so lange erfolgen, bis sich der Therapeut einen Eindruck über die Elastizität und Mobilität der getesteten kranialen Region verschaffen konnte. Er sollte nicht länger als ca. 3 s andauern, um keine vorgreifende Mobilisation zu provozieren; s. Kap. Distraktionsbefundung (S. 106).

Während der Distraktionsbefundung wird die kraniale Beweglichkeit anhand von Widerstand, Rebound und sensorischer Antwort beurteilt. Der Therapeut bekommt einen allgemeinen Eindruck des Gewebes und kann mit Hilfe der Befundung Pathomechanismen in Form von Dysfunktionen lokalisieren [16]. Zudem erhält der Therapeut anhand der Reaktion des Pferdes Informationen zur individuellen Reizschwelle und Sensibilität. Dies ist wichtig, um später in der Behandlung den Behandlungsreiz entsprechend anzupassen.

Behandlung

Je sensibler sich das Pferd zeigt, desto langsamer sollte in den Widerstand reingegangen bzw. die Dauer des Zuges gewählt werden. Der Erfahrung nach reagieren Schimmel und hoch im Blut stehende Pferde sensibler auf taktile Reize am Kopf als Rappen bzw. Braune und Kaltblüter.

Distraktionsbehandlung

Die allgemeine Distraktionsbehandlung erfolgt im Anschluss an die vollständige Befundaufnahme. Die Distraktionsbefunderhebung und die Spezifische Befundung sowie die jeweilige Dokumentation gehen der Distraktionsbehandlung immer voraus; s. Kap. Distraktionsbefundung (S. 106) und Kap. Spezifische Befundung (S. 130). Die Grifftechnik inklusive der manuellen Fixation des artikulierenden Schädelknochens sowie die Zugrichtung sind in der Distraktionsbefundung dieselben wie in der Distraktionsbehandlung. Die Distraktion wird am Bewegungsende der bindegewebigen Dehnfähigkeit der jeweiligen Sutur möglichst suturnah ausgeführt. Die Intensität der Reizsetzung während der Distraktion sollte individuell an die Reizschwelle des Pferdes angepasst werden und ist der ▶ Tab. 2.1 und der ▶ Abb. 2.2 zu entnehmen.

Abb. 2.2 Intermittierender, niedrigschwelliger Rhythmus.

Tab. 2.1 Reizsetzung **Distraktionsbehandlung.**

Reiz	Umsetzung
Reizsetzung	Distraktionsbehandlung
Reizumfang	• Grad III (große Amplitude) • Grad IV (kleine Amplitude)
Reizintensität	intermittierender, niedrigschwelliger Rhythmus (▶ Abb. 2.2)
Reizdauer	1-mal für 5–10s
Reizhäufigkeit	2–3-mal

Die allgemeine Distraktionstechnik am Neuro- und Viszerokranium gibt dem Therapeuten einen allgemeinen Eindruck bzgl. der Relevanz der Beschwerden und des Schmerzzustandes sowie Aufschluss zur Reizbarkeit der Strukturen.

Das Pferd sammelt durch eine Probebehandlung mit der Distraktionstechnik erste Erfahrungen mit der Equinen CranioSuturalen Therapie und dem Behandlungsgebiet Kopf. Zudem erfährt es eine gewisse Gewöhnung in Bezug auf die angewandte Distraktion und spätere Mobilisation. Dem Therapeuten dient die Distraktionsbehandlung zur Vorbereitung und ermöglicht ihm, sich einen ersten Überblick über die individuelle Reizschwelle des Patienten zu verschaffen [19].

2.3.2 Spezifische Techniken (Mobilisation)

Im Anschluss an die Distraktionsbefundung erfolgt die Spezifische Befundaufnahme, welche einzelne Schädelknochen bzgl. der Dysfunktion exakter untersucht.

Spezifische Befundung

Die Spezifische Befunderhebung dient der Diagnosestellung der dysfunktionalen Bewegungsrichtung. In Anlehnung an die unterschiedlichen Verläufe der Suturen und Positionen der Knochen kommen verschiedene Bewegungsrichtungen und Techniken zur Anwendung.

Die Handanlage des Therapeuten in der Spezifischen Befundung erfolgt möglichst suturnah. Wie in der Distraktionsbefundung ist die Dosierung der Intensität der Spezifischen Befundung in Abhängigkeit von der individuellen und strukturellen Reaktion des Pferdes zu wählen. Eine Variation dessen entsprechend der sensorischen Antwort ist unumgänglich.

Je geringer die Schmerztoleranz des Pferdes ist, desto vorsichtiger sollte der Kraftaufwand des Therapeuten gewählt werden. Bei der Spezifischen Befundung arbeitet der Therapeut mit einem Kraftaufwand von wenigen Gramm bis hin zu 10 kg. Die Beurteilung der Mobilität der unterschiedlichen Bewegungsrichtungen der Schädelknochen und des umliegenden Gewebes erfolgt anhand des ersten und zweiten Widerstands und des Rebounce der kranialen Strukturen [29]. Liegt eine eingeschränkte Mobilität eines Schädelknochens zugrunde, ist der erste Widerstand dessen für den Therapeuten deutlich intensiver spürbar. Auch der zweite knöcherne Widerstand stellt sich abnorm dar, er ist in seiner Distanz zum ersten Widerstand deutlich früher wahrnehmbar (▶ Abb. 2.3). Die Sensorische Antwort gibt auch hier Aufschluss über die zu wählende Reizintensität (Reizstärke, -umfang, -dauer und -häufigkeit) unter der Behandlung. Reagiert das Pferd bereits auf leichte Reize mit einem deutlichen Abwehrverhalten, sollte der Therapeut seine Behandlungsintensität daran anpassen. Die während der Befunderhebung angewandte Bewegungsamplitude sollte am Bewegungsende intermittierend mit 2–3 Wiederholungen ausgeführt werden. Eine vorgreifende Mobilisation und damit einhergehende Veränderung der Elastizität der getesteten Sutur ist an dieser Stelle noch nicht erwünscht.

Der Therapeut kann mit Hilfe der Spezifischen Befundung Pathomechanismen in Form einer reduzierten Mobilität und Elastizität lokalisieren und die dysfunktionale Bewegungsrichtung bestimmen [16]. Die sensorische Antwort des Pferdes gibt dem Therapeuten Aufschluss über die individuelle Schmerzgrenze. Außerdem kann der Therapeut anhand dessen die Reizschwelle für die Spezifische Behandlung festlegen.

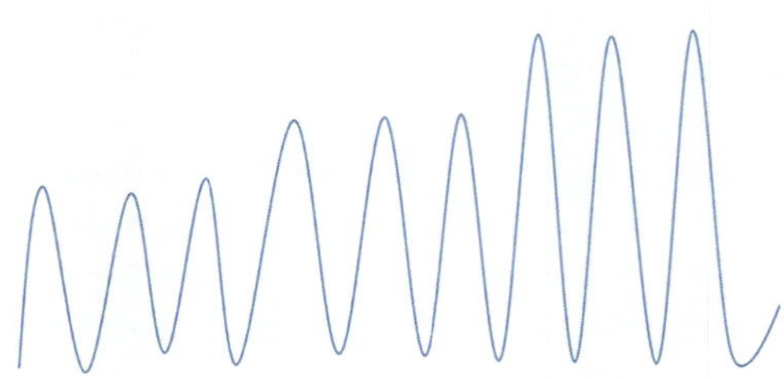

Abb. 2.3 Gleichmäßig, mehr werdender Rhythmus.

Spezifische Behandlung

Die Spezifische Behandlung führt der Therapeut, wenn notwendig, im Anschluss an die Distraktionsbehandlung durch. Im Rahmen der spezifischen Mobilisation findet die Behandlung der Schädelknochen immer unter Kompression in Verbindung mit unterschiedlichen Bewegungsrichtungen statt (▶ Abb. 2.4). Diese Richtungen werden anhand der in der Befundung diagnostizierten Dysfunktion des jeweiligen Knochens bestimmt. Die Grifftechnik ist dieselbe wie in der Spezifischen Befundaufnahme. Die Rotation und das translatorische Gleiten mit der Kompression werden am Bewegungsende der bindegewebigen Dehnfähigkeit der jeweiligen kollagenen Fasern der Sutur möglichst suturnah ausgeführt. Die Reizsetzung während der Mobilisation erfolgt je nach individueller Reizschwelle des Pferdes und ist der ▶ Tab. 2.2 und ▶ Abb. 2.3 zu entnehmen.

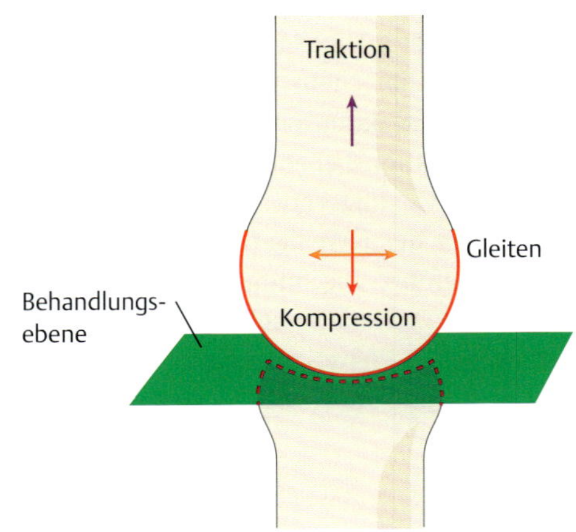

Abb. 2.4 Gelenkspiel mit den jeweiligen Bewegungskomponenten. (Quelle: Hárrer S. Manuelle Therapie beim Hund. 2. Aufl. Stuttgart: Thieme; 2025)

Tab. 2.2 Reizsetzung **Spezifische Behandlung**.

Reiz	Umsetzung
Reizsetzung	spezifische Behandlung
Reizumfang	• Grad III (große Amplitude) • Grad IV (kleine Amplitude)
Reizintensität	gleichmäßiger, ansteigender Rhythmus (▶ Abb. 2.3)
Reizdauer	3 min mit kurzen Pausen dazwischen
Reizhäufigkeit	1-mal pro 1–2s

▶ **Translation** Bei der Translation handelt es sich um eine lineare Bewegung, bei welcher alle Gelenkanteile/-flächen parallel gegeneinander um die gleiche Strecke, verschoben werden. Die Bewegung findet ohne Rotationskomponente statt und ist in allen Bewegungsebenen möglich, als Verschiebung nach ventral/dorsal, medial/lateral, rechts/links etc. Translationsbewegungen sind nur passiv möglich [28]. Synonym wird auch der Begriff des geradlinigen translatorischen Gleitens verwendet. Translation dient der Verbesserung des Gelenkspiels und damit der Steigerung der Beweglichkeit [26].

▶ **Kompression** Der medizinische Sprachgebrauch definiert Kompression mit der Ausübung von Druck auf Gewebe. In der Manuellen Therapie stellt Kompression eine translatorische Bewegung dar. Es ist eine Behandlungstechnik, bei der die artikulierenden Gelenkpartner passiv einander angenähert werden. Die Bewegung erfolgt rechtwinklig zur Gelenkpfanne. Funktionell betrachtet, findet jegliches Gelenkspiel aufgrund der Gelenkkapsel und der umliegenden Muskulatur unter Kompression statt [30]. Das Ziel dieser Technik ist die „Neujustierung“ der im Gelenk befindlichen Rezeptoren, um Reizzustände zu verringern [14]. Zudem verbessert sie die arthrokinematische Mobilität und löst Funktionsstörungen [28].

▶ **Rotation** Rotationsbewegungen werden in der Anatomie als Drehbewegungen eines Knochens um dessen Längsachse beschrieben und geschehen sowohl aktiv als auch passiv. In der Manuellen Therapie wird die Rotation sowohl anatomisch als auch funktionell unterschieden. Anatomische Rotationsbewegungen erfolgen einachsig im rechten Winkel zur Longitudinal-, Sagittal- oder Frontotransversalachse. Die funktionelle Rotation findet in verschiedenen anatomischen Ebenen um mehrere Achsen statt und ist demnach eine zusammengesetzte Bewegungsform. Beispiele hierfür sind diverse Alltagsbewegungen (z. B. Fensterputzen) [26]. Die Mobilisation artikulierender Gelenkpartner mit Hilfe der Rotation dient der Wiederherstellung des ursprünglichen Spielraums der Beweglichkeit des Gelenkes.

Therapie

3 Anwendungsgebiete der Equinen CranioSuturalen Therapie

Inken Voges-Falkenberg

3.1 Allgemeines

Definition

Die **Equine CranioSuturale Therapie** dient der Mobilisation dysfunktionaler Schädelknochen des Pferdes. Ziel ist die Verbesserung der Mobilität und Elastizität der kraniofazialen Strukturen, um deren Funktionalität wiederherzustellen.

Die Equine CranioSuturale Therapie nimmt Einfluss auf jegliche kraniofaziale Dysfunktion, was das Anwendungsgebiet dieser Therapieform sehr umfangreich gestaltet. Unabhängig der zugrundeliegenden Ursache gestalten sich die Therapieschritte zumeist ähnlich, da der Befundungs- und Behandlungsablauf der Equinen CranioSuturalen Therapie immer derselbe ist. Allgemeine Hinweise zur Durchführung der Befundung und Behandlung sind im Kap. Durchführung der Befundung allgemein (S. 95) und im Kap. Durchführung der Behandlung allgemein (S. 99) zu finden.

Behandlung

Standardisierter **Befundungs- und Behandlungsablauf**:

1. Befundung:
   1. Distraktionsbefundung (standardisierter Ablauf, s. Befundbogen s. Kap. Anhang (S. 220), ▶ Abb. 7.1)
   2. Spezifische Befundung (standardisierte Abfolge, s. Befundbogen Kap. Anhang (S. 220), ▶ Abb. 7.2)
2. Behandlung:
   1. Distraktionsbehandlung (bei entsprechender Indikation)
   2. Spezifische Behandlung (bei entsprechender Indikation)
3. Empfehlung bzgl. des weiteren Vorgehens an den Besitzer

Die standardisierten Abläufe helfen dem Therapeuten, den roten Faden in der Befundung und der Behandlung nicht aus den Augen zu verlieren.

Vorliegende Einschränkungen einzelner Schädelknochen in Mobilität und Elastizität liegen zumeist im direkten kraniofazialen Beschwerdebereich und den artikulierenden Schädelplatten vor. Diese werden indikationsabhängig behandelt. Eine genaue Zusammenhangsdarstellung erfolgt im Rahmen der Fallbeispiele, s. Kap. Fallbeispiele (S. 192).

Eine Dysfunktion der kraniofazialen Strukturen kann viele verschiedene Gründe aufweisen. Neben Traumata und krankheitsbedingten Läsionen kommen operative und nichtoperative Behandlungen bzw. Eingriffe am Kopf ebenso als mögliche Ursachen in Betracht. Ein weiterer Auslöser für Probleme im Bereich des Schädels kann ein stereotypisches Verhaltensmuster oder ein unpassendes bzw. falsch angelegtes Equipment sein. Hierzu ist mehr im Kap. Relevanz der Equipmentpassung (S. 208) zu finden.

3.2 Verletzungen und Erkrankungen

3.2.1 Traumata

Verletzungen am Schädel kommen sehr häufig vor. 12 % der Schlagverletzungen am Kopf des Pferdes gehen mit einer Fraktur einher (▶ Abb. 3.1), so Fürst et al. [31]. Als Hauptursachen hierfür werden Hufschläge anderer Pferde, Zusammenstöße mit festen Gegenständen und Stürze mit Anpralltrauma auf einer harten Unterlage angeführt. Die geringe Polsterung des Kopfskeletts mit Weichteilen wird mit der Frakturneigung in Verbindung gebracht.

Die Bandbreite der Läsionen reicht von kleinen oberflächlichen Verletzungen bis hin zu schweren Schädelhirntraumata mit multiplen Frakturen. Das Ausmaß der daraus resultierenden Sekundärverletzungen ist vielfältig [31]. Variabel verlaufende Frakturlinien mit einhergehendem, raumfordernden Traumaödem haben zwangsläufig einen direkten Einfluss auf einzelne oder mehrere Suturen mit Veränderungen von Mobilität und Elastizität.

Abb. 3.1 Os nasale, Fraktur nach Schlagverletzung.

3.2.2 Pseudonarkolepsie

Krankheitsbilder wie die Pseudonarkolepsie stehen ebenfalls im Zusammenhang mit Läsionen im Schädelbereich des Pferdes. Pro Nacht schlafen Pferde durchschnittlich 3–4h im Leichtschlaf und 130 min im Slow-Wave-Sleep (SWS), Tiefschlaf. Die REM (Rapid-Eye-Movement)-Schlafzeit wird mit ca. 30 min pro Nacht beschrieben. In dieser Phase liegt das Pferd, aufgrund des Verlusts des Muskeltonus, in Brustlage mit abgestelltem Kopf oder in kompletter Seitenlage. Der genaue Zweck ist bisher nicht endgültig geklärt. Vermutet wird, dass der Schlaf eine thermoregulatorische Funktion hat und eine Rolle bei Gedächtnisbildung und Lernprozessen spielt. Die körperliche Regeneration wird ebenfalls mitangeführt [32]. Fehlt dem Pferd die REM-Schlafphase dauerhaft (sog. Pseudonarkolepsie), kommt es zum Mangel an Regeneration, was weitreichende Folgen haben kann. Anfallartige Zusammenbrüche aufgrund von plötzlicher Entspannung der Muskulatur können schwere Verletzungen und ernsthafte Verhaltensstörungen nach sich ziehen [33]. 90,2 % der Pferde weisen Verletzungen der Karpal- und Fesselgelenke und häufig auch Kopfverletzungen auf. Andererseits wurden bei 24,9 % der Pferde mit Pseudonarkolepsie Verhaltensstörungen wie Koppen und Weben verzeichnet. Ein länger andauerndes Defizit der REM-Schlafzeit führt außerdem zu erhöhtem Stress und Alarmbereitschaft, was einen Anstieg des Cortisolspiegels bedingt. Die vermehrte Ausschüttung des Stresshormons hat Auswirkungen auf den gesamten Stoffwechsel und viele Organe. Auch das Immunsystem wird dadurch geschwächt, die Infektanfälligkeit nimmt zu [34].

Ursächlich für eine Pseudonarkolepsie werden viele verschiedene Aspekte angeführt, ein beschriebener Grund sind Schmerzen beim Ablegen. Generell kann jede Form von physischen Schmerzen oder Unwohlsein ein Auslöser sein [32]. Läsionen im kraniofazialen Bereich bedingen viele verschiedene Symptome. Im Humanbereich sind unter anderem Beschwerden wie Kiefergelenkschmerzen, Ohrenschmerzen, Schwindel, Tinnitus sowie verschiedenste Kopfschmerzformen beschrieben [19]. Liegt eine Dysfunktion einzelner Schädelknochen vor, sind die physiologisch minimal federnden Bewegungen der kranialen Knochen in ihren Suturen eingeschränkt. Eine Adaption des Kopfskeletts auf einwirkende Kompressionskräfte ist nicht gegeben. Liegt das Pferd in der REM-Schlafphase in Brustlage mit abgestelltem Kopf oder in kompletter Seitenlage, führt dies zu externem Druck auf die Schädelplatten und Suturen, was Schmerzen im Bereich der kranialen Strukturen zur Folge hat und damit die Liegedauer des Pferdes beim Schlafen ebenso wie das vollständige Ablegen in der REM-Schlafphase einschränkt bzw. nicht möglich macht.

Praxis

Das Pferd hat 4 **Nasennebenhöhlen**, wovon die zwei wichtigsten die Kiefer- und Stirnhöhle darstellen; s. Kap. Kopfhöhlen (S. 63). Diese sind am häufigsten von Inflammationen betroffen. Die Wurzeln der Backenzähne grenzen an die Kieferhöhle des Pferdes, welche in diesem Bereich nur von einer dünnen Knochenschicht ummantelt ist. Pulpitiden (Infektionen der Backenzahnwurzeln) können aufgrund der dünnen Knochenschicht zu einer Entzündung der Kieferhöhle und weiterlaufend der Stirnhöhle führen [35], [36].

3.2.3 Chronische Sinusitis

Neben krankheits- und anprallbedingten Kopfverletzungen bestehen außerdem Kausalzusammenhänge zwischen verschiedenen Krankheitsbildern und Ursachen kraniofazialer Dysfunktionen. Eine chronische Sinusitis (Nasennebenhöhlenentzündung) hat z.B. Auswirkungen auf das Schädelwachstum und weiterführend auf die Schädelform. Die Ausbildung der funktionellen Form sowie die Stabilität des Schädels sind abhängig von inneren und äußeren Drücken. Chronische oder immer wiederkehrende Sinusitiden wirken sich aufgrund der Sekretanlagerung und dem damit fehlenden Druck von innen auf das Schädelwachstum aus. Hierdurch können sich weiterführend wichtige Schädelformen nicht richtig entwickeln. Die Folge ist eine fehlgeformte Kiefergelenkspfanne und weiterlaufende Dysfunktionen im Temporomandibulargelenk [37]. Die veränderten Druckverhältnisse im Art. temporomandibularis haben unmittelbaren Einfluss auf die umliegenden Suturen der artikulierenden Knochen und bedingen knöcherne Läsionen.

3.2.4 Zahnerkrankungen

Allgemein stellen Zahnerkrankungen des Pferdes grundlegende Ursachen für Dysfunktionen der Schädelknochen dar.

EOTRH

Definition

EOTRH stellt eine Art Sammelbegriff für unterschiedliche Erscheinungsformen einer Zahnerkrankung mit einhergehenden Resorptionsvorgängen und hyperzementotischen Veränderungen dar. Der Schweregrad und die Geschwindigkeit dieser pathologischen Prozesse sind sehr variabel, was eine individuelle therapeutische Herangehensweise unumgänglich macht [38].

Neben den angeführten Pulpitiden verursacht insbesondere EOTRH (Equine Odontoclastic Tooth Resorption and Hypercementosis) massive Druckveränderungen im Pferdemaul; s. Kap. Pseudonarkolepsie (S.81). Im Fokus dieses Krankheitsbildes steht der schleichende, zahnauflösende Prozess. Das Zahnbein wird durch Aktivierung von Zellen abgebaut, was eine Auflösung der Zahnsubstanz begründet (Zahnresorption). Die Folge davon ist

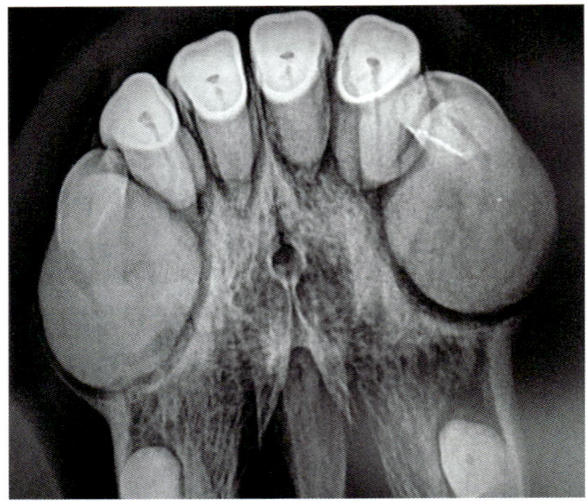

Abb. 3.2 Hyperzementose Vorgänge der Schneidezähne.

eine übermäßige Reparaturzementablagerung im geschädigten Zahnbereich, die sogenannte Hyperzementose (▸ Abb. 3.2). Einhergehend damit sind Parodontitiden, Petechien und Fistelbildungen [35]. Insbesondere die übermäßige Bildung des knollig aussehenden Zements begründet verstärkten Druck im Ober- und Unterkiefer und damit in den angrenzenden Suturen und artikulierenden Schädelplatten.

Zahnfehlstellungen

Fehlstellungen der Pferdezähne wie Meißelzähne (▸ Abb. 3.3), Haken und scharfe Kanten ebenso wie ein Wellengebiss (▸ Abb. 3.4) oder ein Über- bzw. Unterbiss haben immer Auswirkungen auf die Okklusion. Dies bedingt weiterführend eine Veränderung der physiologischen Mahlbewegung.

Als ursächlich hierfür werden von führenden Pferdedentisten u.a. die weiche Konsistenz des Futters, welche den notwendigen Zahnabrieb verringert, und die Kopfposition bei der Futteraufnahme beschrieben [39]. Die Veränderung des Mahlvorganges bewirkt eine pathologische Anpassung der Druckkraft auf einzelne Bereiche der Mandibula und der Maxilla. Kommt es einseitig zu einer erhöhten Kompression, hat dies Auswirkungen auf die gesamte Stellung der Maxilla. Es kommt zu rotatorischen Läsionen und hat damit Einfluss auf die angrenzenden Suturen bzw. artikulierenden Knochen.

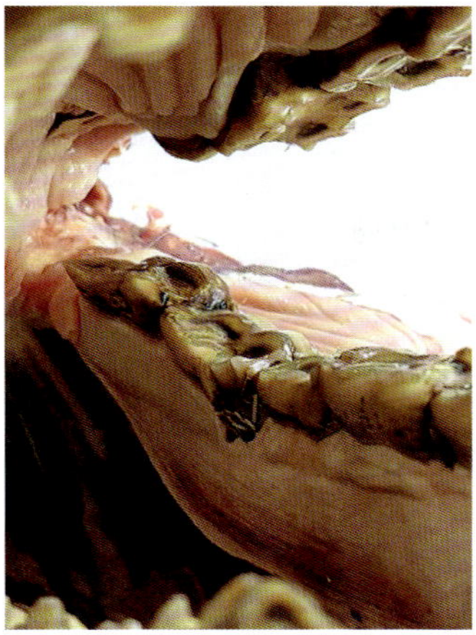

Abb. 3.3 Meißelzahn.

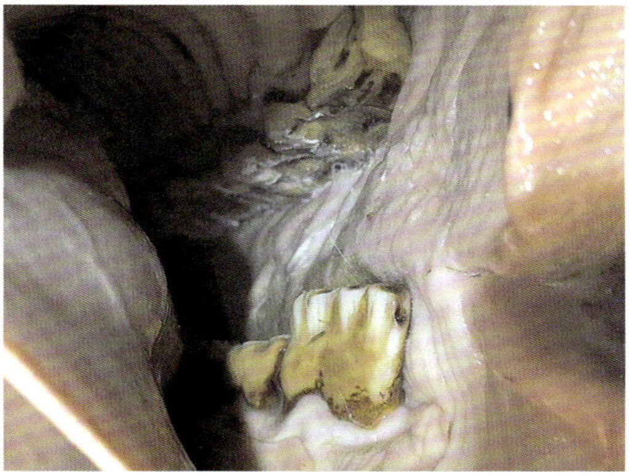

Abb. 3.4 Wellengebiss.

3.3 Medizinische Behandlungen und Eingriffe

3.3.1 Dentalbehandlungen

Regelmäßige prophylaktische Dentalkontrollen und -behandlungen bei Pferden sind für eine physiologische Okklusion notwendig, da Pferdezähne im Optimalfall einer großen Dauerbelastung von ca. 18h Mahlvorgang am Tag ausgesetzt sind. Je nach Alter, Gesundheit, Zahnstellungen, Zahnsubstanz, Raufutterqualität, Fütterungsgewohnheiten und Dentalerkrankungen wird empfohlen, diese in regelmäßigen Abständen durchführen zu lassen, um eine konstante Futteraufnahme und optimale Futterverwertung zu gewährleisten [39].

Behandlung

Empfohlene **Behandlungsintervalle**:

- bis 2,5 Jahre:1-mal jährlich
- 2,5–4,5 Jahre:2-mal jährlich
- Über 4,5 Jahre:1-mal jährlich
- Über 20 Jahre: 2-mal jährlich oder mehr (abhängig vom Zahnstatus)

Im Vorfeld einer Dentalbehandlung werden Herz- und Kreislaufapparat abgehört, um sicherzustellen, dass eine Sedation ohne erhöhtes gesundheitliches Risiko vom Pferdekörper bewältigt werden kann. Daran schließt sich die gründliche Untersuchung der Maulhöhle, der Okklusion und des Kieferschlusses mittels Maulgatter an. Beurteilt werden die äußeren Konturen, die Schleimhäute und der Zahnstatus im Hinblick auf Abnormalitäten, Entzündungen, Zahnstellung und -winkelungen sowie Symmetrien, ebenso wie die Kieferbeweglichkeit, wobei der Backenzahnkontakt zueinander für eine Normokklusion besonders relevant ist [39], [40]. Im Rahmen der Behandlung kommen unterschiedliche Arbeitsmaterialien wie Maulgatter, Zahnspiegel, Maulhöhlenendoskop, elektrische Zahnraspeln, Zahnmaschinen, Extraktionszangen sowie eine Aufhängevorrichtung für den Kopf bzw. ein Kopfständer zum Einsatz.

Die Dauer, mit der das Pferd mit geöffnetem Maul mit Hilfe des Maulgatters behandelt wird, variiert je nach Befund, der Durchschnitt wird mit 45 min angegeben [40]. Der unter der Behandlung zur Anwendung kommende Druck divergiert je nach Behandler und der notwendigen Behandlungsform (Schleifen, Raspeln, Extraktion), wird in der einschlägigen Literatur jedoch nicht explizit beschrieben.

Im Humanbereich werden Muskelkater, Diskusverlagerungen, Parodontose, Kiefergelenksperren sowie starke Schmerzen im Kopf-, Kiefer- und Zahnbereich als mögliche Folgeerscheinungen einer Zahnbehandlung angeführt [41]. Eine einseitige oder beidseitige mechanische Überlastung der Kiefergelenke als Konsequenz einer langanhaltenden Mundöffnung kann die Ursache für Schmerzen im Kiefergelenk und umliegender Strukturen sein. Die ungewohnte Position der Kapsel und des intraartikulären Knorpels sowie des Discus articularis mit dauerhafter Deformierung bedingen einerseits Beschwerden und andererseits eine Vorverlagerung des Discus articularis, deren Ergebnis ein Mundöffnungsdefizit darstellt [42]. Auch Dysfunktionen der Schädelknochen aufgrund von einseitiger Kompressionsbelastung führen zu Schmerzen im orofazialen Bereich [43], [44].

3.3.2 Legen einer Nasenschlundsonde

Der Gebrauch einer Nasenschlundsonde (NSS) begründet sich auf unterschiedlichen Indikationen und hat sowohl diagnostische als auch therapeutische Anwendungsbereiche. Ein Beispiel für letzteres Einsatzgebiet ist das Ausspülen von Magenüberladungen, um einen Magenriss zu vermeiden. Weiterhin dient diese Methode der Sondierung der Speiseröhre bei Schlundverstopfungen oder des Magens bei Koliken. Zusätzlich bietet sie die Möglichkeit der Verabreichung größerer Mengen flüssiger Medikamente sowie die Ernährung lebensschwacher Fohlen.

Bekannte Komplikationen dieses Eingriffs sind u. a. Verletzungen des Siebbeins (Os ethmoidale) mit starken Blutungen und Schleimhautverletzungen im Nasengang, Ösophagus oder Magen. Wird die NSS fehlerhaft in die Luftröhre eingeführt, kann es zum Einbringen von Flüssigkeiten in die Lunge und einer daraus resultierenden Aspirationspneumonie kommen [45], [46].

Das Einführen des ca. 2–3 m langen Silikonschlauches, welcher einen Durchmesser von 9,5–19 mm hat, erfolgt am sedierten Pferd durch den ventralen Nasengang, weiter in den Pharynx, durch den Ösophagus bis in den Magen. Im Bereich des Gesichtsschädels verläuft die NSS zwischen Gaumen und Os nasale, medial der Concha nasalis ventralis bis zum Vomer. Dort wird sie zwischen diesem und dem Os palatinum in den Pharynx geschoben wird.

Aufgrund des Drucks des eingeführten Schlauchs sind Kompressionen der angeführten knöchernen Strukturen vorstellbar. Durch die suturalen Verbindungen zu angrenzenden Schädelknochen sind weiterführend auch Dysfunktionen dieser möglich (▶ Tab. 3.1).

Tab. 3.1 Schädelknochen und ihre Suturen.

Artikulierende Schädelknochen	Sutur
Os frontale	Sutura frontoethmoidalis
Os maxillare	Sutura ethmoidomaxillaris
Os nasale	Sutura ethmoidonasalis
Os sphenoidale	Sutura sphenoethmoidalis
Os palatinum	Sutura palatoethmoidalis
Vomer	Sutura vomeroethmoidalis

3.3.3 Operative Eingriffe am Kopf

Zahnextraktionen

Zahnextraktionen aufgrund von infektiösen/nichtinfektiösen Zahnerkrankungen, Zahnwurzelveränderungen oder Zahnfrakturen haben immer Auswirkungen auf die Stellung des Zwischen-, Ober- oder Unterkiefers. Für die Zahnextraktion wird der erkrankte Zahn vorab mittels Zahnspreizern und Hebeln in seinem Zahnfach gelockert. Mit Hilfe einer passenden Zange erfasst und lockert der Dentist den Zahn weiter, bis er ihn mittels Hebeltechnik aus dem Zahnfach extrahieren kann. Je nach Ursache der Extraktion entsteht dadurch eine unterschiedlich großräumige Wunde im Zahnfach und der umgebenden Struktur. Insbesondere die knollenartigen Zementosen der EOTRH-Erkrankung verursachen großflächige Vertiefungen im Kiefer und benötigen einen vermehrten Kraftaufwand zur Entfernung aus dem Zahnfach bzw. Kiefer [47]. Diese hat aufgrund der einwirkenden Distraktions- und Kompressionskräfte Einfluss sowohl auf den Zahn und das entsprechende Zahnfach, in dem er implementiert ist, als auch auf den betroffenen Kieferteil und das Kiefergelenk. Insbesondere die Hebeltechniken wirken sich auf die umliegenden Schädelknochen aus und bedingen Dysfunktionen derselben in unterschiedlichen Ausmaßen.

Entfernungen tumorösen Gewebes

Defintion

Odontogene Tumoren (Neoplasien) stellen Gewebszubildungen aus Zahngewebe und dessen Fragmenten dar.

Das Vorkommen beim Pferd ist eher selten. In der Ätiopathogenese werden 4 verschiedene Formen definiert [48]:

- Ameloblastom
- Dentinom
- Odontom
- Zementom

Je nach Form unterscheiden sich die Lokalisationen, die Konsistenz und die Invasivität der odontogenen Neoplasie. Allen gemein ist das Vorkommen im Bereich des Kraniums. Betroffen können sowohl die Maul-, Neben- oder Kieferhöhlen als auch die Knochen des Ober-, Unter- und des Zwischenkiefers sein. Die Schneidezähne, die Zahnwurzeln und das Weichteilgewebe stellen ebenfalls eine mögliche Lokalisation von odontogenen Neoplasien dar [49].

Als erfolgreichste Therapieform, die unabhängig von der Tumorart ist, wird die radikale chirurgische Resektion angeführt [50]. Diese wird als minimalinvasiver, endoskopischer Eingriff angestrebt, wenn die Größe und Lokalisation des Tumors es zulassen. Aufgrund des Tumorwachstums kommt es zu veränderten Druckverhältnissen im Kranium, was eine direkte Konsequenz auf die umliegenden Suturen der artikulierenden Knochen hat.

3.4 Verhaltensstörungen

3.4.1 Koppen und Zähnewetzen

Definition

Verhaltensstörungen sind definiert als Verhaltensweisen, die in ihrer Ausführungsweise, Frequenz und Intensität signifikant und kontinuierlich vom Normalverhalten divergieren.

Stereotypien sind per Definition wiederkehrende Verhaltensmuster ohne einen erkennbaren Zweck [52].

Bis zu 34,7 % der Pferde in menschlicher Obhut entwickeln Verhaltensstörungen, wie Holzkauen, Weben, Boxenlaufen, Zähnewetzen und Koppen [51]. In Deutschland zeigen ca. 6,5 % der Reitpferde stereotypische Verhaltensmuster, 2,8 % davon sind Kopper und machen damit den größten Anteil aus. Orale Stereotypien, wiederholende Bewegungen des Mauls, entwickeln sich bei 85 % dieser Pferde bereits vor dem sechsten Lebensjahr [52].

Das Krankheitsbild des Koppens wird in 2 Formen unterteilt: dem Aufsetzkoppen und dem Freikoppen. Das Aufsetzkoppen beschreibt den Kontakt der Schneidezähne auf ein vertikales oder horizontales Objekt, was der Futtertrog, die Boxentür oder ein Zaunpfahl sein kann. Unüblichere Hilfsmittel können der Rücken eines Artgenossen oder das eigene Vorderbein sein. Hierbei wird meist auf Sternumhöhe aufgesetzt und die ventrale Halsmuskulatur sichtbar angespannt, wodurch sich der Schlundkopf öffnet und Luft in die Speiseröhre strömt, was das charakteristisch rülpsende Geräusch verursacht.

Das Freikoppen erfolgt ohne Zuhilfenahme eines festen Untergrundes; die Pferde sind in der Lage, ihre Halsmuskulatur durch eine nickende Kopf-Hals-Bewegung ausreichend anzuspannen, um den Schlundkopf zu öffnen und Luft einströmen zu lassen. Diese Form des Koppens ist in der Literatur deutlich seltener beschrieben [53].

Da diese Stereotypie bei wild lebenden Pferden im natürlichen Lebensraum nicht beobachtet wurde, handelt es sich hierbei um ein Krankheitsbild der „zivilisierten“ Pferdehaltung. Als ursächlich für diese bizarre Aktivität werden sowohl umweltbedingte als auch mögliche genetische Faktoren angeführt. Haltungs- und Fütterungsfehler zählen zu den begünstigenden Einflüssen für die Entwicklung des Koppens [53]. Eine regelmäßige Fütterung von Kraftfutter wird mit dem Auftreten von Koppen genauso assoziiert wie eingeschränkte Sozialkontakte. Stress und eine chronische Frustration sind ebenfalls als Einfluss nehmende Faktoren herausgestellt worden. Koppen dient dem Pferd als Copingstrategie (Bewältigungsstrategie) zum Stressabbau, da es zur endogenen Ausschüttung von Endorphinen und Opioiden führt, was das subjektive Wohlbefinden verbessert [52].

Das repetitive Verhaltensmuster des Aufsetzkoppens kann innerhalb von 8h bis zu 8 000-mal

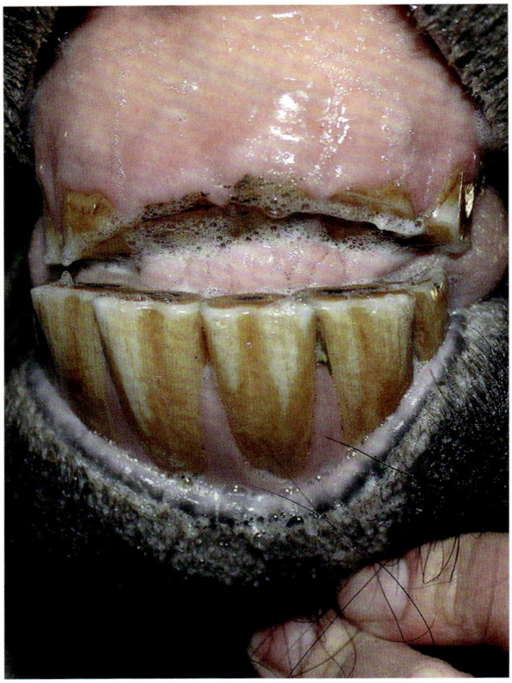

Abb. 3.5 Koppergebiss.

erfolgen und bedingt eine hohe Belastung für die Schneidezähne und den Zwischenkiefer. Je nach Intensität und Frequenz entsteht über kurz oder lang das typische Koppergebiss (▶ Abb. 3.5), bei welchem sich die Schneidezähne maximal abrasiert zeigen bzw. auf dem blanken Os incisivum gekoppt werden [51].

Eine weitere Verhaltensstörung ist das langfristige und häufige Wetzen der Schneidezähne am Rand der Futterkrippe, den Gitterstäben oder den Wänden. Auch dieses atypische Verhaltensmuster wird mit chronischer Frustration bzgl. eines Mangels an Sozialkontakten und Raufutter assoziiert. Gewohnheitsmäßiges Gitterwetzen hat dramatische gesundheitliche Folgen bis hin zum Zahnverlust und massiven Zahnfleischentzündungen [54].

Atypische Verhaltensmuster mit Beteiligung der Schneidezähne haben aufgrund der repetitiven Kompression zwangsläufig Effekte auf die kraniofazialen Strukturen. Die sichtbaren Schäden an den Schneidezähnen, dem Zahnfleisch und dem Zwischenkiefer machen deutlich, wie hoch die einwirkende physikalische Komponente ist, welche zwangsläufig direkte Auswirkungen auf einzelne oder mehrere Suturen mit Veränderung der Mobilität und der Elastizität der Schädelknochen nach sich zieht.

3.4.2 Headshaking

Definition

Das **Headshaking** beim Pferd ist definiert als unphysiologisches, über das normale Bewegungsmuster hinausgehendes Kopfschlagen, welches in der Regel intermittierend, willkürlich und ohne äußeren erkennbaren Stimulus stattfindet. Dieses kann vertikal, horizontal oder rotierend ausgeführt werden.

In Verbindung mit dem Kopfschlagen werden eine nasale Irritation, ein vermehrtes Schnauben oder Nüstern- bzw. Kopfreiben beschrieben [55]. Die Symptome sind in der einschlägigen Literatur umfassend aufgezeigt. Die Diagnostik ist sehr aufwendig. Richtungsweisend für die diagnostische Herangehensweise ist die umfangreiche Anamnese des klinischen Bildes. Unterteilt wird das Erscheinungsbild in:

- Trigeminus-mediiertes Headshaking (TMHS)
- Nicht-Trigeminus-mediiertes Headshaking

Das Trigeminus-mediierte Headshaking bezieht sich auf eine Trigeminusneuralgie, bei der durch eine Nervenschädigung ein Schmerz im Versorgungsgebiet des N. trigeminus, dem Ober- und Unterkiefer sowie im Mundbodenbereich, verursacht wird. Klinisch kommt es einerseits zu einseitigen, blitzartig auftretenden Schmerzattacken oder zu anhaltenden, dumpfen, bohrenden Gesichtsschmerzen, die klinisch im ganzen Gesicht, meist einseitig, auftreten [56], [57].

Forscher führen einen Zusammenhang zwischen dem Auftreten des Headshakings und den Wetterverhältnissen an. Sonne, Licht und Wärme zum Frühjahr und Sommer verstärken dabei die Symptome. Zäumungen und Gebisse wurden außerdem als mögliche Auslöser hinzugezogen, ebenso wie Erkrankungen der Augen, der Ohren, der Zähne, des Luftsacks und der Nasennebenhöhlen. Weitere Stimuli sind Stress, Frustration, Flexion des Kopfes und Rückenprobleme [58]. All diese Faktoren werden als Nicht-Trigeminus-mediiertes Headshaking zusammengefasst [56]. Außerdem kann das idiopathische Kopfschütteln des Pferdes ursächlich durch das Vestibularsyndrom begründet sein. Eine chronische Entzündung in der Pars petrosa des Os temporale und im proximalen Styloid wird hier als Auslöser angeführt [59]. Chronisch entzündliche Prozesse eines Knochens können aufgrund der inneren Druckverhältnisse und einer daraus resultierenden Kompression bzw. Distraktion auf umliegende Suturen in direktem Zusammenhang mit Läsionen der artikulierenden Schädelknochen stehen.

3.5 Symptome

Eine Dysfunktion der kraniofazialen Strukturen hat viele Gesichter. Die Symptome sind sehr vielfältig und reichen u. a. von tränenden Augen und Gesichtsasymmetrien über Kieferprobleme, Verhaltensauffälligkeiten und Widersetzlichkeit bei taktilen Reizen im Kopf- und Gesichtsbereich. Schmerzen im kraniofazialen Bereich sowie Taktfehler der Vorhand sind ebenfalls in Verbindung zu bringen. Die Folgen einer Hypophysenüberfunktion oder -unterfunktion bzw. mögliche Auswirkungen auf die Schilddrüse und den gesamten Hormonhaushalt sind außerdem denkbare Symptome.

3.5.1 Abflussstörungen des Tränennasenkanals

Der Tränenapparat stellt die Verbindung zwischen dem Augenlid und dem Nasenvorhof dar und hat die Funktion, die Tränenflüssigkeit abzuleiten. Medial im oberen und unteren Augenlid befinden sich die schlitzförmigen Tränenpünktchen, von wo aus die Tränenflüssigkeit mit Hilfe der Tränenröhrchen y-förmig ins Tränensäckchen geleitet wird. Dieses liegt in der Fossa sacci lacrimalis des Os lacrimale und verjüngt sich zum Tränenkanal, welcher als bindegewebiges Rohr durch das Foramen lacrimale zieht. Auf der Innenfläche der Maxilla, im Sulcus lacrimalis, zieht der Tränenkanal bis zum ventralen Winkel des Nasenlochs, wo er seine Öffnung hat (▶ Abb. 3.6). Die Tränenflüssigkeit dient der Ernährung der Hornhaut [1], [60].

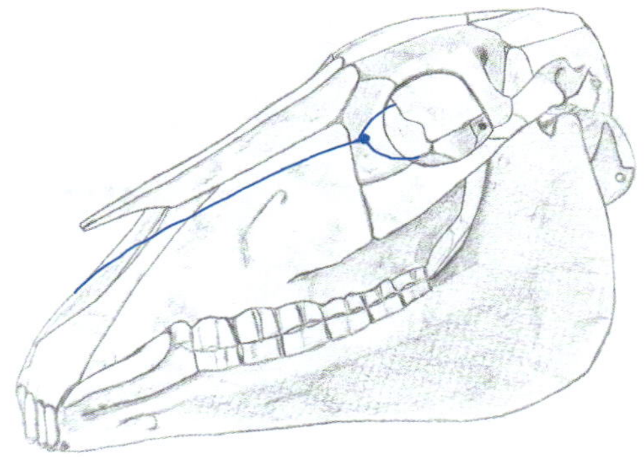

Abb. 3.6 Tränennasenkanal.

Stenosen des tränenableitenden Systems können sowohl erworben als auch angeboren sein und als partielle oder totale Abflussstörungen auftreten [61]. Erworbene Stenosen sind:

- entzündliche Erkrankungen
- neoplastische Erkrankungen
- traumatische Erkrankungen
- allergische Erkrankungen

Angeborene Stenosen sind:

- Aplasia (fehlende Anlage)
- Stenosis (Einengung)
- verlegte Anlage

Die Lokalisation des Tränensäckchens und der knöcherne Durchtritt des Tränenkanals durch das Foramen lacrimale stellen den klaren Bezug zum Os lacrimale dar. Der Tränenkanal hat einen Durchmesser von ca. 2–3 mm [62]. Sein weiterer Verlauf im Sulcus lacrimale an der Innenseite des Oberkiefers steht damit im direkten Zusammenhang mit dem Os maxillare.

Eine rotatorische Dysfunktion des Os lacrimale um 0,2–0,3 mm kann, aufgrund des Durchmessers des Tränenkanals, der Position dessen im Foramen lacrimale und der Lokalisation des Tränensäckchens, Auswirkungen auf den Abfluss der Tränenflüssigkeit haben. Eine partielle Stenose ist denkbar. Ebenso könnte eine veränderte Stellung des Os maxillare eine rudimentäre Obstruktion des Tränenkanals auf Höhe der Sutura lacrimomaxillaris bedingen.

3.5.2 Gesichtsasymmetrien

Im Humanbereich sind asymmetrische Gesichter keine Seltenheit. Die Ursachen für knöcherne Missverhältnisse können genetisch, angeboren oder erworben sein. Beispiele hierfür sind Gesichtstraumata, Frakturen, Kiefergelenksentzündungen, Tumore, Dysgnathien (Fehlentwicklungen der Zähne oder des Kiefers, vorstehender oder zurückliegender Ober-/Unterkiefer) und Wachstumsstörungen [19]. Die intrauterine Lage und der natürliche Geburtsvorgang stellen einen physiologischen Auslöser dar, welcher sich in der Regel innerhalb der ersten Lebenswochen mit Hilfe von spezieller Lagerung beheben lässt [63].

Pferdegesichter zeigen sich in ihrer Symmetrie sehr unterschiedlich (▶ Abb. 3.7), was auf ähnliche Ursachen wie im Humanbereich zurückzuführen ist.

Abb. 3.7 Gesichtsasymmetrie beim Pferd.

Schlagverletzungen

Insbesondere Gesichtstraumata durch Schlagverletzungen mit der Folge einer Impressionsfraktur stellen einen häufigen Auslöser erworbener Gesichtsasymmetrien dar. Je nach betroffenem Schädelknochen und Schweregrad der Fraktur wird eine operative oder konservative Therapie angestrebt [31].

Frakturen

Frakturen am Schädel haben nach vollständiger Ausheilung denkbare Folgen auf die Mobilität und Elastizität der betroffenen Schädelknochen und deren artikulierenden Gelenkpartnern. Eine Läsion in dem betroffenen kraniofazialen Bereich erscheint vorstellbar.

Kiefergelenksentzündungen

Asymmetrien aufgrund von regelmäßigen Kiefergelenksentzündungen bedingen, ähnlich wie bei einer chronischen Sinusitis, ein verändertes Knochenwachstum, weshalb Dysfunktionen im Bereich des Os temporale und des Art. temporomandibularis eine logische Schlussfolgerung sind.

Dysgnathien

Dysgnathien in Form von Overjet oder Overbit sind beim Pferd keine Seltenheit [64]. Eine Malokklusion ist die Folge dessen und hat während des Mahlvorganges und der dabei entstehenden unphysiologischen Kompression Auswirkungen auf den Ober- und Unterkiefer und weiterführend auf die artikulierenden Knochen. Eine reduzierte Mobilität der angrenzenden Schädelknochen könnte die Folge sein.

Intrauterine Lage und Geburtsvorgang

Die intrauterine Lage und der Geburtsvorgang stellen beim Pferd ebenfalls einen Auslöser für Läsionen im Bereich der Schädelknochen dar. Im Gegensatz zu den Kinderköpfen können die der Fohlen jedoch nicht durch eine spezifische Lagerung in ihrer Symmetrie korrigiert werden. Daraus resultieren Asymmetrien des Schädels, die ein Leben lang bestehen bleiben, eine eingeschränkte Mobilität der Schädelknochen kann hier das Ergebnis sein.

3.5.3 Kieferprobleme

Craniomandibuläre Dysfunktionen (CMD) sind in der Humanmedizin weitreichend erforscht und zeigen ein vielfältiges Bild. Symptome wie eine reduzierte Mundöffnung, Spannungskopfschmerzen und Migräne sowie Tinnitus, Schwindel und einschießende Gesichtsschmerzen, Zähneknirschen u.v.m. bilden das Krankheitsbild der CMD ab. Die Gründe sind sehr umfangreich und werden in der Literatur auf verschiedenen Ebenen beschrieben. Mögliche **Ursachen** sind:

- Malokklusionen durch Zahnfehlstellungen, -extraktionen, zu hohen Zahnersatz
- Diskusverlagerung
- Parafunktionen (Nägelkauen, Kaugummikauen)
- Medikamente
- kieferorthopädische Behandlungen
- genetische Dispositionen
- funktionelle Störungen des Beckens und der Wirbelsäule

Auslöser für Kieferprobleme können sein:

- psychischer Stress
- physisches Trauma

Die Ursachen, die Auslöser und die Folgen von Kiefergelenksproblemen sind in der Veterinärmedizin noch in den Anfängen, weshalb die Grundlagen der Pathologie aus dem Humanbereich als vergleichende Betrachtung sinnvoll erscheinen (▶ Abb. 3.8).

Ein bekanntes Symptom für Kieferprobleme beim Pferd ist das Zähneknirschen/-klappern, was viele verschiedene Ursachen haben kann. Eine herzuleitende Verkettung könnte ein zu kurzer Stirnriemen sein, der infolgedessen das Genickstück gegen die Ohrmuschel zieht. Die Verschnallung des Backenstücks am Genickstück wird hierdurch auf dem Kiefergelenk positioniert und übt Druck auf das Os temporale aus. Sowohl die daraus resultierende Läsion des Os temporale als auch der Druckschmerz auf den Knochen können dem Pferd unangenehm sein, weshalb es das Zähneknirschen (Bruxismus) als Reaktion zeigt. Infolgedessen kommt es zu einer vermehrten Kontraktion des M. masseter, was einen Hypertonus bedingen könnte.

Eine eingeschränkte Maulöffnung mit Diskusverlagerung nach anterior sowie eine akute Kapsulitis aufgrund eines lang andauernden Dentaltermins, sind im Pferdebereich ebenso eine mögliche Ursache, wie in der Humanmedizin [41]. Ein typisches Symptom für eine Diskusverlagerung ist das Initialknacken bei der Abduktion des Unterkiefers [19].

3.5.4 Sphenoidposition und ein möglicher Einfluss auf die Hypophyse

Die Hypophyse (Hirnanhangsdrüse) ist eine kirschkerngroße, zweigeteilte Drüse in der Schädelbasis, eingebettet im knöchernen Türkensattel (Sella turcica) des Os sphenoidale, der kaum Raum für Vergrößerungen lässt. Sie reguliert mit ihrer Hormonbildung und -ausschüttung die meisten exokrinen Drüsen des Körpers. Eine direkte Ansteuerung ihrerseits erfolgt durch den Hypothalamus (Teil des Zwischenhirns), mit dem sie über einen 14 mm langen Stiel (Infundibulum) verbunden ist. Der Durchmesser dieses Stiels beträgt 2–3 mm und stellt damit eine sehr vulnerable Struktur dar [70]. Zusammen mit dem Hypothalamus, dem obersten Regulationszentrum des vegetativen Nervensystems, überwacht und steuert die Hypophyse den Energie-, Wasser- und Wärmehaushalt, sowie die Körpertemperatur, das Körperwachstum, den Herzschlag und den Schlaf ebenso wie Hunger

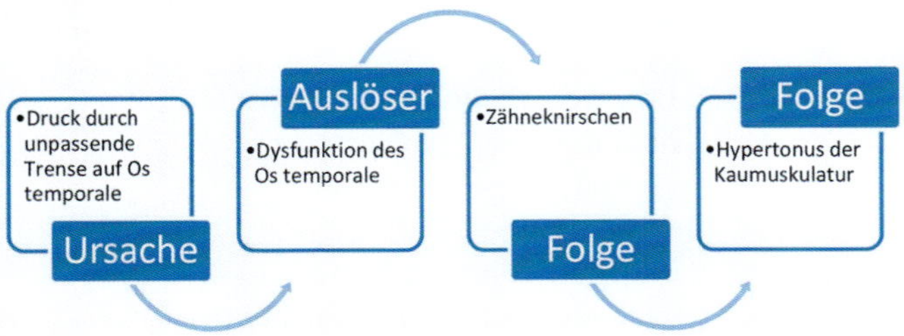

Abb. 3.8 Ursache-Auslöser-Folge-Modell.

und Durst [71]. Von der Hypophyse gebildete **Hormone** sind:

- ACTH (Nebennierenrinde)
- TSH (Schilddrüse)
- luteinisierendes Hormon LH (Eierstock/Hoden)
- Prolaktin (Brustdrüsen)
- Endorphine (Gehirn, Immunsystem)
- Enkephaline (Gehirn)
- Wachstumshormon (Muskeln, Knochen)
- MSH (Haut)

Die Hypophyse ist zusammen mit dem Hypothalamus auch an der Kontrolle von Dopamin, Kortisol und Insulin beteiligt.

Hormonerkrankungen

Ist die Hypophysen- bzw. Hypothalamusfunktion gestört, führt dies u. a. zu einer übermäßigen Bildung des ACTH, was die Nebennierenrinde zur verstärkten Produktion von Kortisol anregt und hauptverantwortlich für das Krankheitsbild Equines-Cushing-Syndrom (ECS), syn. Pituitary Pars Intermedia Dysfunction (PPID) ist [71], [72]. Typische **Symptome für diese komplexe Hormonerkrankung** sind:

- übermäßig langes, gelocktes Haarkleid
- verspäteter bis unvollständiger Haarwechsel
- übermäßiges Schwitzen
- Abmagerung
- Muskelatrophie
- supraorbitale Fettpolster
- Hufrehe
- Leistungsschwäche u.v.m.

Hyper- und Hypothyreose

Die Hypophyse ist mit der Produktion des schilddrüsenstimulierenden Hormons (TSH), welches die Schilddrüse (Thyroidea) zur Produktion von Schilddrüsenhormonen anregt, an einer sekundären Hyper- oder Hypothyreose-Entstehung beteiligt. Sie verlangsamt oder beschleunigt die Freisetzung von TSH, je nach dessen Spiegel im Blut. **Symptome einer Hyperthyreose** sind:

- Leistungsintoleranz
- Übererregbarkeit
- Gewichtsverlust
- gesteigerter Appetit (Polyphagie)
- übermäßiges Schwitzen
- Tachykardie
- Unruhe

Symptome einer Hypothyreose sind:

- Haarausfall
- schlechtes Haarkleid
- verzögerter Fellwechsel
- Leistungsabfall
- Untertemperatur
- Vergrößerung der Schilddrüse

> ✔ **Merke**
>
> Bei Pferden ist eine **Primärhypothyreose** (Schilddrüse selbst ist betroffen) bisher nicht beschrieben, eine **sekundäre Hypothyreose** tritt eher selten auf [73].

Hypopituitarismus

Eine Insuffizienz der Hypophyse kann partiell oder komplett vorliegen, es kommt zu einer teilweisen oder vollständigen Unterfunktion (Hypopituitarismus), was sich in der Konzentration der Hormone im Blut widerspiegelt. Funktionsverändernde Erkrankungen der Hypophyse haben viele verschiedene Ursachen und weitreichende Folgen für das gesamte System des Pferdes. In der Humanmedizin wird eine Unterteilung der Ursachen in 3 Untergruppen vorgenommen, die hier richtungsweisend für das Pferd übertragen werden [74]. Die **Ursachen eines Primären Hypopituitarismus** (Hypophyse selbst ist betroffen) können Folgende sein:

- Adenome
- Entzündungen im Gehirn
- Infarkte der Hypophyse
- Verletzungen
- Operationen am Gehirn
- Strahlentherapie im Mittelhirnbereich
- Ableger maligner Tumore aus anderen Körperregionen

Ursache Sekundärer Hypopituitarismus (Veränderungen des Hypothalamus):

- Infarkte des Hypothalamus
- Verletzungen
- Operationen am Gehirn
- Strahlentherapie im Mittelhirnbereich

Läsionen des Infundibulums in Form von:

- partielle Unterbrechungen durch Einquetschungen, Abknickungen, Verschiebungen,
- vollständige Unterbrechungen

Auslösende Faktoren für eine inkomplette oder komplette Unterbrechung des Infundibulums können Traumata oder raumfordernde Tumoren sein. Ersteres wird u. a. durch einen Schädelbasisbruch als Folge eines Anpralltraumas beschrieben [74]. Hierbei einwirkende Kompressionskräfte können je nach Intensität sowohl eine Frakturierung als auch eine Dysfunktion des Os sphenoidale verursachen.

Eine partielle Läsion des Hypophysenstiels aufgrund einer rotatorischen oder translatorischen Fehlstellung des Os sphenoidale um maximal 0,3 mm ist, bezüglich des Durchmessers des Infundibulums von 2–3 mm, vorstellbar. Die entsprechenden Konsequenzen einer hypophysären Insuffizienz in Bezug auf den Hypothalamus, die Schilddrüse und alle weiteren von der Hypophyse und dem Hypothalamus angesteuerten Systeme würden sich infolgedessen beim Pferd einstellen. Beispiele hierfür sind die Auswirkungen einer Hyperthyreose oder die Symptome des Equinen-Cushing-Syndroms.

Indikationen:

- tränende Augen
- Gesichtsasymmetrien
- Kieferprobleme
- Verhaltensauffälligkeiten
- Widersetzlichkeit bei taktilen Reizen im Kopf- und Gesichtsbereich
- Schmerzen im kraniofazialen Bereich
- Taktfehler der Vorhand
- Hypophysenüberfunktion oder -unterfunktion

3.5.5 Taktfehler der Vorhand

Gangveränderungen werden in der Literatur als schmerzbedingte, funktionelle oder strukturelle Störung des Bewegungsapparates definiert. Die Ursachen von Lahmheiten sind sowohl für die Vorhand als auch für die Hinterhand sehr umfangreich (▸ Abb. 3.9. Eingeteilt werden die Ursachen in 4 verschiedene Bereiche [66].

Lahmheiten können als Stützbeinlahmheit, als Hangbeinlahmheit oder als Mischform auftreten. Die Diagnosestellung erfolgt über eine umfangreiche Lahmheitsuntersuchung, die klinisch anhand der Bewegung im Schritt und Trab auf gerader und gebogener Linie, mit und ohne Reiter, durchgeführt wird. Im Anschluss werden zur Verifizierung oder aufgrund von Unklarheiten der Klinik bildgebende Verfahren hinzugezogen. Hier stehen diverse Möglichkeiten zur Verfügung [66]. Neben lokalen Gründen werden u. a. auch knöcherne Veränderungen der Wirbelsäule und muskuläre Insuffizienz bzw. ein muskulärer Hypertonus anderer Strukturen ursächlich für Lahmheiten angeführt [67], [68].

3.5.6 Muskuläre Dysbalancen

Musculus brachiocephalicus

Anatomisch gehört der M. brachiocephalicus zur kranialen Gruppe der oberflächlichen Schicht der Schultergürtelmuskulatur. Seine Innervation erfolgt über den dorsalen und ventralen Ast des N. accessorius und motorisch durch den N. axillaris. Der Ursprung des M. brachiocephalicus ist am Schlüsselbeinsehnenstreifen (Intersectio clavicularis). Aufgrund seiner 2 eigenständigen Muskelbäu-

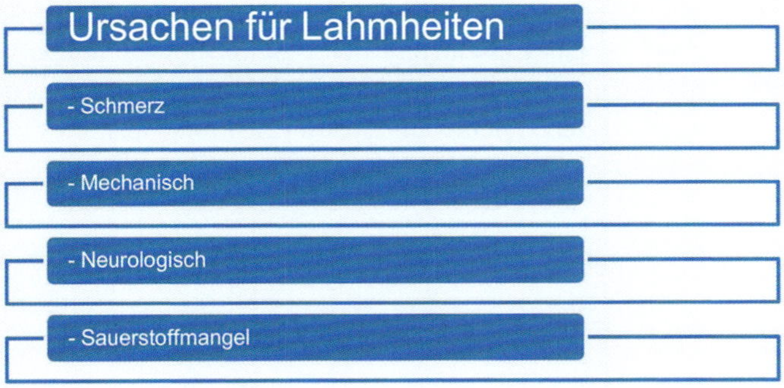

Abb. 3.9 Ursachen für Lahmheiten.

che (M. cleidocephalicus, M. cleidobrachialis) hat er seinen Ansatz sowohl an der Crista humeri als auch am Proc. mastoideus des Os temporale.

In schnelleren Gangarten führt der M. brachiocephalicus bei gestreckter Hals- und Kopfhaltung die Vorhand raumgreifend nach vorne. Eine hohe Aktion der vorderen Gliedmaße unterstützt er mit Hilfe einer hochgetragenen Hals- und Kopfposition [7], [36].

Ein muskulärer Hypertonus sowie Triggerpunkte bedingen eine unphysiologisch erhöhte Grundspannung des Muskels, was viele Ursachen haben kann. Muskelverletzungen in kleinem oder großem Ausmaß haben Einfluss auf den Spannungszustand des Muskels. Typische Symptome eines muskulären Hypertonus‘ sind ziehende, lokale oder ausstrahlende Schmerzen, Druckschmerzhaftigkeit bei Palpation und eine Verkürzung der Muskulatur, was die Beweglichkeit des entsprechenden Gelenkes einschränkt [69].

Besteht aufgrund einer muskulären Verletzung ein einseitiger oder beidseitiger Hypertonus des M. brachiocephalicus, hat dies weitreichende Folgen. Die einhergehende Verkürzung des Muskels und der lokale oder ausstrahlende Schmerz nehmen Einfluss auf dessen gesamten Verlauf inklusive des Ursprungs und des Ansatzes. Auch seine Funktionsfähigkeit wird negativ beeinflusst.

Das raumgreifende Vorführen der Vorhand wird je nach Schweregrad der Muskelverletzung eingeschränkt, es kommt zu Taktunreinheiten, einem verringerten Raumgriff des Vorderbeins bis hin zu einer massiven Hangbeinlahmheit. Gleichzeitig hat ein muskulärer Hypertonus des M. brachiocephalicus Auswirkungen auf dessen Ansatzbereich am Os temporale, dem Proc. mastoideus. Eine verstärkte, dauerhafte Distraktion auf das Os temporale kann eine rotatorische Dysfunktion und damit eine eingeschränkte Elastizität des Knochens bedingen, was weiterführende Effekte auf die artikulierenden Schädelknochen und Suturen hat.

Musculus cleidobrachialis

Die Funktion des M. cleidocephalicus hat Einfluss auf den Kopf bzw. Hals und die vordere Gliedmaße. Bei feststehender Vorhand bewegt der Muskel den Kopf und Hals bodenwärts, wobei eine einseitige Muskelaktivität eine ipsilaterale Seitwärtsbewegung hervorruft. Der M. cleidobrachialis bringt bei fixiertem Kopf und Hals, z. B. durch die Reiterhand, das Schultergelenk in eine Streckung.

Musculus sternomandibularis

Der M. sternomandibularis gehört ebenfalls zur oberflächlichen Schicht der Schultergürtelmuskulatur und hat mit dem N. accessorius dieselbe Innervation wie der M. brachiocephalicus. Der Ursprung dieses Muskels liegt am Manubrium sterni, in seinem Verlauf trennt er sich auf halber Höhe des Halses und zieht in Form von 2 Muskelsträngen weiter kopfwärts. Der Ansatz befindet sich medial an der Mandibula. Seine Funktion auf Kopf und Hals ist vergleichbar mit der des M. cleidocephalicus, wobei der M. sternomandibularis aufgrund seines Ansatzes zudem an der Maulöffnung beteiligt ist [7].

Kommt es zu einem einseitigen, muskulären Hypertonus, hat dies Konsequenzen für viele verschiedene Strukturen, in erster Linie für die Bewegung von Kopf und Hals sowie für die der Mandibula. Eine ipsilaterale Seitwärtsbewegung des Kopfes und des Halses zum Boden wäre eingeschränkt. Die Auswirkungen auf die Mandibula könnten aufgrund der einseitigen Distraktion eine Lateralisation des Unterkiefers zur ipsilateralen Seite sein, wodurch sich die Position der Caput mandibulae im Art. temporomandibularis verändern würde. Weiterführende Konsequenzen könnten sich infolgedessen in der Spannung der Gelenkkapseln und der Position des Os temporale zeigen. Ein Einfluss auf die Okklusion und die Futterzerkleinerung ist zusätzlich vorstellbar.

3.5.7 Verhaltensauffälligkeiten

Viele Pferde zeigen Empfindlichkeiten im Gesicht und an den Ohren auf taktile Reize. Mit dem Begriff „Kopfscheu“ oder „Widersetzlichkeit beim Halftern oder Trensen“ werden Reaktionen wie ruckartiges Entziehen des Kopfes nach oben, unten oder zur Seite sowie das Weichen mit dem gesamten Körper nach hinten impliziert. **Folgende Ursachen** sind möglich:

- Schmerzen im Gesicht, am Kopf, an den Zähnen oder an den Ohren
- muskuläre Verspannungen der Kiefer- und Gesichtsmuskulatur
- Verletzungen im Gesicht, an den Ohren
- Überempfindlichkeit gegen Insekten
- Allergien
- unpassendes Equipment
- demotivierende und traumatische Erfahrungen

Kopfschmerzen

Kopf- und Gesichtsschmerzen haben beim Menschen in den Industrieländern eine hohe Prävalenz, ¼ der Bevölkerung leidet unter kraniofazialen Dysfunktionen und Schmerzen, Tendenz steigend. In der Humanmedizin umfangreich untersucht, begründen sich die Schmerzen anhand vieler verschiedener Faktoren [65]. Zu den **primären Kopfschmerzerkrankungen** zählt man:

- Migräne
- Kopfschmerz vom Spannungstyp
- Trigemino-autonome Kopfschmerzerkrankungen
- andere primäre Kopfschmerzerkrankungen

Sekundäre Kopfschmerzerkrankungen (Kopfschmerzen sind zurückzuführen auf …) sind:

- Verletzungen, Traumata Kopf/HWS
- Gefäßstörungen Kopf/Hals
- nichtvaskuläre intrakranielle Störungen
- Substanz oder Entzug derselben
- Infektion
- Störung der Homöostase
- Erkrankungen des Schädels, Halses, der Ohren, Augen, Nase u.v.m.
- psychiatrische Störungen

Schmerzhafte Läsionen der Hirnnerven und andere Gesichtsschmerzen:

- Läsionen von Hirnnerven und anderen Gesichtsschmerzen
- andere Kopfschmerzerkrankungen

Defizitär zeigen sich Studien zu Kopfschmerzen beim Pferd, weshalb an dieser Stelle eine Annahme nur literarisch erfolgen kann. Eine primäre Kopfschmerzerkrankung beim Pferd, hier der Kopfschmerz vom Spannungstyp, begründet in Kieferproblemen, wurde bereits anhand eines Beispiels inklusive Abbildung erläutert; s. Kap. Kieferprobleme (S. 89). Verletzungen bzw. Traumata des Kopf des Pferdes werden als sekundäre Kopfschmerzerkrankung definiert und können ihre Begründung in einer Dysfunktion einzelner Schädelknochen als Folge einer Schlagverletzung haben. Klinische Beobachtungen aus der Humanmedizin legen offensichtliche Veränderungen von Symptomen wie Kopf- und Gesichtsschmerzen aufgrund einer Schädeldysfunktion dar [16]. Entsprechende Verhaltensauffälligkeiten wie „Kopfscheu“ und „Widersetzlichkeit beim Halftern oder Trensen“ sowie der Entzug auf taktile Reize können hier das symptomatische Bild beim Pferd darstellen.

3.6 Kontraindikationen

In Anlehnung an die Kontraindikationen der Manuellen Therapie gibt es in der Equinen CranioSuturalen Therapie folgende Ausschlusskriterien, bei welchen eine entsprechende Behandlungsweise obsolet ist. Hier sind neoplastische Vorgänge zu nennen, wie die Neubildung gut- oder bösartiger Tumore, die durch eine Fehlregulation des Zellwachstums und Metastasierungen entstehen [75]. Des Weiteren stellen frische Traumata mit Hautdefekten, strukturelle Verletzungen und Verbrennungen im Behandlungsgebiet eine Kontraindikation aufgrund der Handanlage des Therapeuten dar. Auch Frakturen der Schädelknochen oder frisch operativ versorgte Frakturen in diesem Gebiet sind kontraindiziert, angesichts der vorliegenden knöchernen Instabilität [76]. Eine CranioSuturale Behandlung bei akuten Entzündungsprozessen und Infektionsgeschehen sollte ebenfalls vermieden werden, da Infektionen mit oder ohne Fieber den Pferdekörper schwächen und diese Vorgänge durch eine Behandlung verstärkt werden könnten [77]. Zudem ist die Reaktion auf eine Behandlung bisher nicht vorhersehbar. Ähnlich verhält es sich mit einer Behandlung direkt im Anschluss an eine Impfung. Aufgrund der gewünschten Immunantwort auf eine Impfung, Produktion von Antikörpern und Gedächtniszellen und der damit einhergehenden Belastung des Körpers sollte dem Pferd eine 2–3-tägige Pause ermöglicht werden [78].

Kontraindikationen bei einer CranioSuturalen Therapie sind:

- Tumoren
- Metastasen
- frische Traumata mit strukturellen Verletzungen
- Verbrennungen
- Frakturen
- frisch operativ versorgte Frakturen
- akute Entzündungsprozesse
- Infektionsgeschehen
- direkt nach einer Impfung
- von der Norm abweichende Vitalwerte; s. Kap. Grundsätzliches (S. 99)

4 Befundung und Behandlung

Inken Voges-Falkenberg

Die Distraktionsbefundung steht grundsätzlich an erster Stelle der palpatorischen Befundaufnahme; s. Kap. Allgemeine Techniken (S. 74). Erst wenn die Mobilität aller Suturen und Schädelplatten mit Hilfe der Distraktion untersucht wurde, wird die Spezifische Befundaufnahme begonnen; s. Kap. Spezifische Techniken (S. 75). Vergleichbar ist die Reihenfolge der Behandlung.

> ✔ **Merke**
>
> Generell verläuft die **Befundung und Behandlung der kraniofazialen Region** weitestgehend von kranial nach rostral und von medial nach lateral.

Begonnen wird stets mit dem Art. atlantooccipitalis. Auch wenn es sich streng genommen nicht um eine Sutur, sondern um ein echtes, elipsoides Gelenk mit Gelenkflüssigkeit, Gelenkkapsel und hyalinem Knorpel handelt, zählt es weitestgehend zum kraniofazialen Bereich. Die Begründung hierfür ist der funktionelle und strukturelle Kontext des Atlas und des Os occipitale und die direkte Verbindung sowohl zu den artikulierenden Schädelplatten als auch zur Halswirbelsäule und weiterlaufend zum gesamten Körper. Im Anschluss an die Kopfgelenke erfolgen die Testungen der einzelnen Schädelknochen und Suturen des Neurokraniums, an die sich die des Viszerokraniums anschließen. Das Articulatio temporomandibularis ist ebenfalls ein echtes Gelenk und wird aus funktionellen Gründen in die Befundung und Behandlung einbezogen.

4.1 Durchführung der Befundung allgemein

Die physiotherapeutische Befundung stellt die Basis für die Auswahl der Behandlungstechniken und die Therapieplanung dar. Sie beinhaltet einzelne Untersuchungsvorgänge, die einander ergänzen und schlussfolgernd einem besseren Verständnis der patientenspezifischen Problematik dienen [79]. Inhaltlich wird die Befundaufnahme in die Bereiche Anamnese, Adspektion und Palpation unterteilt, gefolgt von allgemeinen und spezifischen Testungen; s. Kap. Distraktionsbefundung (S. 106) und Kap. Spezifische Befundung (S. 130).

4.1.1 Anamnese

Die schriftliche Anamnese stellt allgemein die systematische Erfragung potenziell medizinisch relevanter Informationen durch den Behandelnden dar und dient der Erfassung aktueller Probleme bzw. Erkrankungen sowie der gesamten beschwerdebezogenen Vorgeschichte [80]. Die CranioSuturale Anamnese hat mit den spezifischen Fragen bzgl. des symptombezogenen Werdegangs ihren Hauptfokus auf Aspekte, die den Kopf betreffen.

Die allgemeinen Fragen zur Rasse, dem Alter des Pferdes, der Haltungsform (Boxenhaltung, Offenstall, große/kleine Herde, Einzelhaltung), Trensenpassung, dem Allgemein- und Ernährungszustand des Pferdes geben einen Überblick über die Gesamtsituation des Tieres. Zudem lassen sie Verknüpfungen zu der Schmerztoleranz, der Gelenkbeweglichkeit des Schädelskeletts, dem Bewegungsumfang, den möglichen Schmerzauslösern und dem Zahnzustand zu.

Spezifische Fragen

- Warum sind wir heute hier (aktuelle Probleme)? Informationen über Verhaltensauffälligkeiten (z. B. Headshaking), physische Probleme (z. B. tränende Augen), Sorgen des Besitzers (z. B. Schmerzgesicht, mag sich nicht ablegen)
- Gab es in der Vorgeschichte Behandlungen oder OPs im Kopfbereich? Zahnextraktionen, wenn ja Schneide- oder Backenzähne? Schlussfolgerung, welche Schädelknochen dysfunktional sein könnten.

Fragen zur Krankheitsgeschichte/ zum Unfallhergang

Von besonderer Relevanz sind die spezifischen Fragen zur Krankheitsgeschichte oder dem Unfallhergang:

- Gab es irgendwelche Erkrankungen/Traumata in der Vorgeschichte?
  - Gibt Rückschlüsse auf die direkt und indirekt betroffenen Knochen
- Wie lange ist die Erkrankung/das Initialtrauma her?
  - Liegt ein akuter Schmerzzustand oder eine Chronifizierung vor? Gibt Hinweise auf die Häufigkeit der anschließenden Behandlungen.
  - Akuter Zustand lässt sich in der Regel mit 1–2 Behandlungen korrigieren.
  - Chronifizierung benötigt mehr Behandlungen aufgrund der Anpassung des gesamten Systems.

Fragen zum zeitlichen Zusammenhang

Auch der zeitliche Zusammenhang, Bezug nehmend auf die vorliegenden Symptome und Auffälligkeiten, sollte in den spezifischen Fragen Beachtung finden.

- Wann begann das z. B. Headshaking? Jahreszeitenabhängig? Langsam schleichend begonnen oder gab es einen Auslöser?
- Ist die Ursache z. B. durch Fliegen bedingt, ein ungünstig sitzendes Equipment (Reithalfter, Genickstück etc.) oder die vorausgegangene Zahnbehandlung?

Diese Faktoren werden durch offene und geschlossene Fragen seitens des Therapeuten erfragt und vom Pferdebesitzer beschrieben. Der Therapeut dokumentiert entsprechende Antworten, um Hypothesen und Therapieziele bilden zu können.

4.1.2 Adspektion

Die Adspektion oder auch Inspektion ist Teil des Diagnoseprozesses. Sie stellt die optische Begutachtung des Pferdeschädels bezüglich sichtbarer struktureller oder funktioneller Auffälligkeiten dar [27].

> ✔ **Merke**
>
> Die **Adspektion** sollte ebenso wie die Befundung und Behandlung von kranial nach rostral stattfinden.

Kopfhaltung

Geachtet wird zunächst auf die Kopfhaltung:

- Wird der Kopf achsengerecht gehalten oder verwirft das Pferd sich im Genick?
- Sind die Ohren in der Position und dem Bewegungsspiel symmetrisch?
- Wie zeigt sich die Kaumuskulatur (M. temporalis und M. masseter) bzgl. ihrer Ausprägung und im Seitenvergleich? Ist das Relief gleichmäßig oder gibt es Vertiefungen, die auf partielle, oberflächliche Muskelrisse hindeuten?
- Befinden sich die Augen auf gleicher Höhe oder liegt eins weiter vorn bzw. kranialer?
- Wie stellt sich die Angesichtsleiste bzgl. ihrer Ausprägung und Symmetrie dar? Ist sie seitengleich oder einseitig höher, wodurch das gesamte Gesicht verschoben wirkt?
- Sind die Nüstern gleich groß? Zeigen sich beidseits Falten oberhalb der Nüstern oder nur einseitig? Haben sie einen Höhenunterschied?

Gesichtshälften im Vergleich

Im Anschluss betrachtet der Therapeut die Gesichtshälften im Vergleich. Zeigt sich eine Gesichtshälfte nach oben verschoben? Dann wäre die Position der Ohren, Augen, Angesichtsleiste und Nüstern auf einer Seite gleichmäßig nach kranial verschoben. Oder befinden sich nur die Ohren, Augen und Angesichtsleiste einseitig kranialer und die Nüster der entsprechenden Seite ist auf derselben Höhe wie die andere Nüster? In diesem Fall könnte es sein, dass z. B. das Os nasale frei beweglich ist, wohingegen das Os temporale, Os frontale und Os zygomaticum einseitig eine Kompression erfahren haben. Der Fokus der Befundung würde hier auf der Distraktionstestung liegen.

Aufquellungen und Fellveränderungen

Auch strukturelle Aufquellungen sind keine Seltenheit und in der Adspektion auffallend. Ebenso wie eine partiell veränderte Fellstruktur oder Hauttemperatur geben sie z. B. Aufschluss über eine mögliche Dysregulation der nervalen Dermatomansteuerung [81]. Diese Fehlansteuerung der sensorischen Fasern z. B. des Fazialisnervs würden Rückschlüsse darauf geben, sich das Os temporale und das Os mandibulare in der Befundung genauer anzusehen, da hier der Nerv seinen Verlauf hat. Liegt eine rotatorische Dysfunktion des Os temporale oder eine Translation des Os mandibulare vor, kann der große Gesichtsnerv eine leichte Irritation erfahren. Die mimische Muskulatur und somit das darüberliegende Fell und Bindegewebe der entsprechenden Gesichtsseite würden sich auffällig zeigen. Das Fell wäre aufgestellt, das Gewebe eingezogen usw. In der Befundung ein spezielles Augenmerk auf die entsprechenden Knochen zu legen, ist hier angebracht.

Tränende Augen und Nüstern

Chronisch tränende Augen und Nüstern hinterlassen in der Fellstruktur ebenfalls Veränderungen wie haarlose oder verklebte Stellen. Hier ist es wichtig, durch die Fragestellung der Anamnese bereits wichtige Informationen über mögliche Ursachen gewonnen zu haben, die sich durch den Sichtbefund der Fellstruktur bestätigen und weiterlaufend Rückschlüsse auf die betroffenen Schädelknochen möglich machen; s. Kap. Anamnese (S. 95). Das Os lacrimale und das Os maxillare stünden hier im Fokus der Befundung.

Narben

Sichtbare Narben lassen Rückschlüsse auf alte Verletzungen der Epidermis und aller Hautschichten bis zur partiellen Ruptur einzelner Faszien- und Muskelfaseranteile zu. Ein daraus resultierender Narbenzug oder die Entwicklung eines Störfeldes sind relevant für die Dokumentation. Auch die Ursache dieser Narben kann dem Therapeuten bei der Suche von möglichen Ursachen und Folgeverkettungen helfen.

Knöcherne Auffälligkeiten

Knöcherne Auffälligkeiten in Form von Einziehungen einzelner oder mehrerer Schädelknochen geben wichtige Hinweise auf mögliche Anpralltraumata, mit Impressionsfraktur als Folge dessen. Das explizite Fragen danach hilft dem Therapeuten bei der Einschätzung der Schwere der möglichen Folgen und der Dauer des Schmerzzustandes, ob akut oder chronifiziert. Weiterlaufend verdeutlicht diese Information den Schweregrad des möglichen Problems und gibt dem Therapeuten gleichzeitig schon vor der Befundaufnahme Aufschluss über mögliche Dysfunktionen artikulierender Knochen.

> ✔ **Merke**
> Über das **äußere Erscheinungsbild** des Pferdeschädels können viele Rückschlüsse bzgl. der Symptome, der Ursachen und der Therapie gezogen werden.

Auch durch den Besitzer in Vergessenheit geratene Verletzungen oder Traumata werden anhand der Inspektion wieder in den Vordergrund gerückt. Relevante Auffälligkeiten der Adspektion sollten sich in der schriftlichen Dokumentation wiederfinden.

4.1.3 Palpation

Die Palpation zählt in der Physiotherapie zu den diagnostischen Basismethoden der klinischen Untersuchung und bildet die Grundlage jedes therapeutischen Handelns. Der Tastbefund impliziert die Untersuchung von Körperstrukturen durch manuelles Betasten und Fühlen mittels eines Fingers oder mehrerer Finger bzw. Hände [82]. Durch die Palpation werden wichtige Informationen zu Gewebestrukturen und mögliche pathologische Veränderungen derselben herausgestellt [83]. Generell gilt: Je stärker der Druck bei der Palpation ist, desto weniger kann erfühlt werden. Zu wenig Druck kann das Pferd allerdings verunsichern, da es den Anschein erwecken könnte, dass der Therapeut zögert bzw. ängstlich ist. Hier gilt: Wie möchte man selbst gerne von einem Therapeuten angefasst werden, so sollte es auch das Pferd erfahren dürfen. Bewährt haben sich 1–3 g Andruck der Finger auf dem unterliegenden Gewebe. Eine Küchenwaage kann hier eine gute Hilfestellung zum Üben darstellen. Auch das Palpieren an Freunden und Bekannten bietet die Möglichkeit, eine gute Rückmeldung zu erhalten.

> **✔ Merke**
> In der **Equinen CranioSuturalen Therapie** verläuft die Palpation ebenso wie die Adspektion und die gesamte Befundung und Behandlung von kranial nach rostral.

Begonnen mit dem Genickbereich wird hier in der Palpation auf Verdickungen, Überwärmungen oder erhöhte Spannungszustände der kurzen Nackenmuskeln bzw. des Nackenbandes geachtet. Weiterlaufend palpiert der Therapeut die Kaumuskulatur im Seitenvergleich, um mögliche Seitenunterschiede im Muskeltonus festzustellen oder partielle Muskelrisse zu identifizieren. Die Äste der Mandibula werden ebenso wie der Mundboden einer kurzen Palpation im Seitenvergleich unterzogen, ob sich Auffälligkeiten in der Struktur zeigen. Geschwollene Lymphknoten, hypertone Mundbodenmuskulatur oder knöcherne Einziehungen wären hier dokumentationsrelevant. Die Ursachenforschung dieser Auffälligkeiten kann bereits durch die richtigen Fragen in der Anamnese erfolgt sein und durch die Palpation verifiziert werden; s. Kap. Anamnese (S. 95).

Eine grobe Palpation der Schädelknochen auf Relief und Verdickungen sowie Einziehungen erfolgt durch Entlangstreichen des Nasenrückens bzw. der Angesichtsleisten. Die knöcherne Ausprägung der beiden Kiefergelenke lässt sich ebenfalls durch das Befühlen beurteilen. Bei starker Ausprägung der Kiefergelenke kann es evtl. zu einer Kompression dessen aufgrund des Riemenverlaufs der Trense kommen. Dies sollte der Therapeut im Hinterkopf haben, um in der Beurteilung des Equipments nichts zu übersehen; s. Kap. Relevanz der Equipmentpassung (S. 208).

Die Untersuchung der Maulspalte und Mundhöhle wird durch den CranioSuturalen Therapeuten nicht angestrebt, da dies den zeitlichen Rahmen der Anamnese sprengen würde und Aufgabe des Dentisten bzw. Therapeuten mit Bit-Fitter-Fortbildung ist.

> **Behandlung**
> **Palpatorische Untersuchungen** bestimmter Strukturen geben Informationen zu:
> - morphologischer Konsistenz
> - Beweglichkeit
> - Nachgiebigkeit
> - Schmerzempfindlichkeit

In der Regel lassen sich Pferde gerne am Kopf berühren, wenn mit Ruhe und entsprechendem Palpationsdruck gearbeitet wird. Sollte es Schwierigkeiten mit der Compliance des Pferdes geben, kann eine Leckschale helfen, das Pferd abzulenken und den Kopf in Position zu halten. Die Muskeltätigkeit wäre zumindest in der Palpation nicht hinderlich. In der Befundaufnahme und Behandlung mittels Distraktion oder Spezifischer Befundung sollte von Fütterung oder Leckschalen abgesehen werden, da die gesetzten Reize durch den Therapeuten nicht klar interpretiert werden können.

4.1.4 Befundbogen

Der Befundbogen der Equinen CranioSuturalen Therapie stellt die Grundlage und gleichzeitig die Abfolge der Befundung dar (▸ Abb. 7.1, ▸ Abb. 7.2), wodurch eine klare Struktur vorgegeben ist; s. Kap. Befundbögen (S. 220) im Anhang.

Der Befundaufbau trägt dazu bei, systematisch zu dokumentieren und zu archivieren, um Transparenz für den Besitzer, den behandelnden Therapeuten, den Tierarzt und alle weiteren medizinisch-therapeutischen Disziplinen zu schaffen. Des Weiteren wird eine Kontrolle der Wirksamkeit der eingesetzten Therapiemaßnahme retrospektiv ermöglicht und bei rezidivierenden Problemen wird dem Behandelnden die Notwendigkeit des Überdenkens bisher gewählter Therapiemaßnahmen aufgezeigt. Die Dokumentation optimiert somit die Qualität des Therapeuten und unterstützt dessen Clinical-Reasoning-Prozess bzgl. seiner Behandlungsansätze. Ein strukturierter Behandlungsablauf ermöglicht zudem eine sinnvolle Therapieplanung.

Bei Fragen zum juristischen Sachverhalt kann die Dokumentation das therapeutische Vorgehen schriftlich belegen und macht damit zusätzlich die

Abfolge des Clinical-Reasoning-Prozesses nachvollziehbar. Eine standardisierte Befundung unterstützt außerdem die intradisziplinäre Kommunikation bei Therapeutenwechseln.

> **Definition**
> **Clinical Reasoning** steht für den klinischen Denkprozess, der die situationsgerechte Anwendung von relevantem Wissen durch kognitive und metakognitive Fähigkeiten eines Physiotherapeuten beinhaltet. Integriert in diesen Denkprozess sind ebenso die sich anschließenden Handlungs- und Entscheidungsprozesse. Der Physiotherapeut trägt die Informationen des Patienten zusammen, analysiert klinische Befunde und entwickelt eine physiotherapeutische Hypothese sowie den dazugehörigen Behandlungsplan [84], [85].

4.2 Durchführung der Behandlung allgemein

Im Anschluss an die Befunderhebung erfolgt je nach diagnostizierter Dysfunktion bzw. betroffener Struktur die Therapie mit entsprechender Behandlungstechnik. Möglich ist eine reine Distraktionsbehandlung, eine alleinige Spezifische Behandlung oder eine Mischform beider Techniken. In Abhängigkeit von der Lokalisation, der Läsionsform und der Reaktion des Pferdes fällt die Wahl der Behandlungstechnik aus. Zeigen sich Schädelknochen in einer rotatorischen Dysfunktion, wird diese mittels der Spezifischen Mobilisation in der eingeschränkten Bewegungsrichtung behandelt. Ist ein Schädelknochen in der Translation beweglich, zeigt aber eine Kompression zu einem artikulierenden Knochen, würde der Therapeut sich der Distraktionstechnik bedienen.

Die Wahl der Behandlungstechniken und mit wie viel Reizintensität gearbeitet wird, sollte der Therapeut immer in Abhängigkeit von der Reaktion des Pferdes wählen. Bei einer niedrigen Schmerztoleranz des Pferdes versucht der Therapeut durch eine große Bewegungsamplitude (s. Kap. Gradeinteilung passiver Bewegungen (S. 71), Grad II und Grad III) reizarm zu befunden bzw. zu behandeln. Auch die Reizdauer und -häufigkeit kann bei niedriger Schmerzschwelle reduziert werden.

Die übliche Behandlungszeit liegt bei 50–60 min. Novizen im Bereich der Equinen CranioSuturalen Therapie benötigen in der Regel mehr Zeit. Dieses Zeitfenster beinhaltet das Anamnesegespräch, die Befundung, die Behandlung, ein Abschlussgespräch inklusive Empfehlungen zur Nachsorge und zum weiteren Vorgehen sowie die Dokumentation.

> **✔ Merke**
> Das **Behandlungssetting** und das **Verhalten des Therapeuten** spielen für die Therapiesituation eine entscheidende Rolle und lassen sich durch einfache Grundlagen positiv beeinflussen.

4.2.1 Vorbereitung

Als Vorbereitung für die Behandlung ist es wichtig, dass das zu behandelnde Pferd am Kopf sauber und trocken ist, ein passendes Halfter trägt und ein Helfender das Tier am Führstrick hält. Das Behandlungsumfeld sollte ausreichend Platz bieten, einen rutschfesten Untergrund haben, gut ausgeleuchtet und wettergeschützt sowie dem Pferd vertraut sein.

> **Behandlung**
> Für eine **entspannte Atmosphäre** ist es wichtig, dass die Behandlungszeit nicht in die Fütterungszeit fällt. Zudem kann bei Bedarf Gesellschaft durch einen befreundeten Artgenossen hinzugezogen werden und somit zu einer entspannten Grundsituation beitragen. Jahreszeitenabhängig stellt auch eine Fliegendecke bzw. Fliegenspray ein hilfreiches Tool für ein gelassenes Behandlungssetting dar.

Die Vitalwerte des Pferdes sollten für die Anwendung der Equinen CranioSuturalen Therapie stabil sein und den Referenzwerten eines erwachsenen Pferdes entsprechen (▶ Tab. 4.1).

Tab. 4.1 Vitalwerte.

Vitalwert	Normbereich
Puls	28–40 Schläge pro min
Atmung	8–16 Atemzüge pro min
Körpertemperatur	37,5–38,2 °C
Kapillarfüllungszeit (stabiler Kreislauf)	unter 2s

Sind Abweichungen der Normwerte durch entsprechend ungewöhnliches Verhalten des Tieres wie Apathie, Überhitzung, Abgeschlagenheit, Erregtheit erkennbar, bedarf es der Abklärung der Vitalwerte und stellt bei deren Abweichung eine Kontraindikation dar [86]. Für den Halter des Tieres bedeutet dies die sofortige Kontaktaufnahme eines Tierarztes zur Abklärung möglicher Ursachen der veränderten Normwerte.

Behandlung

Kapillarfüllungszeit messen: Anämisierung einer unpigmentierten Stelle der Schleimhaut an Ober- oder Unterkieferzahnreihe durch mäßigen Fingerdruck. Hierdurch kurzzeitiges Unterbinden der Durchblutung der Kapillaren. Danach wird die Rückfüllung festgestellt und die verstrichene Zeit gemessen.

4.2.2 Während der Behandlung

Unter der Equinen CranioSuturalen Therapie sollte das Pferd durch den zuständigen Menschen nicht mittels Fütterungen aus der Hand oder Berührungen am Kopf abgelenkt werden, damit mögliche Reaktionen des Pferdes erkennbar bleiben [87]. Lediglich das Halten des Pferdes am Strick oder Halfter sowie z. T. als Hilfestellung am Kopf ist notwendig. Bei aufgeregten Tieren kann durch die Stimme beruhigend Einfluss genommen werden. Pferde haben als Fluchttiere die Fähigkeit, kleinste Veränderungen von Anspannung, Angst oder Aggressionen sowie Entspannung in der Herde wahrzunehmen. Sie reagieren auf veränderte Gefühlsregungen mit sofortigen und selbigen Emotionen, zeigen eine Spiegelfunktion. Im Zusammensein mit dem Menschen neigen Pferde zu vergleichbaren Verhaltensweisen, was für den behandelnden Therapeuten bzgl. seines Auftritts im Behandlungssetting von großer Bedeutung ist. Eine Unsicherheit des Behandelns wird durch Unsicherheit des Pferdes reflektiert. Er sollte sich seiner spiegelnden Funktion stets bewusst sein und diese ggf. gezielt einsetzen, um einem unruhigen oder ängstlichen Pferd Vertrauen und Sicherheit zu vermitteln [88]. Grundsätzlich sollte sich der Therapeut dem Pferd gegenüber mit einem freundlichen, entspannten, aber klaren und bestimmten Verhalten präsentieren, das eigene Energielevel senken, um im Behandlungssetting Ruhe und Sicherheit auszustrahlen.

Behandlung

Jegliche Behandlungsform am Pferd stellt ein großes **Sicherheitsrisiko** für den Therapeuten (und den Besitzer) dar. Blitzschnelles, unerwartetes Abwehrverhalten und heftige Schreckreaktionen des Patienten (Kopfschlagen, Beißen, nach vorne Treten, Steigen, u.v.m.) sind reflexartig, können gravierende Folgen haben und müssen vom Therapeuten stets einkalkuliert werden. Sachkenntnisse, sinnvolle Körperpositionen/Grifftechniken, sicheres Schuhwerk, schnelle Reaktionen und eine gewisse körperliche Mobilität bzw. Agilität sollte der Therapeut mitbringen.

4.2.3 Mögliche sensorische Antworten

Die hohe Sensibilität des vegetativen Nervensystems von Fluchttieren ist überlebenswichtig für sie. Die Ausprägung der Sensibilität der Pferde ist sehr unterschiedlich, was sich individuell-charakterlich, aber auch rasseabhängig erklären lässt. Physiotherapeutische Behandlungstechniken werden von Pferden zumeist toleriert und je nach Höhe der individuellen Sensibilität wird ganz unterschiedlich darauf reagiert [87]. Die Equine CranioSuturale Therapie ruft bei Pferden eine große Bandbreite an Effekten hervor.

Direkte Reaktionen

Die Entspannungszeichen während und nach der Behandlung sind sehr vielfältig und sowohl in der Intensität als auch in der Dauer der Nachwirkung sehr variabel. Sie reichen von Maultätigkeiten wie Abkauen, Schlecken, Schmatzen und Gähnen über Reaktionen wie Abschnauben oder einer geräuschvollen Exspiration, dem Schließen der Augen und dem zur Seite Kippen der Ohren bis hin zu einer hängenden Unterlippe oder einer flektierten Hinterhand zum Dösen.

Auch Abwehr- bzw. Schmerzreaktionen können als sensorische Antwort während einer Equinen CranioSuturale Therapie beobachtet werden. Hier zeigen sich u. a. folgende Verhaltensweisen:

- Unruhe
- dem Behandelnden weichen
- Kopfschütteln
- Auf- und Abwärtsbewegungen des Kopfes
- Schweifschlagen
- Hinterhand abheben
- Veränderung des Gesichtsausdrucks (Schmerzgesicht)

Vegetative Reaktionen des Pferdes können unter der Behandlung ebenfalls auftreten und stellen keine Seltenheit dar. Ein vermehrter Augen- und Nasenausfluss, lokales oder generiertes Schwitzen sowie eine Veränderung der Atem- und Herzfrequenz (schneller, langsamer) sind mögliche Effekte.

Behandlung

Sichtbare Schmerzanzeichen im Gesicht:

- Nüstern hochziehen
- Augen aufreißen
- Falten um Nüstern und Augen
- angespannte Gesichts- und Kaumuskulatur
- angespanntes Kinn
- zusammengepresste Lippen
- nach hinten gerichtete Ohren

Reaktionen im Anschluss der Behandlung

Eine natürliche Reaktion des Körpers auf einen Behandlungsreiz kann eine Erstverschlimmerung sein. Beschrieben werden in Folge einer Manuellen Therapie oder Osteopathie u. a. grippeähnliche Symptome, Muskelkater und kurzfristige Festigkeit der behandelten Gelenke. Je nach Therapieansatz und Intensität der angewandten Techniken, der individuellen Schmerzgrenze und Sensibilität des Patienten sowie möglichen Grunderkrankungen können die Effekte eine sehr unterschiedliche Bandbreite bzgl. der Intensität und Dauer zeigen. Erklärt wird der Prozess der Erstverschlechterung mit der körperinternen Reaktion des Organismus auf ungewohnte Techniken, die eine gewisse Kaskade freisetzen. Zugrundeliegende falsche Verhaltensmuster des Körpers, entwickelt als Folge von Blockaden, Dysfunktionen oder Läsionen, werden mit therapeutischen Reizen konfrontiert. Der Körper leitet eine automatisierte Abwehrreaktion ein, die jedoch als positive Resonanz zu werten ist, da festgefahrene Bewegungsmuster und Schonhaltungen sowie deren Folgesymptome gelöst werden. Es findet eine Reorganisation und Regeneration der physischen Strukturen und psychischen Bereiche statt [89].

Im Anschluss an die Behandlung mit kranialen Techniken wird in der Literatur eine vergleichbare Erstverschlechterung beschrieben. Symptomatisch liegt der Fokus der Beschwerden im kraniofazialen Bereich und wird als Kopf-, Gesichts- und Kieferschmerzen sowie mit Schwindel oder Tinnitus, Müdigkeit und Abgeschlagenheit beschrieben.

Die zeitliche Komponente umfasst bis zu 6 Tage nach der Behandlung (▸ Abb. 4.1). Erste Nachwirkungen können bereits 6h nach der Therapie auftreten und zeigen sich mit dem Höhepunkt an Intensität. Nach dem Abklingen der ersten Symptome kann es 24h später erneut zu ansteigenden Beschwerden unterschiedlichster Form kommen. 5–6 Tage nach der ersten Behandlung stellen sich die Symptome, wenn auch auf einem sehr geringen Level, wieder ein [90]. Lassen sich die Symptome und die kraniale Dysfunktion nach 6–24h beeinflussen, gibt dies Rückschlüsse über die Relevanz der lokalisierten kranialen Struktur [19].

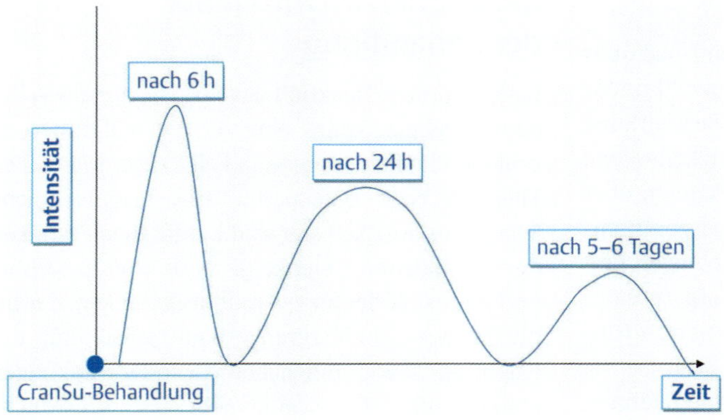

Abb. 4.1 Zeitstrahl Behandlungsreaktion.

4.2.4 Nachsorge

Die Equine CranioSuturale Therapie ist für den gesamten Organismus und insbesondere für das vegetative Nervensystem des Pferdes sehr anstrengend und ermüdend, weshalb ein individuelles Nachsorgemanagement hier indiziert ist.

Im Anschluss an die Mobilisation der Schädelknochen sollte dem Pferd die Möglichkeit gegeben werden sich auszuruhen. Diese Ruhephase kann in Abhängigkeit der subjektiven Vorlieben des Pferdes ganz unterschiedlich gestaltet sein. Eine Entspannung im eigenen Schutzraum Box, mit einem zugewandten, ruhigen Artgenossen auf dem gemeinsamen Paddock oder auf der Koppel in der ganzen Herde, sollte dem Pferd für mindestens 60 min geboten werden. Bezugnehmend auf mögliche sensorische Antworten, die damit verbundenen Symptome oder Verbesserung der Behandlungsindikation, kann sich das Verhalten des Pferdes innerhalb der nächsten Stunden und Tage sehr unterschiedlich zeigen. Ein sozialer Rückzug, vermehrtes Ablegen, die Verstärkung oder Reduktion der indikativen Beschwerden sind denkbare Verhaltensweisen bzw. Reaktionen des Tieres, auf die durch den Besitzer individuell eingegangen werden sollte.

Behandlung

Empfindlichkeiten am Kopf auf taktile Reize wie Streicheln oder Putzen treten häufig nach einer Equinen CranioSuturalen Therapie auf. Diese **Begleiterscheinungen** sind Auswirkungen der manuellen Techniken auf die kraniofazialen Strukturen und können bis zu 48h andauern. In diesem Zeitraum sollte auf Berührungen am Kopf verzichtet werden.

Eine vermehrte oder veränderte Kautätigkeit mit möglicherweise vermehrtem Speichelfluss könnte sich ebenfalls innerhalb der ersten 6h einstellen. Zurückzuführen wäre dies auf die, mit der Behandlung einhergehenden, minimale Veränderung der Oberkieferstellung und damit der Okklusion, woran sich das Pferd adaptieren muss. Aufgrund dessen und der möglichen sensorischen Antworten inklusive einer denkbaren Erstverschlechterung sowie der Regeneration und Reorganisation der dysfunktionalen Strukturen sollte dem Patienten eine Trainingspause von zumindest 48h gewährt werden. Danach kann das Training mit einer lockeren Longeneinheit am Kappzaum ohne Hilfszügel wieder aufgenommen werden.

4.2.5 Aufklärung und Anweisung des Patientenbesitzers

Die Bedeutsamkeit der Kommunikation zwischen dem Therapeuten und dem Pferdebesitzer ist für jeden Behandlungsverlauf und die Qualität der Behandlung von großer Relevanz. Eine professionelle kommunikative Interaktion ist die Grundlage einer Vertrauensbasis und wesentlich für eine erfolgreiche Therapie [91]. Kommunikative Kompetenzen in der Interaktion mit dem Tierarzt/ Therapeuten werden von Tierhaltern im Rahmen der Behandlung am stärksten kritisiert und können eine mangelnde Compliance des Besitzers zur Folge haben. Eine **klientenzentrierte Kommunikation stützt sich nach K. Kantor** [94] auf 3 Grundpfeiler:

- Empathie
- Wertschätzung
- Kongruenz

Empathie ist gleichzusetzen mit Einfühlungsvermögen und beschreibt die Bereitschaft ebenso wie die Fähigkeit, sich in einen anderen Menschen hinein zu fühlen. Die Emotionen und die Empfindungen sowie Persönlichkeitsmerkmale einer anderen Person wahrzunehmen und zu verstehen. Wahrnehmung und Verständnis für eine andere Person sind, genauso wie Antizipation und Resonanz, die Säulen der Empathie [92], [93].

Eine dem Besitzer entgegengebrachte Achtung und Anerkennung sowie eine grundlegend positive, wertfreie Haltung implizieren eine wertschätzende Kommunikation. Diese ist gekennzeichnet durch gegenseitigen Respekt und eine Sprache auf Augenhöhe [91]. Sie fördert das gegenseitige Verstehen und schafft eine zwischenmenschliche Verbindung, die den Umgang miteinander erleichtert.

Besteht eine Übereinstimmung der nonverbalen Kommunikation (Körpersprache und Tonqualität der Stimme) und der verbalen Aussagen (Inhalt des Gesagten) des Therapeuten, wird von einer kongruenten Interaktion gesprochen. Durch diese können Missverständnisse sowie Konflikte vermieden und Informationen bzw. Botschaften vom Empfänger richtig interpretiert werden. Eine kongruente Kommunikation ist elementar für die Beziehungsebene der interagierenden Personen [94].

Zusätzlich zu den 3 Grundpfeilern der klientenzentrierten Kommunikation spielt die „patientenorientierte Sprache" eine entscheidende Rolle. Der vom Therapeuten verwendete Wortschatz bzw. die Nomenklatur sollte an den Bildungsstand des Patientenbesitzers adaptiert werden. Erklärungen zu spezifischen Terminologien sind notwendig, um den Kommunikationspartner an richtiger Stelle abzuholen und infolgedessen, Nachfragen seinerseits zu ermöglichen. Des Weiteren ist es von großer Relevanz, den Tierhalter über die Einzelheiten der Therapie und deren Wirkung aufzuklären. Die Zusammenhänge zwischen einem möglichen Auslöser und dem Symptombild, sowie die Erläuterung einer möglichen Erstverschlechterung und den damit einhergehenden Veränderungen im Verhalten des Pferdes vergrößern das Verständnis des Tierhalters bzgl. der Gesamtsituation.

Viele Pferdebesitzer kennen die Inhalte von Osteopathie oder Physiotherapie aus eigenen Erfahrungen sowie aufgrund von Beobachtungen des eigenen Pferdes während eines entsprechenden Behandlungstermins. Aufgrund der fehlenden Erfahrungen mit der Equinen CranioSuturalen Therapie ist es von besonderer Relevanz, den Besitzer durch eine ausführliche Aufklärung und der Möglichkeit, Fragen zu stellen, an die Hand zu nehmen und somit Sicherheit zu vermitteln.

Eine Erstverschlechterung im Anschluss einer CranioSuturalen Behandlung kann bedeuten, dass sich die vorliegenden Symptome wie z. B. Headshaking oder Zähneknirschen innerhalb der ersten 1–2 Tage verstärken, was der Besitzer wissen sollte. Veränderungen im täglichen Verhalten sind ebenfalls möglich und müssen von Seiten des Therapeuten thematisiert werden. Speziell nach der Equinen CranioSuturalen Therapie können verstärkt Schmerzen im orofazialen Bereich auftreten, die ein zurückgezogenes oder aggressives Verhalten Herdenmitgliedern oder dem Besitzer gegenüber zur Folge haben kann. Empfindlichkeiten am Kopf beim Streicheln oder Halftern treten ebenfalls gehäuft auf. Durch eine Aufklärung des Therapeuten können hier Missverständnisse zwischen dem Besitzer und seinem Pferd ausgeschlossen werden. Ein vermehrtes Ruhebedürfnis mit einhergehendem, häufigerem Ablegen des Pferdes wurde bereits mehrfach nach einer CranioSuturalen Behandlung beobachtet. Der Besitzer sollte durch den Therapeuten darüber informiert sein, um seinem Pferd die Möglichkeit zu geben diesem Bedürfnis nachkommen zu können.

Des Weiteren ist es wichtig, dem Halter Informationen über den Zeitstrahl der Behandlungsreaktion (▶ Abb. 4.1) des Pferdes zu geben. Diese unterstützen das Verständnis bzgl. der zeitlichen Komponente und möglicher Veränderungen im Verhalten des Tieres. Zudem bietet der Zeitstrahl eine Erklärungsmöglichkeit in Bezug auf die Trainingspause von 2 Tagen, die dem Pferd nach einem CranioSuturalen Termin eingeräumt werden sollte. Der Therapeut sollte die Relevanz dieser Ruhetage durch die Erläuterung der Erstverschlechterung, der Adaptationsvorgänge im Körper und der Energie, die für diese Anpassungsvorgänge notwendig ist, verdeutlichen, um dem Besitzer die Zusammenhänge verständlich zu machen. Abschließend gehört in das Abschlussgespräch der Hinweis auf notwendige Folgetermine.

4.2.6 Nachkontrolle/Folgetermine

Im Rahmen jeder Behandlung findet im direkten Anschluss eine Nachuntersuchung statt, mithilfe welcher der Therapeut sein Handeln reflektiert und verifiziert. Mit der Distraktionsbefundung und der Spezifischen Untersuchung lokalisiert der Behandelnde Strukturen am Pferdeschädel, die eine eingeschränkte Mobilität und Elastizität aufweisen. Am Ende der Behandlung wird mittels 1–2 Grifftechniken überprüft, ob die zu Beginn vorliegenden Dysfunktionen behoben werden konnten und die Therapie erfolgreich war.

Osteopathische und physiotherapeutische Behandlungen bewirken z.T. weitreichende Veränderungen im Organismus. Im Rahmen der Verarbeitung dieser Stimuli wird die körpereigene Selbstregulation aktiv, es kommt zur Umstrukturierung. Bis Behandlungsimpulse vom Organismus integriert werden und sich gestörte Funktionen vollständig reorganisiert haben, vergeht Zeit. Es kann bis zu 2 Wochen dauern, bis der Pferdekörper die Veränderung verarbeitet hat.

Die körperlichen Reaktionen können unterschiedlich lange andauern, „ältere bzw. schwerwiegendere“ Probleme bedürfen häufig, wie in jeder Medizin, längerer Behandlungszeiträume und kürzerer Therapieintervalle. Je komplexer sich eine Dysfunktion in Bezug auf die Anzahl der betroffenen Suturen und der artikulierenden Knochen darstellt, desto mehr Zeit benötigt der Körper, um sich neu zu strukturieren. Die Dauer der Beschwerden, ob chronisch oder akut, hat ebenfalls Auswirkungen auf die Zeitspanne des körperlichen Verarbeitungsprozesses. Eine Chronifizierung, Übergang von vorübergehenden zu dauerhaften Symptomen (länger als 3–6 Monate), hat vielfältige Effekte auf verschiedene Funktionsbereiche des Körpers und korreliert u.a. mit psychischen Störungen. Komplexe Konsequenzen auf allen Ebenen sind die Folge [95].

Das Alter des Patienten spielt ebenfalls eine Rolle in Bezug auf die Dauer des Verarbeitungsprozesses von Behandlungsimpulsen. Der Alterungsprozess ist durch den Verlust der Proteostase und durch den Verschleiß der Telomere gekennzeichnet. Die Zellerneuerung ist im Umfang und der Geschwindigkeit reduziert, was die körpereigene Selbstregulation und Umstrukturierung deutlich verlangsamt [96].

Die Komplexität der diagnostizierten kraniofazialen Dysfunktionen, die Dauer der Beschwerden und das Alter des Patienten sind Faktoren, die einen Einfluss auf die Reorganisation des Körpers haben.

Nach der Erstbehandlung wird in Absprache mit dem Tierhalter ein Folgetermin vereinbart. Das Zeitfenster zwischen den beiden Terminen wird in Abhängigkeit von den beschriebenen Punkten gewählt. In der Klinik hat sich ein Abstand von 2 bis maximal 4 Wochen bewährt, der je nach o.g. Einflussfaktoren variiert wird.

4.3 Grundlagen der Grifftechnik

Die Handanlagen und Grifftechniken sind relativ variabel. Je nach individuellen Möglichkeiten des Therapeuten (körperliche Konstitution, Kraft, Größe der Hände), den vorliegenden Größen- und damit Hebelverhältnissen (Körper-/Armlänge) sowie der Compliance des Pferdes (kooperativ/unkooperativ) sollten die Handanlagen und Griffe angepasst werden. Folgende **Griffe** werden in der Equinen CranioSuturalen Therapie verwendet:

- Spangengriff
- Kammgriff
- Pinzettengriff
- lumbricaler Griff
- flächige Auflage der Daumen- und Langfingerkuppen

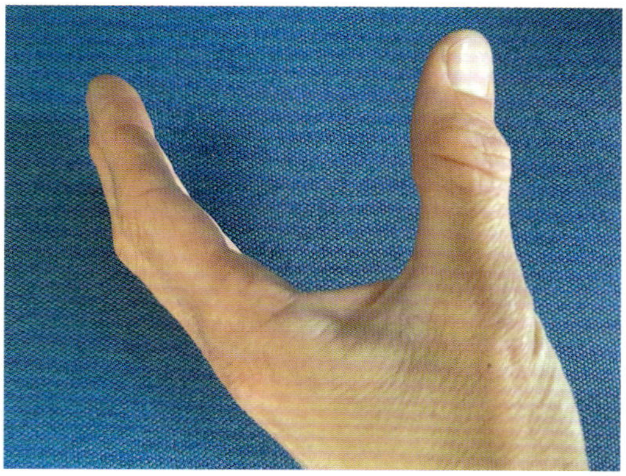

Abb. 4.2 Spangengriff.

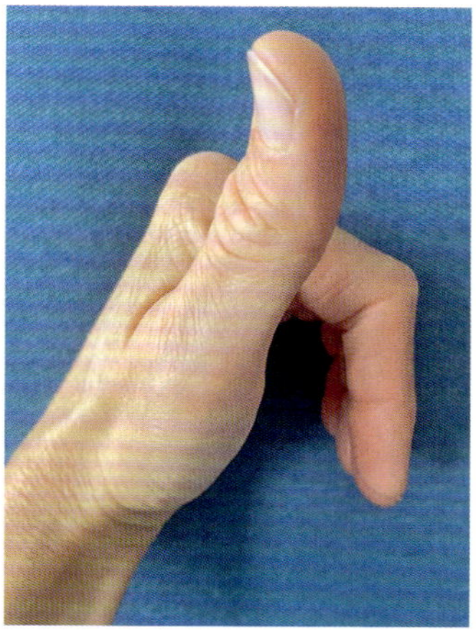

Abb. 4.3 Kammgriff.

4.3.1 Spangengriff

Diese Griffanlage ist vergleichbar mit dem in der Fachliteratur beschriebenen „Pumpgriff" aus der Manuellen Lymphdrainage, bei welchem die „Schwimmhaut" zwischen Daumen und Zeigefinger sowie die beiden Finger und Phalanx III–V mit der zu behandelnden Körperregion in Kontakt stehen [97]. Beim Spangengriff befindet sich der Daumen in seiner maximal abgespreizten Position im Daumensattelgelenk (▸ Abb. 4.2). Gleichzeitig ist das Endgelenk des Daumens (IP) gestreckt, ebenso wie die Grundgelenke (MCP) der Langfinger.

4.3.2 Kammgriff

Der Terminus Kammgriff stammt ursprünglich aus dem Geräteturnen [98]. Ähnlich dem Spangengriff wird er in der Equinen CranioSuturalen Therapie genutzt, wobei die Mittel- und Grundgelenke (PIP und MCP) der Finger II–V um 90° gebeugt sind, während die Endgelenke (DIP) gestreckt bleiben (▸ Abb. 4.3). Hier übernimmt nicht der Daumen die Gegenspannung der Langfinger, sondern die Hypo- und Thenarmuskulatur. Der Daumen verbleibt dabei in der Neutral-Null-Stellung.

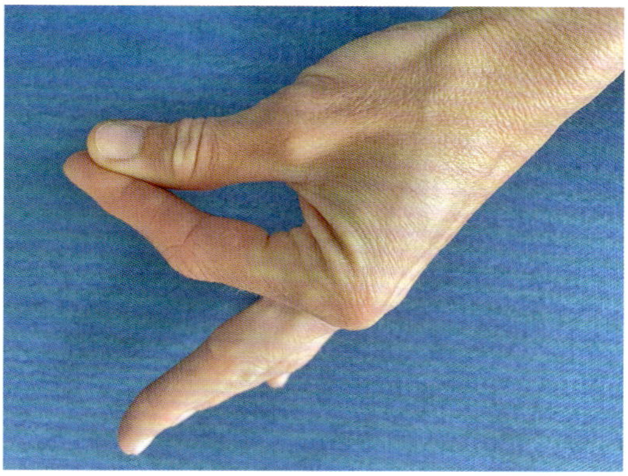

Abb. 4.4 Pinzettengriff.

4.3.3 Pinzettengriff

Der Pinzettengriff wird in der Equinen CranioSuturalen Therapie nur an wenigen Stellen genutzt (▸ Abb. 4.4). Hierbei ergreifen der gestreckte und opponierte Daumen zusammen mit dem Zeigefinger einen kleinen Gegenstand (Knochen). Dabei ist der Zeigefinger im MCP um 90° gebeugt und im PIP und DIP gestreckt [99]. In der Ergotherapie ist der Pinzettengriff den Präzisionsgriffen zugeordnet.

4.3.4 Lumbricaler Griff

Der lumbricale Griff (▸ Abb. 4.5) kommt aus der neurologischen Physiotherapie, genauer gesagt aus der Propriozeptiven Neuromuskulären Fazilitation (PNF), und ermöglicht dem Therapeuten eine optimale Bewegungskontrolle.

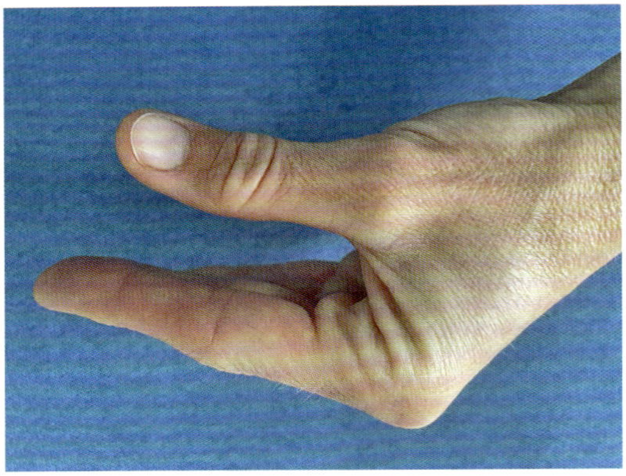

Abb. 4.5 Lumbricaler Griff.

> **Definition**
> **Propriozeptive Neuromuskuläre Fazilitation (PNF)** ist eine Therapiemethode der Physiotherapie. Sie fördert das Zusammenspiel zwischen Rezeptoren, Nerven und Muskeln und verbessert dadurch die bewusste und unbewusste Steuerung der Bewegungs- und Haltungskontrolle, die Bewegungsorganisation [100].

Die Kraftübertragung entsteht vornehmlich durch die 90°-Beugung der MCP der Phalanx II–V bei gestreckten PIPs und DIPs. Der Daumen nimmt eine gestreckte und opponierte oder Neutral-Null-Position mit gebeugtem IP ein (vergleichbar der Stellung des Pinzettengriffs). Hierdurch passen sich die Finger des Therapeuten optimal an die Konturen des jeweiligen Körperteils an [101].

4.4 Distraktionsbefundung

In der Distraktionsbefundung erspürt der Therapeut mit dem Zug auf den zu testenden Knochen den Spannungszustand der bandhaften Strukturen innerhalb der Sutur zum fixierten Knochen. Liegt eine verringerte Mobilität oder Elastizität eines Knochens vor, ist diese Dysfunktion unter der Distraktion für den Therapeuten spürbar. Der Schädelknochen ist infolgedessen schwerer auf Zug zu bringen und der Bewegungsweg zwischen dem ersten und zweiten Widerstand ist deutlich reduziert (s. Kap. Gradeinteilung passiver Bewegungen (S. 71)). Da es in der Distraktionsbefundung noch nicht um Mobilisation geht, untersucht der Therapeut lediglich den Ist-Zustand aller Schädelknochen und beurteilt die Beweglichkeit anhand des Widerstandes, des Rebounds und der sensorischen Antwort (s. Kap. Beurteilung der knöchernen Beweglichkeit (S. 73)).

Die Reihenfolge der Distraktionsbefundung ist mit dem Befundbogen (▸ Abb. 7.1) vorgegeben und wird, wenn möglich, von kranial nach rostral nacheinander durchgeführt; s. Kap. Befundbögen (S. 220) im Anhang. Die Hinweise in ▸ Tab. 4.2 zur Durchführung sind bei der Befundung zu beachten.

Tab. 4.2 Allgemeine Hinweise zur Durchführung der Distraktionsbefundung.

Distraktionsbefundung	Ausführung
Distraktionsrichtung	90° zum Suturverlauf
Bewegungsamplitude	klein, intermittierend am Bewegungsende
Dauer	nicht länger als 3s
Beurteilung	Widerstand, Rebound, sensorische Antwort

> **Hinweis**
> Die Handanlage am Pferdekopf ist, der Einfachheit halber, im gesamten Buch bildlich von nur einer Seite dargestellt. Eine entsprechend umgekehrte Handposition auf der anderen Kopfseite wird vorausgesetzt. Die Verwendung eines Behandlungshockers oder eine ähnlich stabile Erhöhung ist je nach Therapeuten- und Pferdegröße indiziert, sollte aus Sicherheitsgründen jedoch nur bei vorliegender Notwendigkeit verwendet werden.

4.4.1 Art. atlantooccipitalis

Tab. 4.3 Beteiligte Strukturen bei der Distraktionsbefundung am Art. atlantooccipitalis.

Gelenk	Mobilisierter Knochen	Fixierter Knochen
Art. atlantooccipitalis	Os occipitale	Atlas

Praktische Durchführung (▶ Abb. 4.6):

- **Ausgangsstellung:** Der Therapeut steht seitlich (links) neben dem Kopf des Pferdes
- **linke Hand:** gelenknaher Spangengriff oder Kammgriff von rostral über die Crista nuchae des Os occipitale
- **rechte Hand:** Gelenknaher Spangengriff von kranial über die Ala atlantis
- **Distraktion:** Zug durch die linke Hand im 90°-Winkel zum Gelenkspalt nach rostral

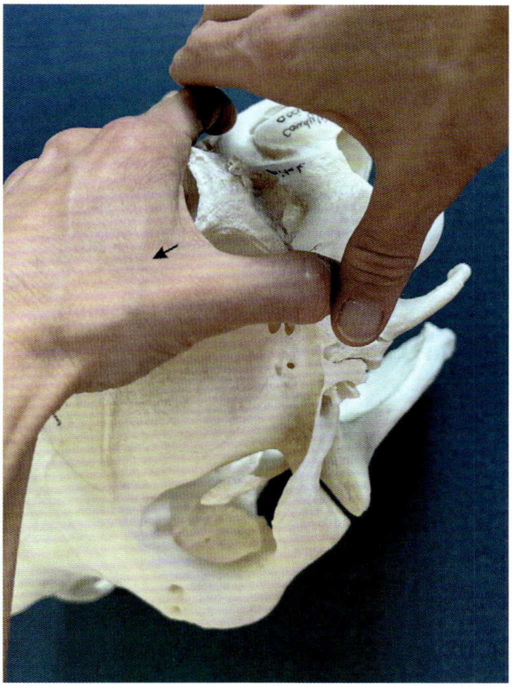

Abb. 4.6 Distraktionsbefundung Art. atlantooccipitalis.

Die Griffwahl sollte in Abhängigkeit von der eigenen Körpergröße und von den vorliegenden Hebelverhältnisse sowie dem eigenem Wohlfühlcharakter gewählt werden.

▶ **Tipp!** Vorsicht bei Genickbeulen oder Empfindlichkeit im Ansatzbereich des Lig. nuchae. Erfahrungen zeigen, dass sich bei Abwehrverhalten des Pferdes unter dieser Technik eine Veränderung der Handposition am Os occipitale oder Atlas mehr Zufriedenheit beim Pferd bewirkt.

4

4.4.2 Sutura occipitointerparietalis

Tab. 4.4 Beteiligte Strukturen bei der Distraktionsbefundung an Sutura occipitointerparietalis.

Sutur	Mobilisierter Knochen	Fixierter Knochen
Sutura occipitointerparietalis	Os interparietale	Os occipitale

Praktische Durchführung (▶ Abb. 4.7):
- **Ausgangsstellung:** Der Therapeut steht seitlich (rechts) neben dem Kopf des Pferdes
- **linke Hand:** gelenknaher Spangengriff oder Kammgriff von kranial über die Crista nuchae des Os occipitale
- **rechte Hand:** gelenknaher Pinzettengriff von rostral über die Crista sagittalis externa des Os interparietale
- **Distraktion:** Zug durch die rechte Hand im 90°-Winkel zum Suturverlauf nach rostral

Die Griffwahl sollte in Abhängigkeit von der eigenen Körpergröße und von den vorliegenden Hebelverhältnisse sowie dem eigenem Wohlfühlcharakter gewählt werden. Bei kleineren Pferden kann die Technik auch aus der Position unterhalb der HWS durchgeführt werden.

▶ **Tipp!** Vorsicht bei Genickbeulen oder Empfindlichkeit im Ansatzbereich des Lig. nuchae. Erfahrungen zeigen, dass sich bei Abwehrverhalten des Pferdes unter dieser Technik eine Veränderung der Handposition am Os occipitale oder Atlas mehr Zufriedenheit beim Pferd bewirkt.

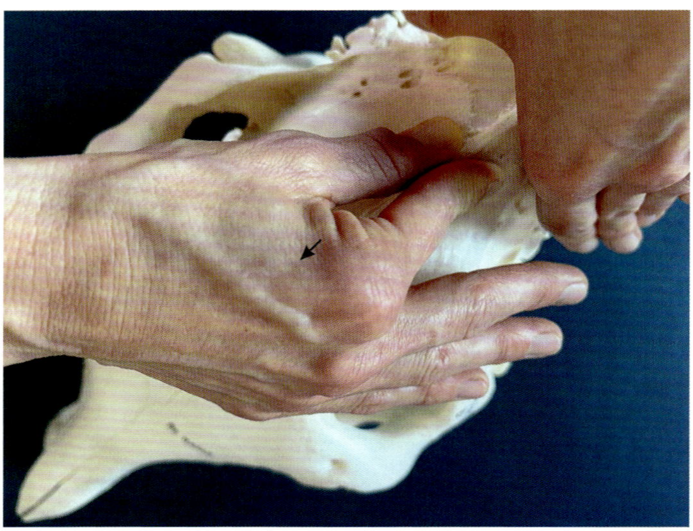

Abb. 4.7 Distraktionsbefundung Sutura occipitointerparietalis.

4.4.3 Sutura lambdoidea

Tab. 4.5 Beteiligte Strukturen bei der Distraktionsbefundung an Sutura lambdoidea.

Sutur	Mobilisierter Knochen	Fixierter Knochen
Sutura lambdoidea	Os parietale	Os occipitale

Praktische Durchführung (▶ Abb. 4.8):

- **Ausgangsstellung:** Der Therapeut steht seitlich (links) neben dem Kopf des Pferdes
- **linke Hand:** gelenknaher Spangengriff von kranial über die Ossa parietalia und das Os interparietale
- **rechte Hand:** gelenknaher Spangengriff oder Kammgriff von kranial über die Crista nuchae des Os occipitale
- **Distraktion:** Zug durch die linke Hand im 90°-Winkel zum Suturverlauf nach rostral

Die Distraktion des Os parietale darf auch gerne einseitig erfolgen. Dazu bietet es sich an, die Fingerkuppen flächig, gelenknah auf dem zu testenden Os parietale zu platzieren. Die Zugrichtung ist hier genauso im 90°-Winkel zum Suturenverlauf nach rostral zu wählen.

▶ **Tipp!** Vorsicht bei Genickbeulen oder Empfindlichkeit im Ansatzbereich des Lig. nuchae. Erfahrungen zeigen, dass sich bei Abwehrverhalten des Pferdes unter dieser Technik eine Veränderung der Handposition am Os occipitale oder Atlas mehr Zufriedenheit beim Pferd bewirkt.

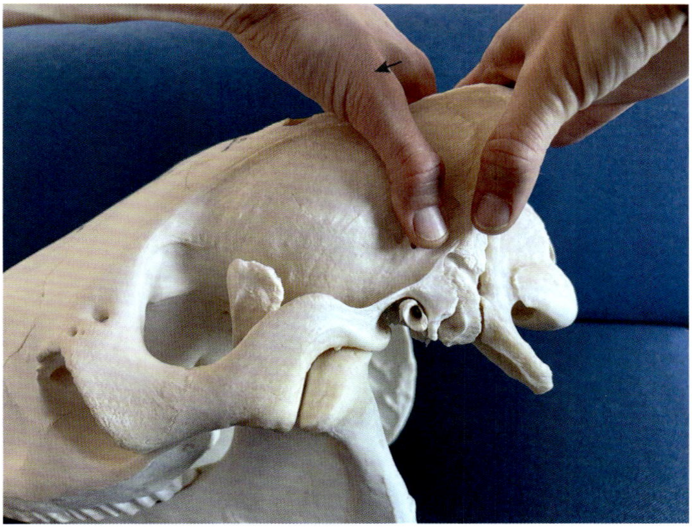

Abb. 4.8 Distraktionsbefundung Sutura lambdoidea.

4.4.4 Sutura parietalointerparietalis

Tab. 4.6 Beteiligte Strukturen bei der Distraktionsbefundung an Sutura parietalointerparietalis.

Sutur	Mobilisierter Knochen	Fixierter Knochen
Sutura parietalointerparietalis	Os parietale	Os interparietale

Praktische Durchführung (▸ Abb. 4.9):

- **Ausgangsstellung:** Der Therapeut steht rechts schräg unter dem Kopf des Pferdes
- **linke Hand:** greift von links lateral oder von kranial mit den Fingerkuppen (Pinzettengriff) die Crista sagittalis externa des Os interparietale
- **rechte Hand:** Fingerkuppen greifen flächig, gelenknah von lateral auf das rechts Os parietale
- **Distraktion:** Zug durch die rechte Hand im 90°-Winkel zum Suturenverlauf nach lateral

▸ **Tipp!** Das Hochbinden des Schopfes hilft bei einer exakteren Palpation.

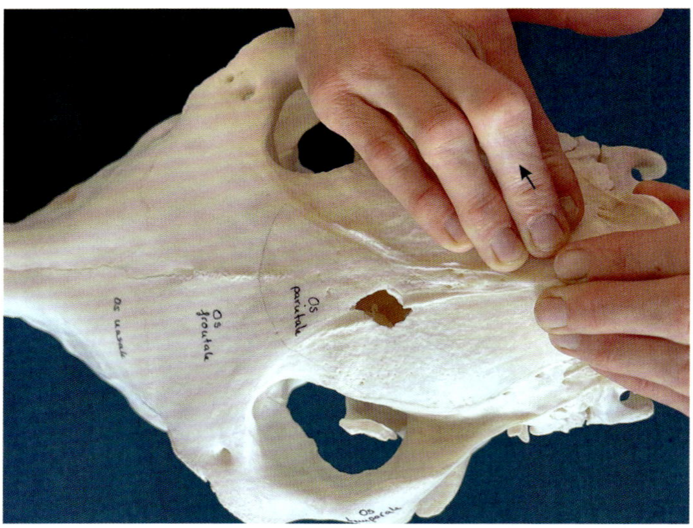

Abb. 4.9 Distraktionsbefundung Sutura parietalointerparietalis.

4.4.5 Sutura occipitotemporalis

Tab. 4.7 Beteiligte Strukturen bei der Distraktionsbefundung an Sutura occipitotemporalis.

Sutur	Mobilisierter Knochen	Fixierter Knochen
Sutura occipitotemporalis	Os temporale	Os occipitale

Praktische Durchführung (▶ Abb. 4.10):

- **Ausgangsstellung:** Der Therapeut steht seitlich (links) neben dem Kopf des Pferdes. Der Tierhalter stabilisiert den Kopf von rechts.
- **linke Hand:** greift von rostral flächig mit den Fingerkuppen auf den linken Proc. zygomaticus ossis temporalis
- **rechte Hand:** gelenknaher Spangengriff oder Kammgriff von kranial über die Crista nuchae des Os occipitale
- **Distraktion:** Zug durch die linke Hand im 90°-Winkel zum Suturenverlauf nach rostral

▶ Tipp!

- Vorsicht bei Genickbeulen oder Empfindlichkeit im Ansatzbereich des Lig. nuchae. Bei Abwehrverhalten des Pferdes unter dieser Technik sollte die Hand am Os occipitale in der Position verändert werden.
- Vorsichtige Handanlage am Os temporale, da einige Pferde sehr empfindlich am Kiefergelenk reagieren.

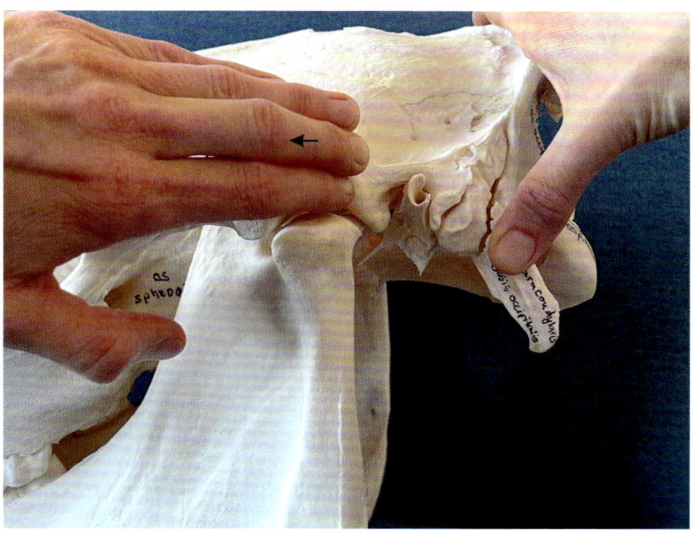

Abb. 4.10 Distraktionsbefundung Sutura occipitotemporalis.

4.4.6 Sutura sagittalis

Tab. 4.8 Beteiligte Strukturen bei der Distraktionsbefundung an Sutura sagittalis.

Sutur	Mobilisierter Knochen	Fixierter Knochen
Sutura sagittalis	Os parietale	Os parietale

Praktische Durchführung (▸ Abb. 4.11):

- **Ausgangsstellung:** Der Therapeut steht unter dem Kopf des Pferdes/der HWS
- **linke Hand:** Fingerkuppen greifen flächig, gelenknah von lateral auf das linke Os parietale
- **rechte Hand:** Fingerkuppen greifen flächig, gelenknah von lateral auf das rechte Os parietale
- **Distraktion:** Zug erfolgt durch beide Hände zeitgleich im 90°-Winkel zum Suturenverlauf nach kaudolateral

Die Distraktion des Os parietale darf, je nach palpatorischem Können und Sensibilität des Pferdes, auch gerne einseitig erfolgen. Die Zugrichtung ist hier genauso im 90°-Winkel zum Suturenverlauf nach kaudolateral zu wählen.

▸ **Tipp!** Die einseitige Testung bietet sich bei sensibleren Pferden an, da bei einseitiger Diagnostik die elastischen Fasern innerhalb der Sutur weniger auf Dehnung gebracht werden, wodurch der Distraktionsreiz geringer ist.

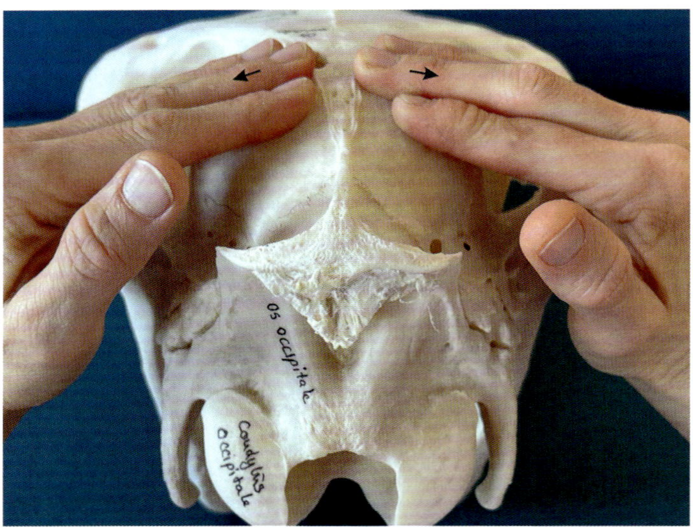

Abb. 4.11 Distraktionsbefundung Sutura sagittalis.

4.4.7 Sutura squamosa

Tab. 4.9 Beteiligte Strukturen bei der Distraktionsbefundung an Sutura squamosa.

Sutur	Mobilisierter Knochen	Fixierter Knochen
Sutura squamosa	Os temporale	Os parietale

Praktische Durchführung (▸ Abb. 4.12):

- **Ausgangsstellung:** Der Therapeut steht unter dem Kopf des Pferdes/HWS.
- **linke Hand:** greift von lateral flächig mit den Fingerkuppen auf den linken Proc. zygomaticus ossis temporalis
- **rechte Hand:** greift gelenknah, flächig von rechts mit den Fingerkuppen auf das linke Os parietale
- **Distraktion:** Zug durch die linke Hand im 90°-Winkel zum Suturenverlauf nach ventral

▸ **Tipp!** Vorsichtige Handanlage am Os temporale, einige Pferde sind sehr empfindlich am Kiefergelenk.

4

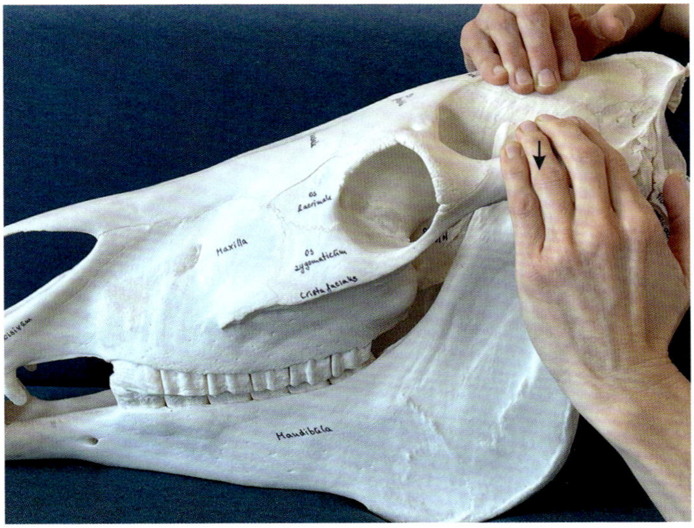

Abb. 4.12 Distraktionsbefundung Sutura squamosa.

4.4.8 Sutura coronalis

Tab. 4.10 Beteiligte Strukturen bei der Distraktionsbefundung an Sutura coronalis.

Sutur	Mobilisierter Knochen	Fixierter Knochen
Sutura coronalis	Os frontale	Os parietale

Praktische Durchführung (▶ Abb. 4.13):

- **Ausgangsstellung:** Der Therapeut steht unter dem Kopf des Pferdes/HWS
- **linke Hand:** greift gelenknah, flächig von links lateral auf die Ossa parietalia
- **rechte Hand:** greift gelenknah, flächig, lumbrical von rechts lateral auf die Ossa frontalia
- **Distraktion:** Zug durch die rechte Hand mit den Langfingern und dem Daumen/-ballen zeitgleich oder nacheinander im 90°-Winkel zum Suturenverlauf nach rostral

Die Distraktion des Os frontale darf auch gerne einseitig erfolgen, wobei die Fixationshand links nur das linke Os parietale zu fixieren braucht. Die Zugrichtung ist hier genauso im 90°-Winkel zum Suturenverlauf nach rostral zu wählen.

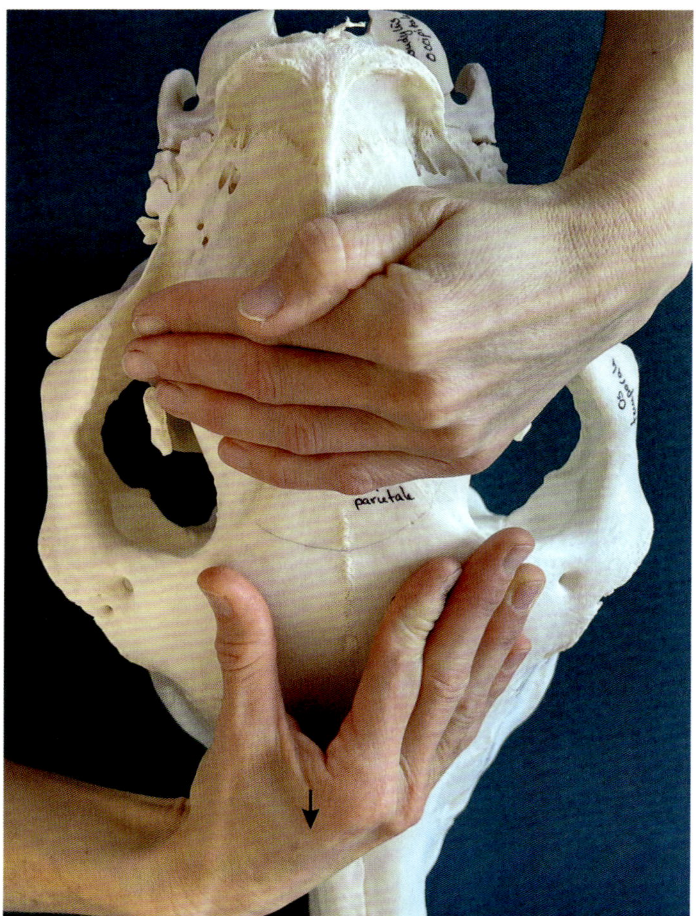

Abb. 4.13 Distraktionsbefundung Sutura coronalis.

4.4.9 Sutura frontotemporalis

Tab. 4.11 Beteiligte Strukturen bei der Distraktionsbefundung an Sutura frontotemporalis.

Sutur	Mobilisierter Knochen	Fixierter Knochen
Sutura frontotemporalis	Os temporale	Os frontale

Praktische Durchführung (▸ Abb. 4.14):

- **Ausgangsstellung:** Der Therapeut steht seitlich (links) neben dem Kopf des Pferdes. Der Tierhalter stabilisiert den Kopf von rechts.
- **linke Hand:** greift von kaudal mit dem Daumenballen unter den linken oberen Orbitabogen des Os frontale
- **rechte Hand:** greift gelenknah, flächig mit den Fingerkuppen auf den linken Proc. zygomaticus ossis temporalis
- **Distraktion:** Zug durch die rechte Hand im 90°-Winkel zum Suturenverlauf nach ventral

▸ **Tipp!** Vorsichtige Handanlage am Os temporale, einige Pferde sind sehr empfindlich am Kiefergelenk. Die gleiche Achtsamkeit gilt für die Handanlage am Orbitabogen, aufgrund des empfindlichen darunterliegenden Augapfels.

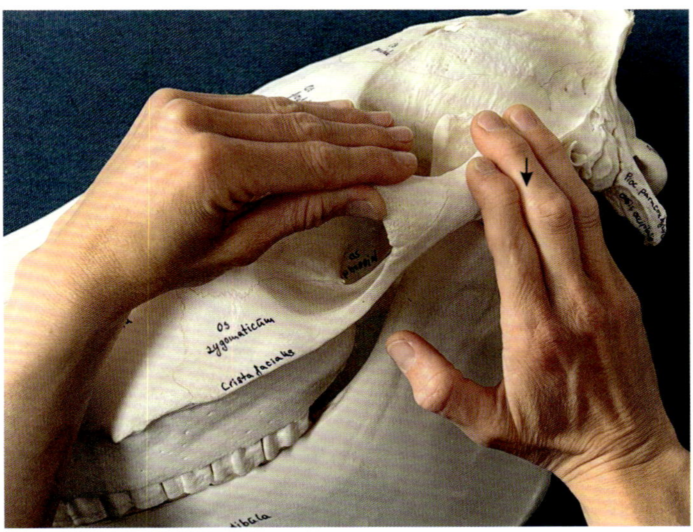

Abb. 4.14 Distraktionsbefundung Sutura frontotemporalis.

4.4.10 Sutura temporozygomatica

Tab. 4.12 Beteiligte Strukturen bei der Distraktionsbefundung an Sutura temporozygomatica.

Sutur	Mobilisierter Knochen	Fixierter Knochen
Sutura temporozygomatica	Os zygomaticum	Os temporale

Praktische Durchführung (► Abb. 4.15):

- **Ausgangsstellung:** Der Therapeut steht seitlich (links) neben dem Kopf des Pferdes. Der Tierhalter stabilisiert den Kopf von rechts.
- **linke Hand:** greift gelenknah, flächig von kaudal mit den Fingerkuppen auf das linke Os zygomaticum auf Höhe des unteren Orbitabogens
- **rechte Hand:** greift gelenknah, flächig von kaudal mit dem rechten Daumen unter das linke Os temporale rostral des Kiefergelenkes
- **Distraktion:** Zug durch die linke Hand im 90°-Winkel zum Suturenverlauf nach ventral

► **Tipp!** Vorsichtige Handanlage am Os temporale, einige Pferde sind sehr empfindlich am Kiefergelenk.

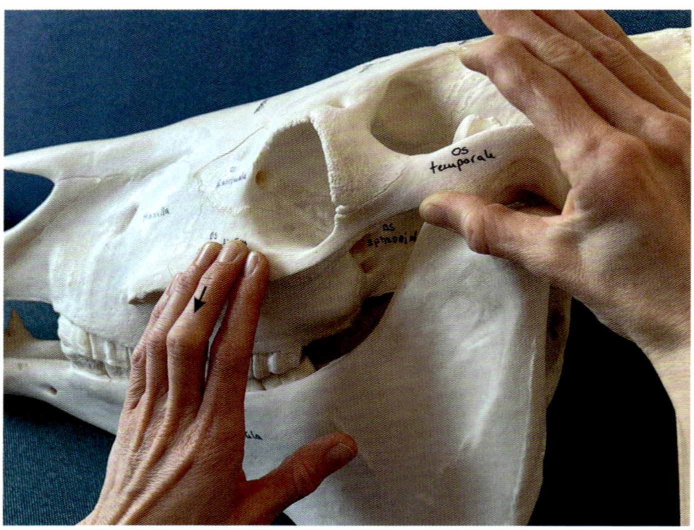

Abb. 4.15 Distraktionsbefundung Sutura temporozygomatica.

4.4.11 Sutura interfrontalis

Tab. 4.13 Beteiligte Strukturen bei der Distraktionsbefundung an Sutura interfrontalis.

Sutur	Mobilisierter Knochen	Fixierter Knochen
Sutura interfrontalis	Os frontale	Os frontale

Praktische Durchführung (▸ Abb. 4.16):

- **Ausgangsstellung:** Der Therapeut steht unter dem Kopf des Pferdes/HWS.
- **linke Hand:** greift gelenknah, flächig von lateral mit den Fingerkuppen auf das linke Os frontale
- **rechte Hand:** greift gelenknahe, flächig von lateral mit den Fingerkuppen auf das rechte Os frontale
- **Distraktion:** Zug durch beide Hände zeitgleich im 90°-Winkel zum Suturenverlauf nach lateral

Die Distraktion des Os frontale darf, je nach palpatorischem Können und Sensibilität des Pferdes, auch gerne einseitig erfolgen. Die Zugrichtung ist hier genauso im 90°-Winkel zum Suturenverlauf nach lateral zu wählen.

▸ **Tipp!** Die einseitige Testung bietet sich bei sensibleren Pferden an, da bei einseitiger Diagnostik die elastischen Fasern innerhalb der Sutur weniger auf Dehnung gebracht werden, wodurch der Distraktionsreiz geringer ist.

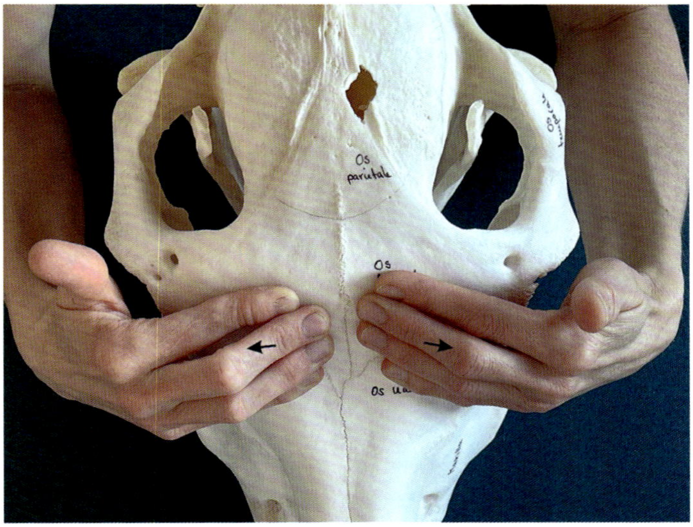

Abb. 4.16 Distraktionsbefundung Sutura interfrontalis.

4.4.12 Sutura frontonasalis

Tab. 4.14 Beteiligte Strukturen bei der Distraktionsbefundung an Sutura frontonasalis.

Sutur	Mobilisierter Knochen	Fixierter Knochen
Sutura frontonasalis	Os nasale	Os frontale

Praktische Durchführung (▶ Abb. 4.17):

- **Ausgangsstellung:** Der Therapeut steht unter dem Kopf des Pferdes/HWS.
- **linke Hand:** greift gelenknah, flächig mit den Langfingern von links auf die Ossa nasalia
- **rechte Hand:** greift gelenknah, flächig von rechts mit den Langfingern auf die Ossa frontalia
- **Distraktion:** Zug durch die linke Hand mit den Langfingern und dem Daumen/-ballen, zeitgleich oder nacheinander, im 90°-Winkel zum Suturenverlauf nach rostral

Die Distraktion des Os nasale darf auch gerne einseitig erfolgen, wobei die Fixationshand links nur das linke Os frontale zu fixieren braucht. Die Zugrichtung ist hier genauso im 90°-Winkel zum Suturenverlauf nach rostral zu wählen.

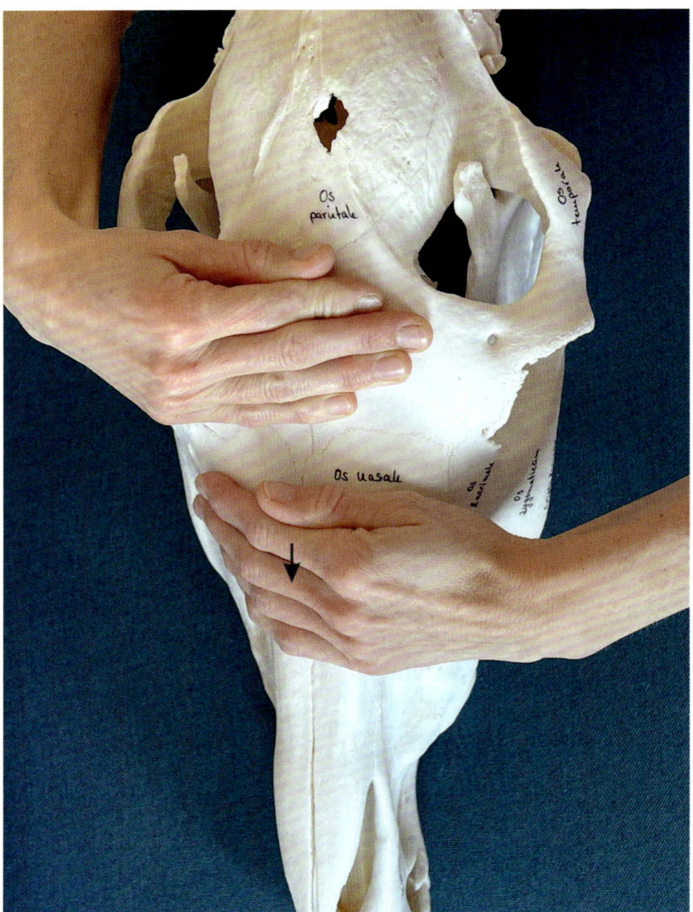

Abb. 4.17 Distraktionsbefundung Sutura frontonasalis.

4.4.13 Sutura nasolacrimalis

Tab. 4.15 Beteiligte Strukturen bei der Distraktionsbefundung an Sutura nasolacrimalis.

Sutur	Mobilisierter Knochen	Fixierter Knochen
Sutura nasolacrimalis	Os lacrimale	Os nasale

Praktische Durchführung (▶ Abb. 4.18):

- **Ausgangsstellung:** Der Therapeut steht schräg links unter dem Kopf des Pferdes/HWS.
- **linke Hand:** greift gelenknah, flächig von kaudal auf das linke Os lacrimale
- **rechte Hand:** greift gelenknah, flächig von rechts mit den Langfingern auf das linke Os nasale
- **Distraktion:** Zug durch die linke Hand im 90°-Winkel zum Suturenverlauf nach ventral

▶ Tipp!

- Ist der Pferdekopf sehr klein und die Behandlerhand eher groß, werden nur der Zeige- und Mittelfinger auf dem Os lacrimale platziert.
- Besteht eine akute Konjunktivitis vor, sollte der Therapeut mit Handschuhen arbeiten. Eine vorherige Reinigung des umliegenden Gewebes von angetrockneter Flüssigkeit macht hier Sinn.

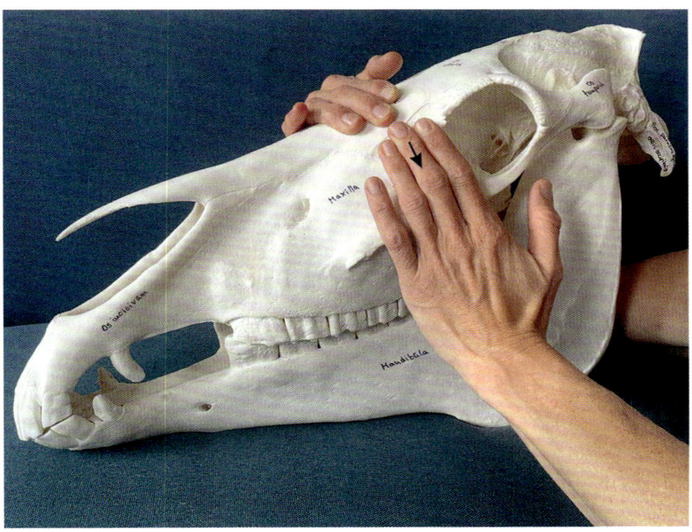

Abb. 4.18 Distraktionsbefundung Sutura nasolacrimalis.

4.4.14 Sutura frontolacrimalis

Tab. 4.16 Beteiligte Strukturen bei der Distraktionsbefundung an Sutura frontolacrimalis.

Sutur	Mobilisierter Knochen	Fixierter Knochen
Sutura frontolacrimalis	Os lacrimale	Os frontale

Praktische Durchführung (▸ Abb. 4.19):

- **Ausgangsstellung:** Der Therapeut steht seitlich (links) neben dem Kopf des Pferdes. Der Tierhalter stabilisiert den Kopf von rechts.
- **linke Hand:** greift gelenknah, flächig von kaudal mit den Fingerkuppen auf das linke Os lacrimale
- **rechte Hand:** greift gelenknah von kaudal mit dem Daumen unter den oberen Orbitabogen des linken Os frontale
- **Distraktion:** Zug durch die linke Hand im 90°-Winkel zum Suturenverlauf nach rostral

▸ **Tipp!**

- Vorsicht bei der Handanlage am Orbitabogen und auf dem Os lacrimale, aufgrund des empfindlichen Augapfels darunter.
- Ist der Pferdekopf sehr klein und die Behandlerhand eher groß, nur den Zeige- und Mittelfinger auf dem Os lacrimale platzieren.
- Besteht eine akute Konjunktivitis vor, sollte der Therapeut mit Handschuhen arbeiten. Eine vorherige Reinigung des umliegenden Gewebes von angetrockneter Flüssigkeit macht hier Sinn.

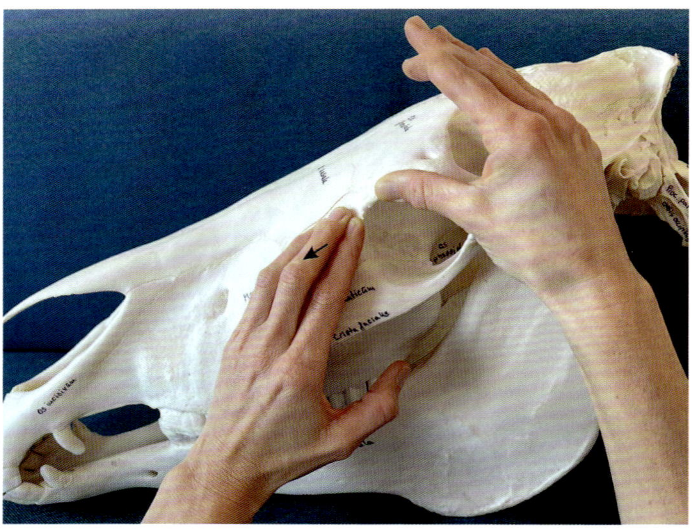

Abb. 4.19 Distraktionsbefundung Sutura frontolacrimalis.

4.4.15 Sutura lacriomozygomatica

Tab. 4.17 Beteiligte Strukturen bei der Distraktionsbefundung an Sutura lacrimozygomatica.

Sutur	Mobilisierter Knochen	Fixierter Knochen
Sutura lacrimozygomatica	Os zygomaticum	Os lacrimale

Praktische Durchführung (▶ Abb. 4.20):

- **Ausgangsstellung:** Der Therapeut steht seitlich (links) neben dem Kopf des Pferdes. Der Tierhalter stabilisiert den Kopf von rechts.
- **linke Hand:** greift gelenknah, flächig mit den Fingerkuppen von rostral auf das linke Os lacrimale
- **rechte Hand:** greift gelenknah, flächig mit den Fingerkuppen von kaudal auf das linke Os zygomaticum
- **Distraktion:** Zug durch die rechte Hand im 90°-Winkel zum Suturenverlauf nach ventral

▶ Tipp!

- Ist der Pferdekopf sehr klein und die Behandlerhand eher groß, platziere nur den Zeige- und Mittelfinger auf dem Os lacrimale.
- Besteht eine akute Konjunktivitis vor, sollte der Therapeut mit Handschuhen arbeiten. Eine vorherige Reinigung des umliegenden Gewebes von angetrockneter Flüssigkeit macht hier Sinn.

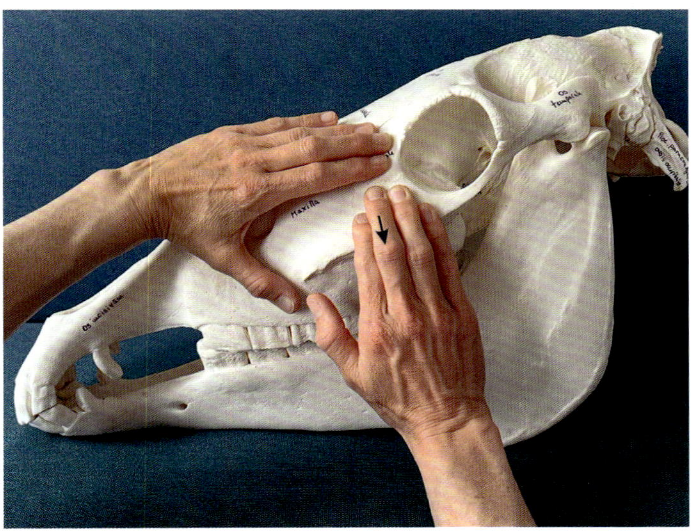

Abb. 4.20 Distraktionsbefundung Sutura lacrimozygomatica.

4.4.16 Sutura nasoincisiva

Tab. 4.18 Beteiligte Strukturen bei der Distraktionsbefundung an Sutura nasoincisiva.

Sutur	Mobilisierter Knochen	Fixierter Knochen
Sutura nasoincisiva	Os incisivum	Os nasale

Praktische Durchführung (▶ Abb. 4.21):

- **Ausgangsstellung:** Der Therapeut steht seitlich (links) neben dem Kopf des Pferdes oder der Therapeut steht schräg links unter dem Kopf des Pferdes/HWS. Der Tierhalter stabilisiert den Kopf von rechts.
- **linke Hand:** mogelt sich unter die Oberlippe und umgreift gelenknah, lumbrical von rostral oberhalb der Incisivi die Ossa incisiva
- **rechte Hand:** greift lumbrical von rechts oder von links auf die Ossa nasalia
- **Distraktion:** Zug durch die linke Hand im 90°-Winkel zum Suturenverlauf nach ventral

▶ Tipp!

- Sind die unteren Incisivi sehr lang oder haben Spitzen bzw. Kanten, kann es zu Einklemmungen der Finger zwischen den Zähnen beim Kau-/Schleckvorgang kommen. Medizinische Handschuhe sind indiziert und schützen vor Infektionen!
- Bei vorliegender EOTRH-Erkrankung kann die Sensibilität des Pferdes auf taktile Reize im Bereich des Zahnfleisches und/oder der Schneidezähne gesteigert sein. Hier sollte ggf. die Grifftechnik entsprechend angepasst werden.
- Ist das Zahnfleisch entzündet oder gereizt, sollte über hoffentlich noch vorhandene Schneidezähne der Zug aufgebaut werden.
- Fehlen die Schneidezähne oben vollständig und das Zahnfleisch weist zudem entzündliche Prozesse auf, sollte hier von einer Distraktionsbefundung oder Behandlung abgesehen werden.

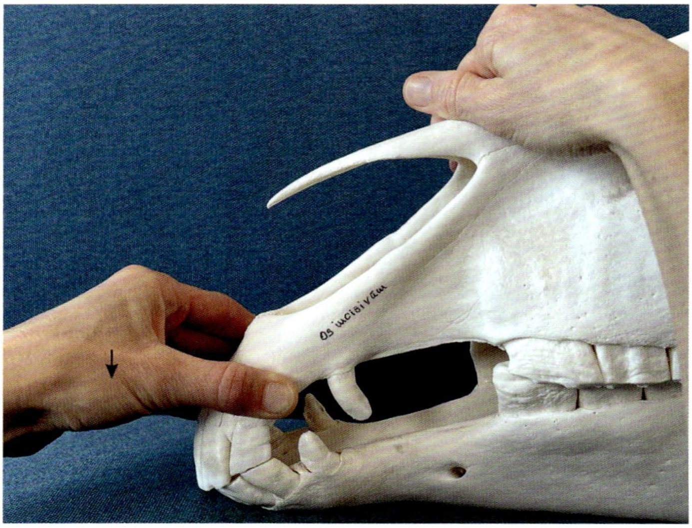

Abb. 4.21 Distraktionsbefundung Sutura nasoincisiva.

4.4.17 Sutura zygomaticomaxillaris

Tab. 4.19 Beteiligte Strukturen bei der Distraktionsbefundung an Sutura zygomaticomaxillaris.

Sutur	Mobilisierter Knochen	Fixierter Knochen
Sutura zygomaticomaxillaris	Os maxillare	Os zygomaticum

Praktische Durchführung (▸ Abb. 4.22):

- **Ausgangsstellung:** Der Therapeut steht seitlich (links) neben dem Kopf des Pferdes. Der Tierhalter stabilisiert den Kopf von rechts.
- **linke Hand:** greift gelenknah, flächig mit den Langfingern von rostral auf das linke Os maxillare
- **rechte Hand:** greift gelenknah, flächig von kaudal mit den Fingerkuppen auf das linke Os zygomaticum
- **Distraktion:** Zug durch die linke Hand im 90°-Winkel zum Suturenverlauf nach rostral

▸ **Tipp!** Die Position der linken Hand auf dem Os maxillare sollte den Nervenaustrittspunkt des N. infraorbitalis aussparen, da es sonst zu Nervenirritationen führen kann; s. Kap. Nerven des Schädels (S. 65) und Kap. Sutura maxilloincisiva (S. 127).

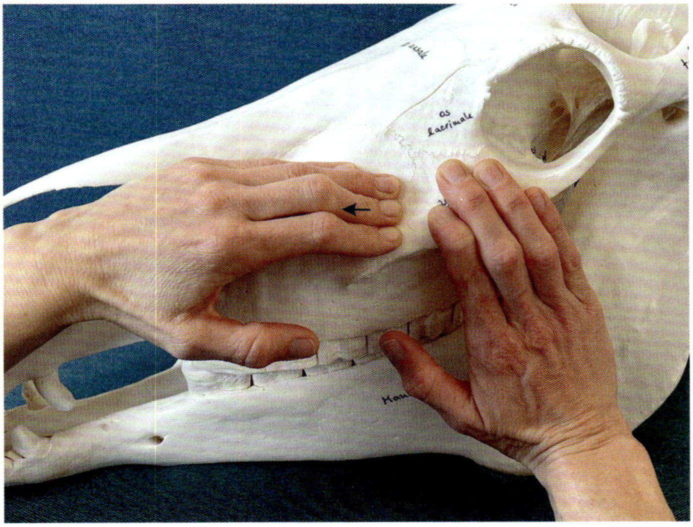

Abb. 4.22 Distraktionsbefundung Sutura zygomaticomaxillaris.

4.4.18 Sutura internasalis

Tab. 4.20 Beteiligte Strukturen bei der Distraktionsbefundung an Sutura internasalis.

Sutur	Mobilisierter Knochen	Fixierter Knochen
Sutura internasalis	Os nasale	Os nasale

Praktische Durchführung (▶ Abb. 4.23):

- **Ausgangsstellung:** Der Therapeut steht unter dem Kopf des Pferdes/HWS.
- **linke Hand:** greift gelenknah, flächig mit den Fingerkuppen von links auf das linke Os nasale
- **rechte Hand:** greift gelenknah, flächig mit den Fingerkuppen von rechts auf das rechte Os nasale
- **Distraktion:** Zug durch beide Hände zeitgleich im 90°-Winkel zum Suturenverlauf nach lateral

Die Distraktion des Os nasale darf, je nach palpatorischem Können und Sensibilität des Pferdes, auch gerne einseitig erfolgen. Die Zugrichtung ist hier genauso im 90°-Winkel zum Suturenverlauf nach lateral zu wählen.

▶ **Tipp!** Die einseitige Testung bietet sich bei sensibleren Pferden an, da bei einseitiger Diagnostik die elastischen Fasern innerhalb der Sutur weniger auf Dehnung gebracht werden, wodurch der Distraktionsreiz geringer ist.

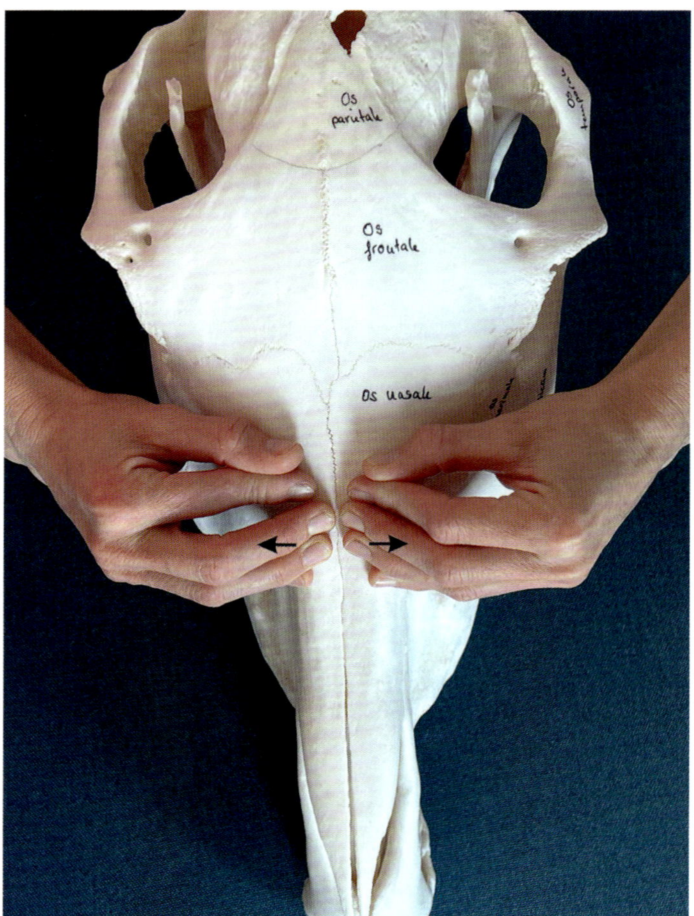

Abb. 4.23 Distraktionsbefundung Sutura internasalis.

4.4.19 Sutura lacrimomaxillaris

Tab. 4.21 Beteiligte Strukturen bei der Distraktionsbefundung an Sutura lacrimomaxillaris.

Sutur	Mobilisierter Knochen	Fixierter Knochen
Sutura lacrimomaxillaris	Os maxillare	Os lacrimale

Praktische Durchführung (▸ Abb. 4.24):

- **Ausgangsstellung:** Der Therapeut steht seitlich (links) neben dem Kopf des Pferdes. Der Tierhalter stabilisiert den Kopf von rechts.
- **linke Hand:** greift gelenknah, flächig mit den Langfingern von rostral auf das linke Os maxillare
- **rechte Hand:** greift gelenknah, flächig von kaudal mit den Fingerkuppen auf das linke Os lacrimale
- **Distraktion:** Zug durch die linke Hand im 90°-Winkel zum Suturenverlauf nach rostral

▸ Tipp!

- Ist der Pferdekopf sehr klein und die Behandlerhand eher groß, werden nur der Zeige- und Mittelfinger auf dem Os lacrimale platziert.
- Besteht eine akute Konjunktivitis vor, sollte der Therapeut mit Handschuhen arbeiten. Eine vorherige Reinigung des umliegenden Gewebes von angetrockneter Flüssigkeit macht hier Sinn.
- Die Position der linken Hand auf dem Os maxillare sollte den Nervenaustrittspunkt des N. infraorbitalis aussparen, da es sonst zu Nervenirritationen führen kann; s. Kap. Nerven des Schädels (S. 65) und Kap. Sutura maxilloincisiva (S. 127).

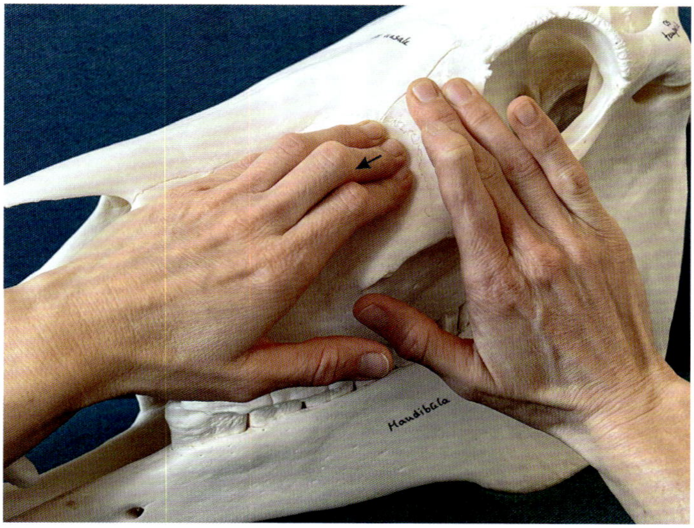

Abb. 4.24 Distraktionsbefundung Sutura lacrimomaxillaris.

4.4.20 Sutura nasomaxillaris

Tab. 4.22 Beteiligte Strukturen bei der Distraktionsbefundung an Sutura nasomaxillaris.

Sutur	Mobilisierter Knochen	Fixierter Knochen
Sutura nasomaxillaris	Os maxillare	Os nasale

Praktische Durchführung (▸ Abb. 4.25):

- **Ausgangsstellung:** Der Therapeut steht schräg links unter dem Kopf des Pferdes/HWS.
- **linke Hand:** greift gelenknah, flächig von kaudal mit den Fingerkuppen auf das linke Os maxillare
- **rechte Hand:** Umgreift gelenknah, flächig von rechts mit den Langfingern über auf das linke Os nasale.
- **Distraktion:** Zug durch die linke Hand im 90°-Winkel zum Suturenverlauf nach ventral

▸ **Tipp!** Die Position der linken Hand auf dem Os maxillare sollte den Nervenaustrittspunkt des N. infraorbitalis aussparen, da es sonst zu Nervenirritationen führen kann; s. Kap. Nerven des Schädels (S. 65) und Kap. Sutura maxilloincisiva (S. 127).

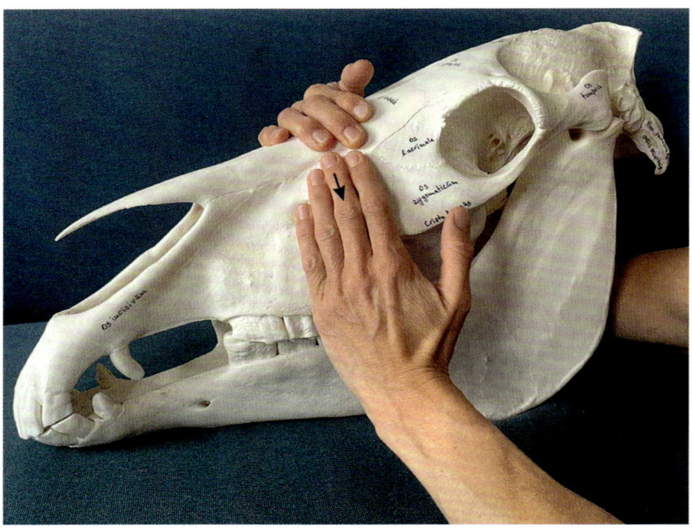

Abb. 4.25 Distraktionsbefundung Sutura nasomaxillaris.

4.4.21 Sutura maxilloincisiva

Tab. 4.23 Beteiligte Strukturen bei der Distraktionsbefundung an Sutura maxilloincisiva.

Sutur	Mobilisierter Knochen	Fixierter Knochen
Sutura maxilloincisiva	Os incisivum	Os maxillare

Praktische Durchführung (► Abb. 4.26):

- **Ausgangsstellung:** Der Therapeut steht seitlich (links) neben dem Kopf des Pferdes oder der Therapeut steht schräg links unter dem Pferdekopf/HWS. Der Tierhalter stabilisiert den Kopf von rechts.
- **linke Hand:** mogelt sich unter die Oberlippe und umgreift gelenknah lumbrical von rostral oberhalb der Incisivi die Ossa incisiva
- **rechte Hand:** umgreift gelenknah, flächig von rechts oder von links über die Ossa nasalia und das Os maxillare
- **Distraktion:** Zug durch die linke Hand im 90°-Winkel zum Suturenverlauf nach dorsal

► Tipp!

- Sind die unteren Incisivi sehr lang oder haben Spitzen bzw. Kanten, kann es zu Einklemmungen der Finger zwischen den Zähnen beim Kau-/Schleckvorgang kommen. Medizinische Handschuhe sind indiziert und schützen vor Infektionen!
- Die Position der Hand auf dem Os maxillare sollte den Nervenaustrittspunkt des N. infraorbitalis aussparen, da es sonst zu Nervenirritationen führen kann; s. Kap. Nerven des Schädels (S. 65). Vor der Befundung und Behandlung des Os maxillare sollte das Foramen infraorbitale palpiert werden, um sicher zu sein, dass die Hand richtig liegt.

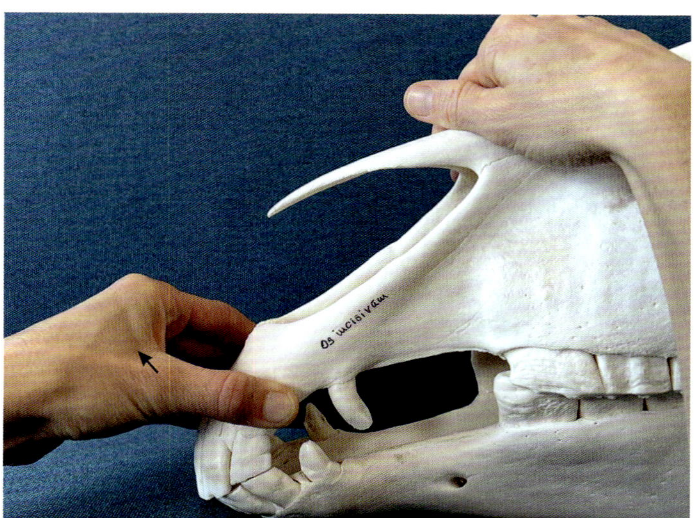

Abb. 4.26 Distraktionsbefundung Sutura maxilloincisiva.

4.4.22 Sutura interincisiva

Tab. 4.24 Beteiligte Strukturen bei der Distraktionsbefundung an Sutura interincisiva.

Sutur	Mobilisierter Knochen	Fixierter Knochen
Sutura interincisiva	Os incisivum	Os incisivum

Praktische Durchführung (▶ Abb. 4.27):

- **Ausgangsstellung:** Der Therapeut steht unter dem Kopf des Pferdes/HWS.
- **linke Hand:** greift gelenknah, flächig mit den Fingerkuppen von lateral unterhalb der Oberlippe auf das linke Os incisivum
- **rechte Hand:** greift gelenknah, flächig mit den Fingerkuppen von lateral unterhalb der Oberlippe auf das rechte Os incisivum
- **Distraktion:** Zug durch beide Hände zeitgleich oder einseitig im 90°-Winkel zum Suturenverlauf nach lateral

Die Distraktion des Os incisivum darf, je nach palpatorischem Können und Sensibilität des Pferdes, auch gerne einseitig erfolgen. Die Zugrichtung ist hier genauso im 90°-Winkel zum Suturenverlauf nach lateral zu wählen.

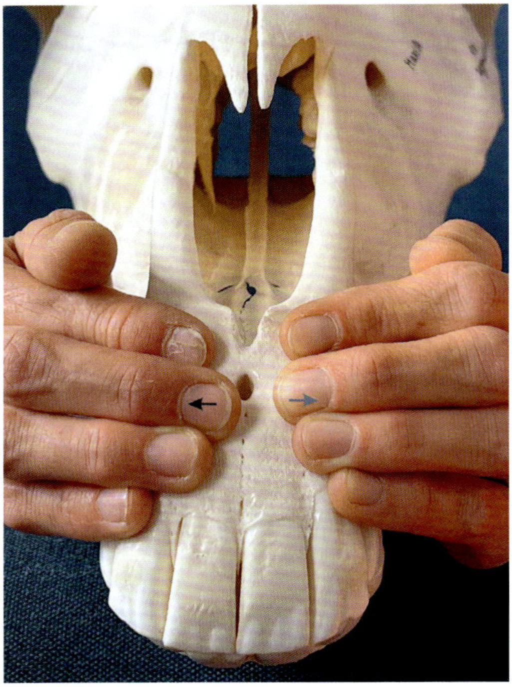

Abb. 4.27 Distraktionsbefundung Sutura interincisiva.

▶ Tipp!

- Sind die unteren Incisivi sehr lang oder haben Spitzen bzw. Kanten, kann es zu Einklemmungen der Finger zwischen den Zähnen beim Kau-/Schleckvorgang kommen. Medizinische Handschuhe sind indiziert und schützen vor Infektionen!
- Die einseitige Testung bietet sich bei sehr sensiblen Pferden an, da bei einseitiger Diagnostik die elastischen Fasern innerhalb der Sutur weniger auf Dehnung gebracht werden, wodurch der Distraktionsreiz geringer ist.

4.4.23 Art. temporomandibularis

Tab. 4.25 Beteiligte Strukturen bei der Distraktionsbefundung am Art. temporomandibularis.

Sutur	Mobilisierter Knochen	Fixierter Knochen
Art. temporomandibularis	Os mandibulare	Os temporale

Praktische Durchführung (▶ Abb. 4.28):

- **Ausgangsstellung:** Der Therapeut steht unter dem Kopf des Pferdes/HWS.
- **linke Hand:** greift gelenknah, flächig von kaudal mit den Fingerkuppen distal des Caput mandibulae auf das linke Os mandibulare
- **rechte Hand:** greift gelenknah, flächig von kaudal mit den Fingerkuppen distal des Caput mandibulae auf das rechte Os mandibulare (nicht dargestellt)
- **Distraktion:** Zug durch beide Hände im 90°-Winkel zum Suturenverlauf zeitgleich nach ventral

▶ **Tipp!** Wichtig ist, dass die Hände am Collum mandibulae des Os mandibulare platziert werden. Hierbei ist auf eine bedachte Handanlage am Os temporale zu achten, da einige Pferde sehr empfindlich am Kiefergelenk sind.

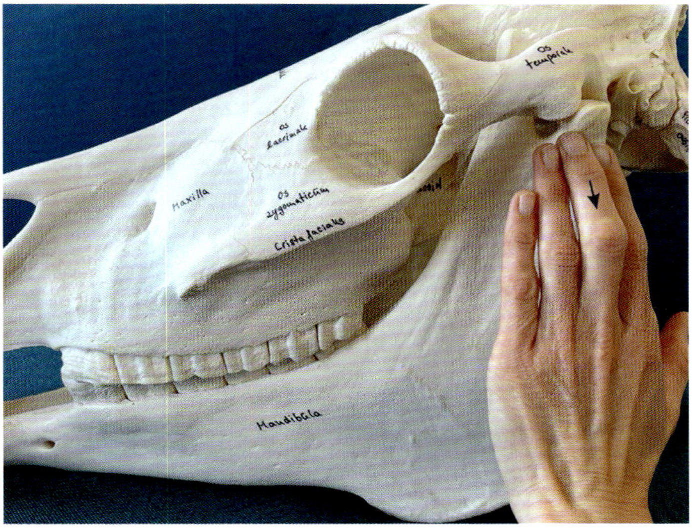

Abb. 4.28 Distraktionsbefundung Art. temporomandibularis.

4

4.5 Spezifische Befundung

Mit Hilfe der Spezifischen Befundung testet der Therapeut die Beweglichkeit aller einzelnen Schädelknochen in die jeweils möglichen Bewegungsrichtungen. Besteht eine verringerte Mobilität oder Elastizität eines Knochens, liegt eine Dysfunktion vor. Dies zeigt sich in einer Einschränkung einer oder mehrerer Bewegungsrichtungen, die für den Therapeuten fühlbar ist. Der Schädelknochen lässt sich dann kaum oder gar nicht in die entsprechende Richtung bewegen. Der Bewegungsweg zwischen dem ersten und zweiten Widerstand zeigt sich deutlich verkürzt; s. Kap. Gradeinteilung passiver Bewegungen (S. 71). Da es in der Spezifischen Befundung noch nicht um Mobilisation geht, beurteilt der Therapeut lediglich den Ist-Zustand aller einzelnen Schädelknochen und untersucht deren Beweglichkeit anhand des Widerstandes, des Rebounds und der sensorischen Antwort; s. Kap. Beurteilung der knöchernen Beweglichkeit (S. 73).

Die Reihenfolge der Distraktionsbefundung ist mit dem Befundbogen (▶ Abb. 7.1) vorgegeben und wird, wenn möglich, von kranial nach rostral nacheinander durchgeführt; s. Kap. Befundbögen (S. 220) im Anhang.

4.5.1 Os occipitale

- Vorsicht bei Genickbeulen, Schleimbeutelentzündungen und Empfindlichkeit im Ansatzbereich des Lig. nuchae an der Crista nuchae. Ein Abwehrverhalten des Pferdes unter dieser Technik ist aufgrund dessen zu erwarten und begründet eine Veränderung der Handanlage am Os occipitale bzw. Atlas. Eine vorherige palpatorische Untersuchung dieser Region ist hier immer sinnvoll. Auch die mündliche Anamnese mit Erfragung der Vorgeschichte bzw. Auffälligkeiten kann bereits im Vorfeld wichtige Hinweise liefern.
- Die Passung des Genickstücks der Trense sollte unbedingt im Hinterkopf sein und ggf. im Rahmen eines Bit-Fitting-Termins überprüft werden. Eine Empfehlung dessen darf gerne im Abschlussgespräch erfolgen.

Translation Os occipitale

Tab. 4.26 Beteiligte Strukturen bei der Translation des Os occipitale.

Gelenk	Mobilisierter Knochen	Fixierter Knochen
Art. atlantooccipitalis	Os occipitale	Atlas

Praktische Durchführung (▶ Abb. 4.29):

- **Ausgangsstellung:** Der Therapeut steht seitlich (rechts) neben dem Kopf des Pferdes.
- **linke Hand:** gelenknaher Spangengriff von kranial über die Ala atlantis
- **rechte Hand:** gelenknaher Spangengriff von rostral über die Crista nuchae des Os occipitale
- **Bewegungsrichtung:** Durchführung einer Translation durch die rechte Hand nach rechts und links

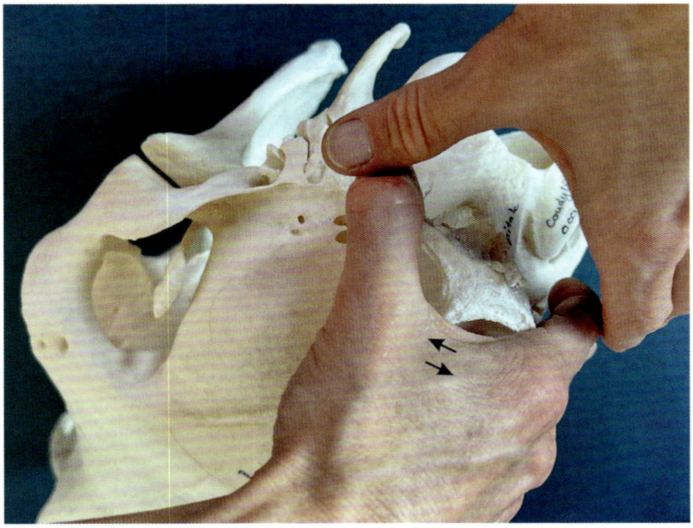

Abb. 4.29 Spezifische Befundung Translation Os occipitale.

Ventralisation und Dorsalisation Os occipitale

Tab. 4.27 Beteiligte Strukturen bei der Ventralisation und Dorsalisation am Os occipitale.

Sutur	Mobilisierter Knochen	Fixierter Knochen
Sutura occipitointerparietalis	Os occipitale	Os interparietale
Sutura lambdoidea	Os occipitale	Os parietale
Sutura occipitotemporalis	Os occipitale	Os temporale

Praktische Durchführung (▸ Abb. 4.30):

- **Ausgangsstellung:** Der Therapeut steht seitlich (rechts) neben dem Kopf des Pferdes.
- **linke Hand:** gelenknaher Spangengriff von kranial über die Ala atlantis
- **rechte Hand:** gelenknaher Spangengriff von rostral über die Crista nuchae des Os occipitale
- **Bewegungsrichtung:** Durchführung einer Ventralisation durch die rechte Hand nach ventral; Durchführung einer Dorsalisation durch die linke Hand nach ventral

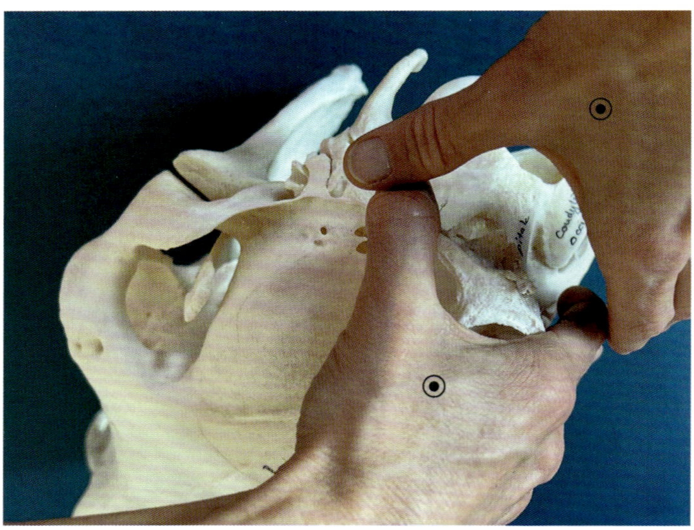

Abb. 4.30 Spezifische Befundung Ventralisation und Dorsalisation Os occipitale.

4.5.2 Os interparietale

Das Hochbinden des Schopfes kann die Palpation der Crista sagittalis externa des Os interparietale erleichtern.

Rotation Os interparietale

Tab. 4.28 Beteiligte Strukturen bei der Rotation am Os interparietale.

Sutur	Mobilisierter Knochen	Fixierter Knochen
Sutura occipitointerparietalis	Os interparietale	Os occipitale
Sutura parietalointerparietalis	Os interparietale	Os parietale

Praktische Durchführung (▸ Abb. 4.31):

- **Ausgangsstellung:** Der Therapeut steht seitlich (rechts) neben dem Kopf des Pferdes.
- **linke Hand:** gelenknaher Spangengriff oder Kammgriff von kranial über die Crista nuchae des Os occipitale
- **rechte Hand:** gelenknaher Pinzettengriff von rostral rechts und links neben die Crista sagittalis externa des Os interparietale
- **Bewegungsrichtung:**
  - Durchführung einer Rotation nach rechts durch Druck mit dem rechten Zeigefinger rechts der Crista sagittalis externa auf das Os interparietale
  - Durchführung einer Rotation nach links durch Druck mit dem rechten Daumen links der Crista sagittalis externa auf das Os interparietale

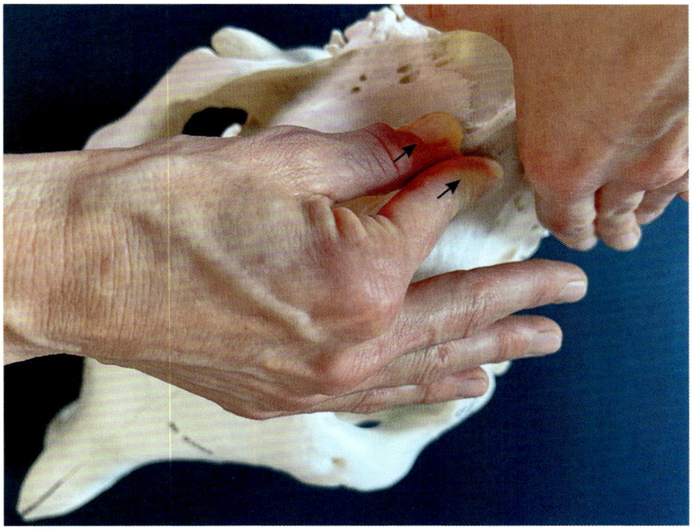

Abb. 4.31 Spezifische Befundung Rotation Os interparietale.

Ventralisation und Dorsalisation Os interparietale

Tab. 4.29 Beteiligte Strukturen bei der Ventralisation und Dorsalisation am Os interparietale.

Sutur	Mobilisierter Knochen	Fixierter Knochen
Sutura occipitointerparietalis	Os interparietale	Os occipitale
Sutura parietalointerparietalis	Os interparietale	Os parietale

Praktische Durchführung (▶ Abb. 4.32):

- **Ausgangsstellung:** Der Therapeut steht seitlich (rechts) neben dem Kopf des Pferdes.
- **linke Hand:** gelenknaher Spangengriff oder Kammgriff von kranial über die Crista nuchae des Os occipitale
- **rechte Hand:** gelenknaher Pinzettengriff von rostral rechts und links neben die Crista sagittalis externa des Os interparietale
- **Bewegungsrichtung:**
  - Durchführung einer Ventralisation durch gleichzeitigen Druck mit dem rechten Zeigefinger und dem rechten Daumen seitlich der Crista sagittalis externa auf das Os interparietale nach ventral.
  - Durchführung einer Dorsalisation durch Druck mit der linken Hand auf das Os occipitale nach ventral

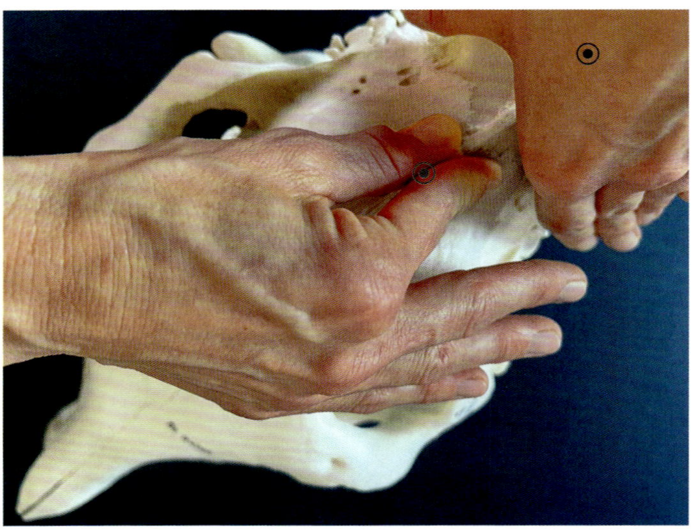

Abb. 4.32 Spezifische Befundung Ventralisation und Dorsalisation Os interparietale.

4.5.3 Os temporale

Die Handanlage am Os temporale sollte mit Vorsicht durchgeführt werden, da einige Pferde aufgrund der hohen nervalen Innervation der Gelenkkapsel sehr empfindlich auf taktile Reize am Kiefergelenk reagieren. Zeigt das Pferd ein Abwehrverhalten (Kopf entziehen o.Ä.) sollte der Griff verändert oder die Hand minimal anders platziert werden.

Kraniorostrale Rotation Os temporale

Tab. 4.30 Beteiligte Strukturen bei der kraniorostralen Rotation am Os temporale.

Sutur	Mobilisierter Knochen	Fixierter Knochen
Sutura occipitotemporalis	Os temporale	Os occipitale
Sutura frontotemporalis	Os temporale	Os frontale
Sutura squamosa	Os temporale	Os parietale
Sutura temporozygomatica	Os temporale	Os zygomaticum

Praktische Durchführung (▸ Abb. 4.33):

- **Ausgangsstellung:** Der Therapeut steht seitlich (links) neben dem Kopf des Pferdes. Der Tierhalter stabilisiert den Kopf von rechts.
- **linke Hand:** greift lumbrical von rostral auf den linken Proc. zygomaticus ossis temporalis
- **rechte Hand:** gelenknaher Spangengriff oder Kammgriff von kranial über die Crista nuchae des Os occipitale
- **Bewegungsrichtung:** Durchführung einer Rotation des Os temporale durch die linke Hand nach kraniorostral

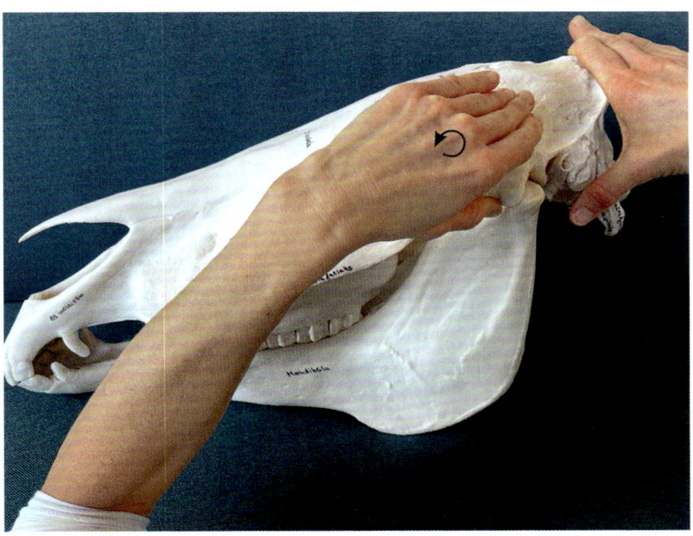

Abb. 4.33 Spezifische Befundung kraniorostrale Rotation Os temporale.

Kaudale Rotation Os temporale

Tab. 4.31 Beteiligte Strukturen bei der kaudalen Rotation am Os temporale.

Sutur	Mobilisierter Knochen	Fixierter Knochen
Sutura occipitotemporalis	Os temporale	Os occipitale
Sutura frontotemporalis	Os temporale	Os frontale
Sutura squamosa	Os temporale	Os parietale
Sutura temporozygomatica	Os temporale	Os zygomaticum

Praktische Durchführung (▶ Abb. 4.34):

- **Ausgangsstellung:** Der Therapeut steht seitlich (links) neben dem Kopf des Pferdes. Der Tierhalter stabilisiert den Kopf von rechts.
- **linke Hand:** greift lumbrical von rostral auf den linken Proc. zygomaticus ossis temporalis
- **rechte Hand:** gelenknaher Spangengriff oder Kammgriff von kranial über die Crista nuchae des Os occipitale
- **Bewegungsrichtung:** Durchführung einer Rotation des Os temporale durch die linke Hand nach ventral

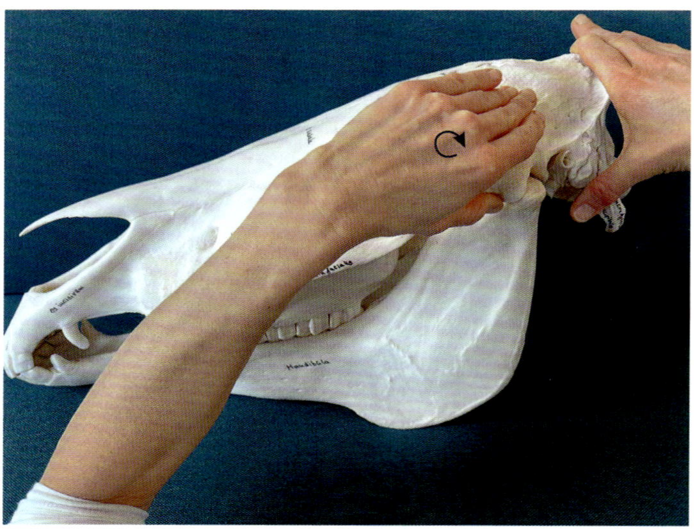

Abb. 4.34 Spezifische Befundung kaudale Rotation Os temporale.

4.5.4 Os frontale

- Vorsicht bei der Handanlage am Orbitabogen, aufgrund des empfindlichen Augapfels in der Orbitahöhle.
- Zudem reagieren einige Pferde mit Abwehrverhalten, wenn sich etwas (Jackenärmel, Finger, Schmuck, Reißverschlüsse) dicht an ihrem Auge befindet. Versuchen auch hier, den Griff anzupassen und keine unnötigen Reize durch Jackenärmel o. Ä. zu setzen. Es sollte keine Berührung des Augapfels oder der Wimpern stattfinden.

Ventralisation Os frontale

Tab. 4.32 Beteiligte Strukturen bei der Ventralisation am Os frontale.

Sutur	Mobilisierter Knochen	Fixierter Knochen
Sutura frontotemporalis	Os frontale	Os temporale
Sutura frontolacrimalis	Os frontale	Os lacrimale
Sutura coronalis	Os frontale	Os parietale
Sutura frontonasalis	Os frontale	Os nasale

Praktische Durchführung (▸ Abb. 4.35):

- **Ausgangsstellung:** Der Therapeut steht schräg links unter dem Kopf des Pferdes/HWS.
- **linke Hand:** greift gelenknah, flächig von rechts mit den Fingerkuppen auf das linke Os nasale
- **rechte Hand:** gelenknaher lumbricaler Griff von kaudal mit den Langfingern und dem Daumen um den linken oberen Orbitabogen
- **Bewegungsrichtung:** Durchführung einer Ventralisation durch Druck mit den rechten Langfingern nach ventral

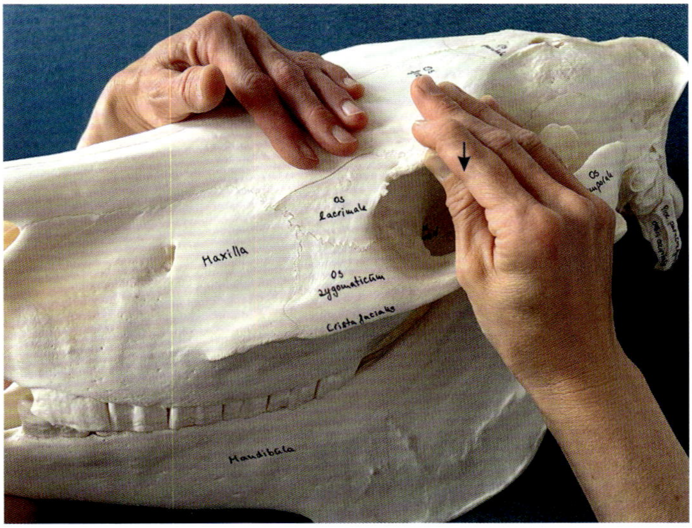

Abb. 4.35 Spezifische Befundung Ventralisation Os frontale.

Dorsalisation Os frontale

Tab. 4.33 Beteiligte Strukturen bei der Dorsalisation am Os frontale.

Sutur	Mobilisierter Knochen	Fixierter Knochen
Sutura frontotemporalis	Os frontale	Os temporale
Sutura frontolacrimalis	Os frontale	Os lacrimale
Sutura coronalis	Os frontale	Os parietale
Sutura frontonasalis	Os frontale	Os nasale

Praktische Durchführung (▶ Abb. 4.36):

- **Ausgangsstellung:** Der Therapeut steht seitlich (links) neben dem Kopf des Pferdes.
- **linke Hand:** gelenknaher lumbricaler Griff von kaudal auf den linken oberen Orbitabogen
- **rechte Hand:** umgreift flächig mit den Langfingern den linken Proc. zygomaticus ossis temporalis
- **Bewegungsrichtung:** Durchführung einer Dorsalisation durch Druck mit dem Daumen der linken Hand nach dorsal

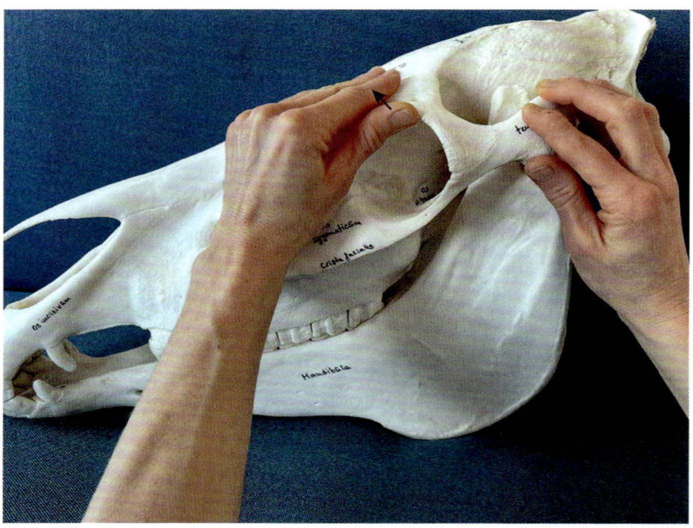

Abb. 4.36 Spezifische Befundung Dorsalisation Os frontale.

Kraniorostrale Rotation Os frontale

Tab. 4.34 Beteiligte Strukturen bei der kraniorostralen Rotation am Os frontale.

Sutur	Mobilisierter Knochen	Fixierter Knochen
Sutura frontotemporalis	Os frontale	Os temporale
Sutura frontolacrimalis	Os frontale	Os lacrimale
Sutura coronalis	Os frontale	Os parietale
Sutura frontonasalis	Os frontale	Os nasale

Praktische Durchführung (▶ Abb. 4.37):

- **Ausgangsstellung:** Der Therapeut steht seitlich (links) neben dem Kopf des Pferdes.
- **linke Hand:** gelenknaher lumbricaler Griff von kaudal auf den linken oberen Orbitabogen
- **rechte Hand:** umgreift flächig mit den Langfingern den linken Proc. zygomaticus ossis temporalis
- **Bewegungsrichtung:** Durchführung einer Rotation durch den linken Daumen nach kraniorostral

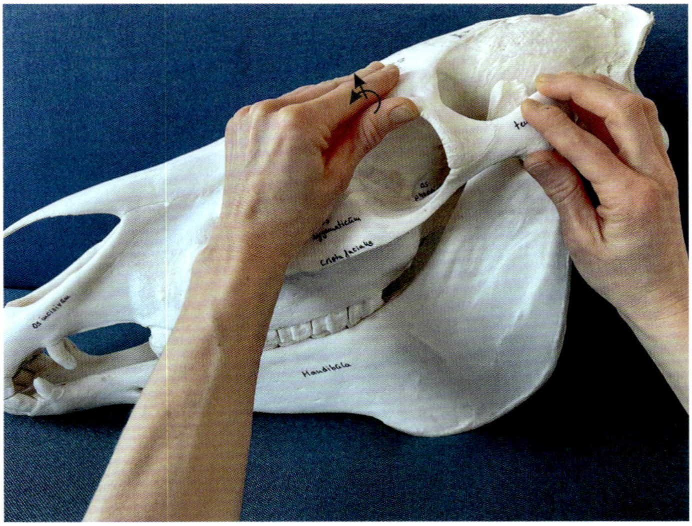

Abb. 4.37 Spezifische Befundung kraniorostrale Rotation Os frontale.

Kaudolaterale Rotation Os frontale

Tab. 4.35 Beteiligte Strukturen bei der kaudolateralen Rotation am Os frontale.

Sutur	Mobilisierter Knochen	Fixierter Knochen
Sutura frontotemporalis	Os frontale	Os temporale
Sutura frontolacrimalis	Os frontale	Os lacrimale
Sutura coronalis	Os frontale	Os parietale
Sutura frontonasalis	Os frontale	Os nasale

Praktische Durchführung (► Abb. 4.38):

- **Ausgangsstellung:** Der Therapeut steht schräg links unter dem Kopf des Pferdes/HWS.
- **linke Hand:** greift gelenknah, flächig von rechts mit den Fingerkuppen auf das linke Os nasale
- **rechte Hand:** gelenknaher lumbricaler Griff von kaudal mit den Langfingern und dem Daumen um den linken oberen Orbitabogen
- **Bewegungsrichtung:** Durchführung einer Rotation durch die rechte Hand nach ventral

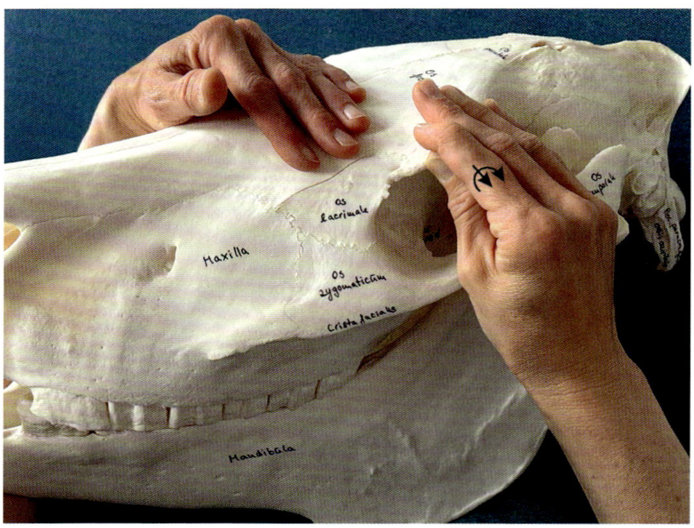

Abb. 4.38 Spezifische Befundung kaudolaterale Rotation Os frontale.

4.5.5 Os lacrimale

- Wegen der Position des Os lacrimale als Teil der Orbita in unmittelbarer Nähe zum Augapfel ist besondere Vorsicht geboten. Eine gute Platzierung der Thenarmuskulatur ist dabei wichtig. Bei ungünstigen Größenverhältnissen (z. B. kleiner Pferdekopf vs. große Behandlerhand) kann es sinnvoll sein, den Griff anzupassen und stattdessen Zeige- und Mittelfinger zur Befundung des Os lacrimale einzusetzen.
- Liegt eine akute Konjunktivitis vor, sollte mit Handschuhen gearbeitet werden. Eine vorherige Reinigung des umliegenden Gewebes von angetrockneter Flüssigkeit macht hier Sinn.

Kompression Os lacrimale

Tab. 4.36 Beteiligte Strukturen bei der Kompression am Os lacrimale.

Sutur	Mobilisierter Knochen	Fixierter Knochen
Sutura frontolacrimalis	Os lacrimale	Os frontale
Sutura lacrimomaxillaris	Os lacrimale	Os maxillare
Sutura nasolacrimalis	Os lacrimale	Os nasale
Sutura lacrimozygomatica	Os lacrimale	Os zygomaticum

Praktische Durchführung (▶ Abb. 4.39):

- **Ausgangsstellung:** Der Therapeut steht seitlich (links) neben oder unter dem Kopf des Pferdes.
- **linke Hand:** gelenknaher flächiger Griff von links kaudolateral mit der Thenarmuskulatur auf das linke Os lacrimale
- **rechte Hand:** gelenknaher flächiger Griff von rechts kaudolateral mit der Thenarmuskulatur auf das rechte Os lacrimale
- **Bewegungsrichtung:** Durchführung einer Kompression durch gleichzeitigen Druck beider Thenarmuskeln auf das Os lacrimale

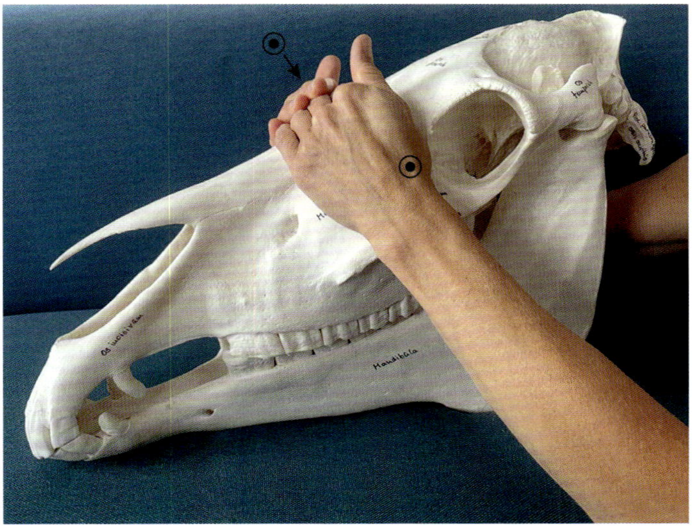

Abb. 4.39 Spezifische Befundung Kompression Os lacrimale.

Translation Os lacrimale

Tab. 4.37 Beteiligte Strukturen bei der Translation am Os lacrimale.

Sutur	Mobilisierter Knochen	Fixierter Knochen
Sutura frontolacrimalis	Os lacrimale	Os frontale
Sutura lacrimomaxillaris	Os lacrimale	Os maxillare
Sutura nasolacrimalis	Os lacrimale	Os nasale
Sutura lacrimozygomatica	Os lacrimale	Os zygomaticum

Praktische Durchführung (▸ Abb. 4.40):

- **Ausgangsstellung:** Der Therapeut steht seitlich (links) neben oder unter dem Kopf des Pferdes.
- **linke Hand:** gelenknaher flächiger Griff von links kaudolateral mit der Thenarmuskulatur auf das linke Os lacrimale
- **rechte Hand:** gelenknaher flächiger Griff von rechts kaudolateral mit der Thenarmuskulatur auf das rechte Os lacrimale
- **Bewegungsrichtung:** Durchführung einer Translation durch einseitigen Druck der linken Thenarmuskulatur auf das linke Os lacrimale

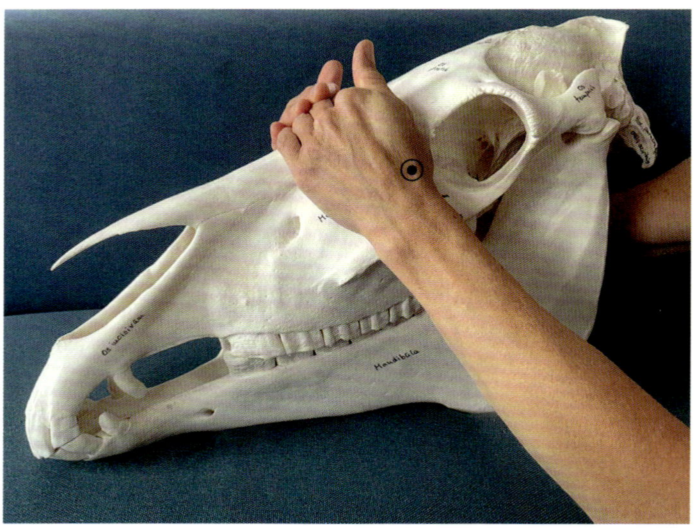

Abb. 4.40 Spezifische Befundung Translation Os lacrimale.

4.5.6 Os zygomaticum

Dorsalisation Os zygomaticum

Tab. 4.38 Beteiligte Strukturen bei der Dorsalisation am Os zygomaticum.

Sutur	Mobilisierter Knochen	Fixierter Knochen
Sutura lacrimozygomatica	Os zygomaticum	Os lacrimale
Sutura temporozygomatica	Os zygomaticum	Os temporale
Sutura zygomaticomaxillaris	Os zygomaticum	Os maxillare

Praktische Durchführung (▸ Abb. 4.41):

- **Ausgangsstellung:** Der Therapeut steht seitlich (links) neben dem Kopf des Pferdes. Der Tierhalter stabilisiert den Kopf von rechts.
- **linke Hand:** greift gelenknah, lumbrical von kaudal auf das linke Os maxillare
- **rechte Hand:** greift gelenknah, lumbrical von kaudal auf das linke Os zygomaticum
- **Bewegungsrichtung:** Durchführung einer Dorsalisation des Os zygomaticum durch die rechte Hand nach dorsal

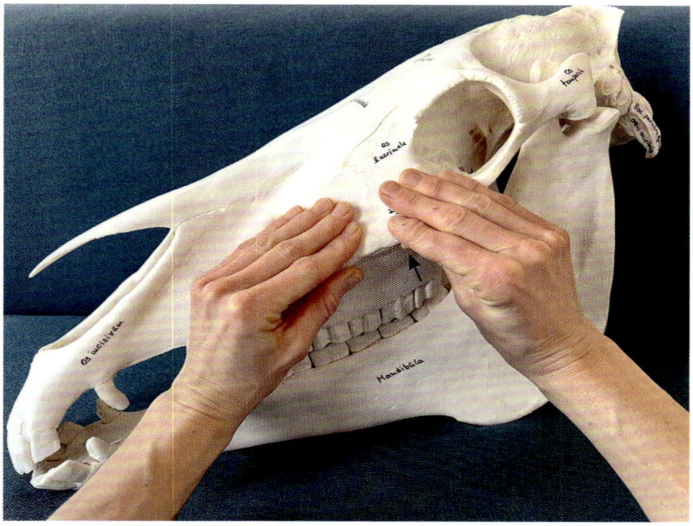

Abb. 4.41 Spezifische Befundung Dorsalisation Os zygomaticum.

Ventralisation Os zygomaticum

Tab. 4.39 Beteiligte Strukturen bei der Ventralisation am Os zygomaticum.

Sutur	Mobilisierter Knochen	Fixierter Knochen
Sutura lacrimozygomatica	Os zygomaticum	Os lacrimale
Sutura temporozygomatica	Os zygomaticum	Os temporale
Sutura zygomaticomaxillaris	Os zygomaticum	Os maxillare

Praktische Durchführung (▸ Abb. 4.42):

- **Ausgangsstellung:** Der Therapeut steht seitlich (links) neben dem Kopf des Pferdes. Der Tierhalter stabilisiert den Kopf von rechts.
- **linke Hand:** greift gelenknah, lumbrical von kaudal auf das linke Os maxillare
- **rechte Hand:** greift gelenknah, lumbrical von kaudal auf das linke Os zygomaticum
- **Bewegungsrichtung:** Durchführung einer Ventralisation des Os zygomaticum durch die rechte Hand nach ventral

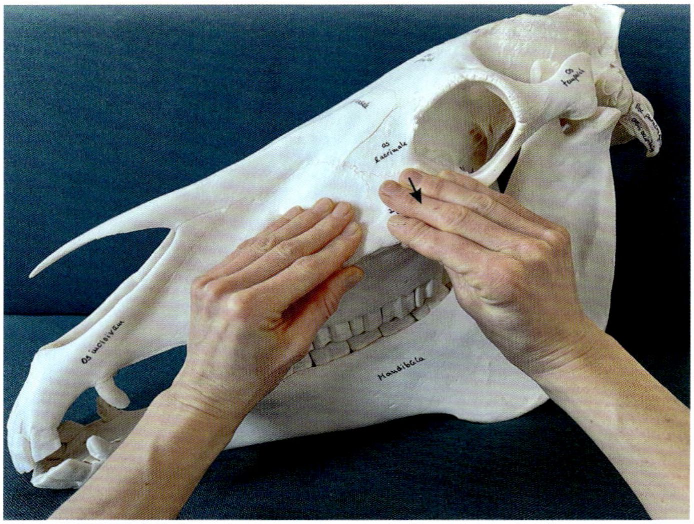

Abb. 4.42 Spezifische Befundung Ventralisation Os zygomaticum.

4.5.7 Os maxillare

Die Position der Hand auf dem Os maxillare sollte den Nervenaustrittspunkt des N. infraorbitalis aussparen, da es sonst zu Nervenirritationen führen kann; s. Kap. Nerven des Schädels (S. 65). Kommt es hierzu, ist mit dem Entziehen des Kopfes, Kopfschlagen des Pferdes zu rechnen, was eine deutliche Gefahr für den Behandler darstellt. Vor der Behandlung des Os maxillare sollte das Foramen infraorbitale palpiert werden, um sicher zu sein, dass die Hand richtig liegt; s. Kap. Sutura maxilloincisiva (S. 127).

Dorsalisation Os maxillare

Tab. 4.40 Beteiligte Strukturen bei der Dorsalisation am Os maxillare.

Sutur	Mobilisierter Knochen	Fixierter Knochen
Sutura nasomaxillaris	Os maxillare	Os nasale
Sutura lacrimomaxillaris	Os maxillare	Os lacrimale
Sutura zygomaticomaxillaris	Os maxillare	Os zygomaticum
Sutura maxilloincisiva	Os maxillare	Os incisiva

Praktische Durchführung (▶ Abb. 4.43):

- **Ausgangsstellung:** Der Therapeut steht seitlich (links) neben dem Kopf des Pferdes. Der Tierhalter stabilisiert den Kopf von rechts.
- **linke Hand:** greift gelenknah, lumbrical von kaudal auf das linke Os maxillare
- **rechte Hand:** greift gelenknah, lumbrical von kaudal auf das linke Os zygomaticum
- **Bewegungsrichtung:** Durchführung einer Dorsalisation des Os maxillare durch die linke Hand nach dorsal

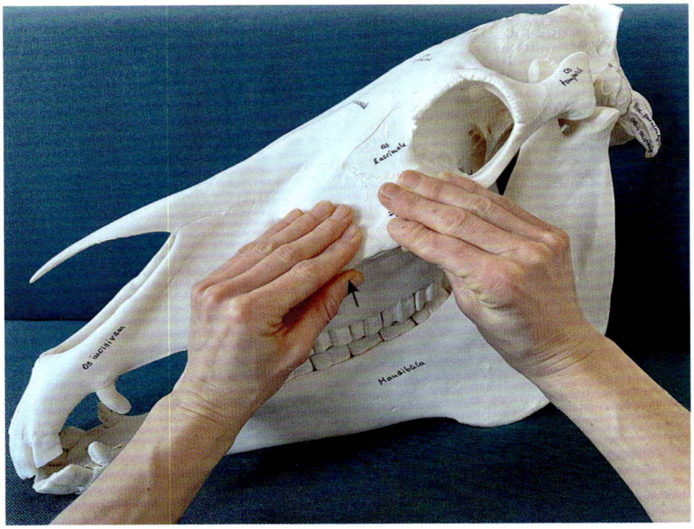

Abb. 4.43 Spezifische Befundung Dorsalisation Os maxillare.

Ventralisation Os maxillare

Tab. 4.41 Beteiligte Strukturen bei der Ventralisation am Os maxillare.

Sutur	Mobilisierter Knochen	Fixierter Knochen
Sutura nasomaxillaris	Os maxillare	Os nasale
Sutura lacrimomaxillaris	Os maxillare	Os lacrimale
Sutura zygomaticomaxillaris	Os maxillare	Os zygomaticum
Sutura maxilloincisiva	Os maxillare	Os incisiva

Praktische Durchführung (▶ Abb. 4.44):

- **Ausgangsstellung:** Der Therapeut steht seitlich (links) neben dem Kopf des Pferdes. Der Tierhalter stabilisiert den Kopf von rechts.
- **linke Hand:** greift gelenknah, lumbrical von kaudal auf das linke Os maxillare
- **rechte Hand:** greift gelenknah, lumbrical von kaudal auf das linke Os zygomaticum
- **Bewegungsrichtung:** Durchführung einer Ventralisation des Os maxillare durch die linke Hand nach ventral

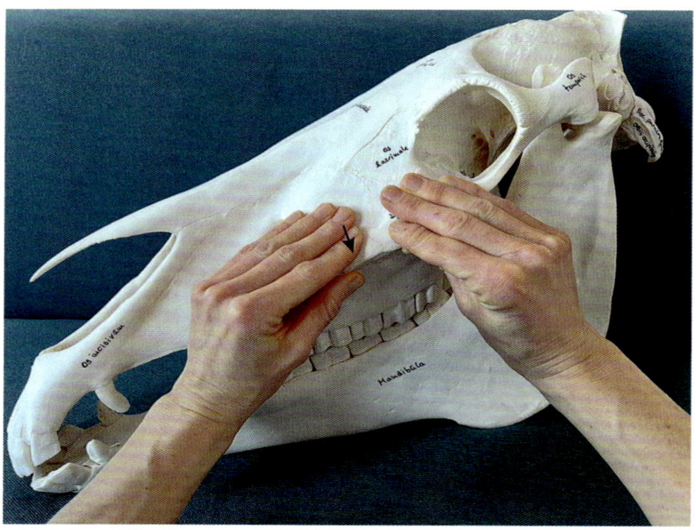

Abb. 4.44 Spezifische Befundung Ventralisation Os maxillare.

Kompression Os maxillare

Tab. 4.42 Beteiligte Strukturen bei der Kompression am Os maxillare.

Sutur	Mobilisierter Knochen	Fixierter Knochen
Sutura nasomaxillaris	Os maxillare	Os nasale
Sutura lacrimomaxillaris	Os maxillare	Os lacrimale
Sutura zygomaticomaxillaris	Os maxillare	Os zygomaticum
Sutura maxilloincisiva	Os maxillare	Os incisiva

Praktische Durchführung (▶ Abb. 4.45):

- **Ausgangsstellung:** Der Therapeut steht seitlich (links) neben oder unter dem Kopf des Pferdes.
- **linke Hand:** gelenknaher flächiger Griff von links kaudal mit der Thenarmuskulatur auf das linke Os maxillare
- **rechte Hand:** gelenknaher flächiger Griff von rechts kaudal mit der Thenarmuskulatur auf das rechte Os maxillare
- Bewegungsrichtung: Durchführung einer Kompression durch gleichzeitigen Druck beider Thenarmuskeln auf das Os maxillare

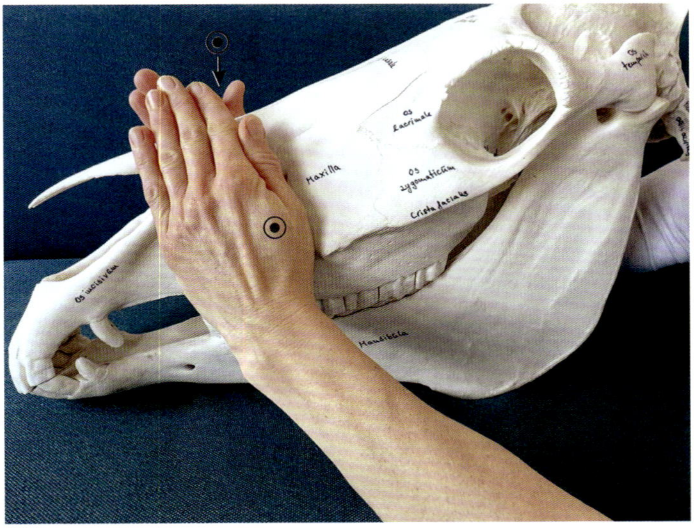

Abb. 4.45 Spezifische Befundung Kompression Os maxillare.

Translation Os maxillare

Tab. 4.43 Beteiligte Strukturen bei der Translation am Os maxillare.

Sutur	Mobilisierter Knochen	Fixierter Knochen
Sutura nasomaxillaris	Os maxillare	Os nasale
Sutura lacrimomaxillaris	Os maxillare	Os lacrimale
Sutura zygomaticomaxillaris	Os maxillare	Os zygomaticum
Sutura maxilloincisiva	Os maxillare	Os incisiva

Praktische Durchführung (▶ Abb. 4.46):

- **Ausgangsstellung:** Der Therapeut steht seitlich (links) neben oder unter dem Kopf des Pferdes.
- **linke Hand:** gelenknaher flächiger Griff von links kaudal mit der Thenarmuskulatur auf das linke Os maxillare
- **rechte Hand:** gelenknaher flächiger Griff von rechts kaudal mit der Thenarmuskulatur auf das rechte Os maxillare
- **Bewegungsrichtung:** Durchführung einer Translation durch einseitigen Druck der linken Thenarmuskulatur auf das Os maxillare

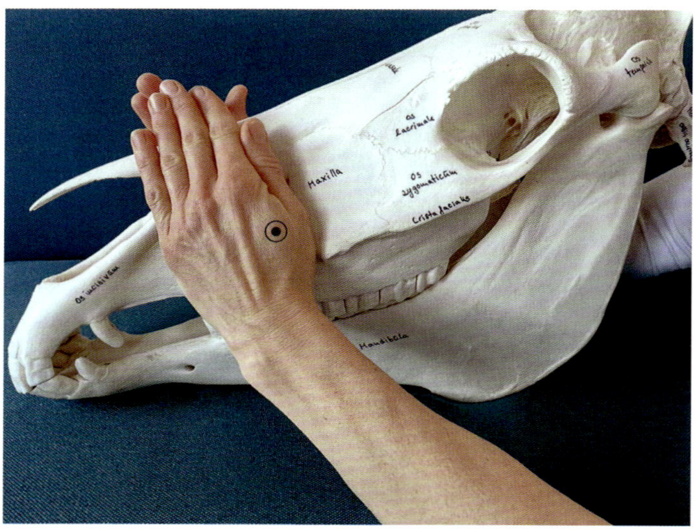

Abb. 4.46 Spezifische Befundung Translation Os maxillare.

4.5.8 Os nasale

- Das Os nasale ist aufgrund des fehlenden Weichteilüberzugs bei sensiblen Pferden besonders empfindlich. Insbesondere die Behandlung an der freitragenden Nase sollte sehr vorsichtig durchgeführt werden.
- Bei der transversalen Rotation kann ein vermehrtes Abwehrverhalten des Pferdes auf eine Kompression der Weichteile durch die Grifftechnik hindeuten. Dann die Handanlage überprüfen und diese gegebenenfalls verändern.

Rotation Os nasale (longitudinale Achse)

Tab. 4.44 Beteiligte Strukturen bei der Rotation am Os nasale um die longitudinale Achse.

Sutur	Mobilisierter Knochen	Fixierter Knochen
Sutura frontonasalis	Os nasale	Os frontale
Sutura nasolacrimalis	Os nasale	Os lacrimale
Sutura nasomaxillaris	Os nasale	Os maxillaris
Sutura nasoincisiva	Os nasale	Os incisiva

Praktische Durchführung (▶ Abb. 4.47):

- **Ausgangsstellung:** Der Therapeut steht unter dem Kopf des Pferdes/HWS.
- **linke Hand:** greift gelenknah, flächig mit den Fingerkuppen von kaudal auf das linke Os maxillare
- **rechte Hand:** greift gelenknah, flächig mit den Langfingern von rechts kaudal auf beide Ossa nasalia
- **Bewegungsrichtung:** Durchführung einer Rotation der Ossa nasalia um die longitudinale Achse durch die rechte Hand (Daumen und Thenarmuskulatur) nach rechts

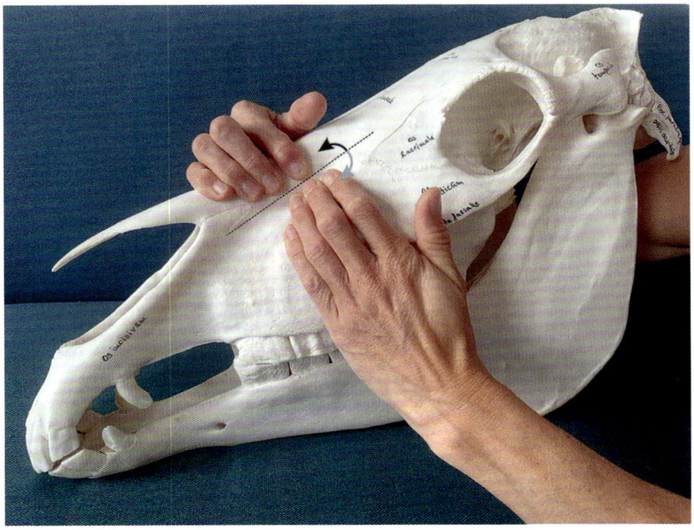

Abb. 4.47 Spezifische Befundung longitudinale Rotation Ossa nasalia.

Rotation Os nasale (sagittale Achse)

Tab. 4.45 Beteiligte Strukturen bei der Rotation am Os nasale um die sagittale Achse.

Sutur	Mobilisierter Knochen	Fixierter Knochen
Sutura frontonasalis	Os nasale	Os frontale
Sutura nasolacrimalis	Os nasale	Os lacrimale
Sutura nasomaxillaris	Os nasale	Os maxillaris
Sutura nasoincisiva	Os nasale	Os incisiva

Praktische Durchführung (▶ Abb. 4.48):

- **Ausgangsstellung:** Der Therapeut steht seitlich (links) neben oder unter dem Kopf des Pferdes.
- **linke Hand:** greift gelenknah, flächig mit den Fingerkuppen von links kaudal auf das linke Os maxillare
- **rechte Hand:** umgreift gelenknah, mit dem Spangengriff von rechts kaudal beide Ossa nasalia am Übergang zur freitragenden Nase
- **Bewegungsrichtung:** Durchführung einer Rotation der Ossa nasalia um die sagittale Achse, durch die rechte Hand (Thenarmuskulatur und Phalanx IV und V) nach links

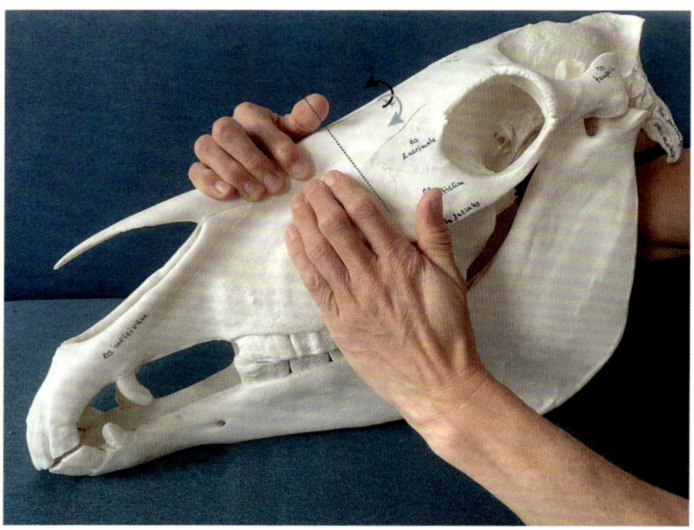

Abb. 4.48 Spezifische Befundung sagittale Rotation Ossa nasalia.

Rotation Os nasale (transversale Achse)

Tab. 4.46 Beteiligte Strukturen bei der Rotation am Os nasale um die transversale Achse ("Hebeln").

Sutur	Mobilisierter Knochen	Fixierter Knochen
Sutura frontonasalis	Os nasale	Os frontale
Sutura nasolacrimalis	Os nasale	Os lacrimale
Sutura nasomaxillaris	Os nasale	Os maxillaris
Sutura nasoincisiva	Os nasale	Os incisiva

Praktische Durchführung (▸ Abb. 4.49):

- **Ausgangsstellung:** Der Therapeut steht unter dem Kopf des Pferdes/HWS.
- **linke Hand:** greift flächig von kaudal mit der Daumenkuppe auf Höhe des Übergangs zur festen Nase auf das linke Os nasale, die Fingerkuppen liegen von kranial dem freitragenden Os nasale auf
- **rechte Hand:** greift flächig von kaudal mit der Daumenkuppe auf Höhe des Übergangs zur festen Nase auf das rechte Os nasale, die Fingerkuppen liegen von kranial dem freitragenden Os nasale auf
- **Bewegungsrichtung:** Durchführung einer Rotation („Hebeln") der Ossa nasalia um die transversale Achse durch den linken und rechten Daumen und die Langfinger, zeitgleich oder nacheinander, nach kraniorostral

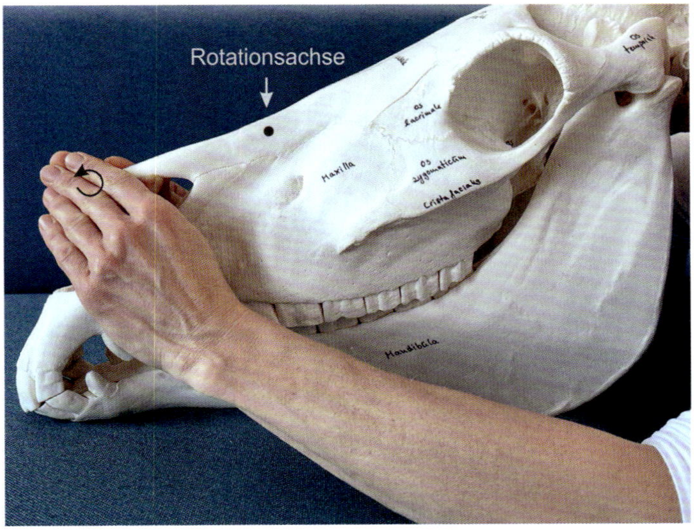

Abb. 4.49 Spezifische Befundung translatorische Rotation Ossa nasalia.

Translation Os nasale

Tab. 4.47 Beteiligte Strukturen bei der Translation am Os nasale.

Sutur	Mobilisierter Knochen	Fixierter Knochen
Sutura frontonasalis	Os nasale	Os frontale
Sutura nasolacrimalis	Os nasale	Os lacrimale
Sutura nasomaxillaris	Os nasale	Os maxillaris
Sutura nasoincisiva	Os nasale	Os incisiva

Praktische Durchführung (▶ Abb. 4.50):

- **Ausgangsstellung:** Der Therapeut steht unter dem Kopf des Pferdes/HWS.
- **linke Hand:** greift gelenknah, flächig von kaudal mit den Langfingern auf das linke Os maxillare
- **rechte Hand:** greift gelenknah, flächig von rechts kaudal mit den Fingerkuppen auf die Ossa nasalia
- **Bewegungsrichtung:** Durchführung einer Translation der Ossa nasalia durch die rechten Langfinger nach rechts

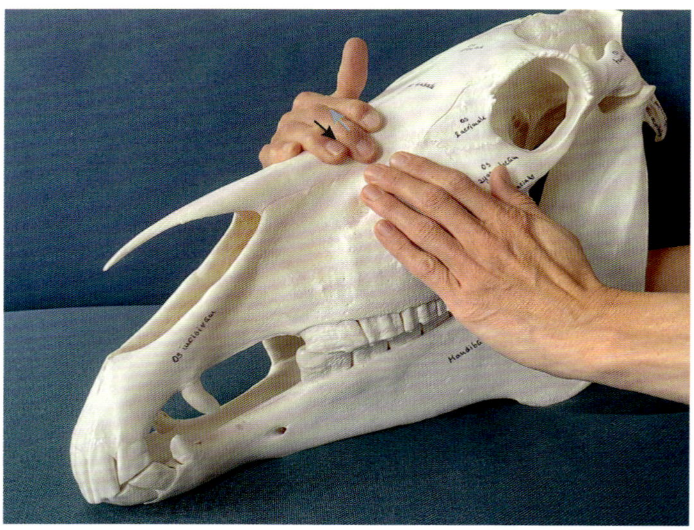

Abb. 4.50 Spezifische Befundung Translation Ossa nasalia.

4.6 Behandlung

Der Behandlungsablauf gestaltet sich in Abhängigkeit von den in der Befundaufnahme lokalisierten Dysfunktionen. Eine verringerte Distraktionsbewegung innerhalb einer Sutur oder die reduzierte Elastizität eines bestimmten Schädelknochens bedingen entsprechende Behandlungstechniken mit adäquater Handanlage und Grifftechnik. Die Behandlungstechniken (Reizintensität, -dauer, -häufigkeit) sind abhängig von der individuellen Schmerztoleranz und der Compliance des Pferdes. Die Handanlage und Grifftechnik variieren entsprechend des Größenverhältnisses des Pferdekopfes und der Größe der Behandlerhand sowie der Höhe des Pferdes und der Armlänge des Behandelnden; s. Kap. Durchführung der Behandlung allgemein (S. 95) und Kap. Grundlagen der Grifftechnik (S. 104).

Die Distraktionsbehandlung kann genauso wie die Spezifische Behandlung alleinig oder in Kombination indiziert sein und eingesetzt werden. Die betroffene kraniofaziale Region wird, wenn notwendig, zunächst distraktorisch behandelt, bevor die spezifischen Behandlungstechniken zur Anwendung kommen. In Anlehnung an die Reihenfolge des Befundes gestaltet sich die Abfolge der Behandlung.

> **✔ Merke**
> Auch hier wird weitestgehend von kranial nach rostral und von medial nach lateral gearbeitet.

Die Position des Therapeuten zum Pferd, die Platzierung dessen Hände und die Grifftechnik inklusive der manuellen Fixation der artikulierenden Schädelknochen sowie die Zugrichtung sind in der Distraktionsbehandlung die gleichen wie in der Distraktionsbefundung; s. Kap. Allgemeine Techniken (S. 74). Selbiges gilt für die Spezifische Behandlung, wobei hier die eingeschränkte Mobilisationsrichtung behandelt wird; s. Kap. Spezifische Techniken (S. 75). Die in den entsprechenden Kapiteln niedergeschriebenen Tipps zu den jeweiligen Schädelknochen sollten in der Behandlung beherzigt werden!

Die Distraktionsbehandlung wird mittels Zugs am Bewegungsende der bindegewebigen Dehnfähigkeit der jeweiligen kollagenen Fasern der Sutur, möglichst suturnah, im 90°-Winkel zum entsprechenden Suturverlauf durchgeführt; s. Kap. Distraktionsbefundung (S. 106).

Die Spezifische Behandlung erfolgt unter Kompression mit einem Kraftaufwand von wenigen Gramm bis zu ca. 10 kg in die eingeschränkte Bewegungsrichtung. Sie wird am Bewegungsende der bindegewebigen Dehnfähigkeit der jeweiligen kollagenen Fasern der Sutur möglichst suturnah ausgeführt, s. Kap. Spezifische Techniken (S. 75).

Die Dosierung des Behandlungsreizes beider Techniken wird mit seinem Umfang, seiner Intensität, seiner Dauer und seiner Häufigkeit anhand der in der jeweiligen Befunderhebung herausgestellten individuellen Reizschwelle des Pferdes gewählt.

Sowohl der Bewegungsgrad bzw. die Bewegungsamplitude als auch der Rhythmus, die Zeit und die Wiederholungsanzahl sind die „Stellschrauben“, anhand derer auf die Gegebenheiten des Pferdes und die Schwere der Dysfunktion eingegangen werden kann.

Nach der Behandlung erfolgt eine kurze Überprüfung des Widerstands, des Rebounds und der sensorischen Antwort der behandelten kraniofazialen Region zur Beurteilung der Wirksamkeit der angewandten Techniken.

4.6.1 Os occipitale

Das Os occipitale artikuliert über das Art. atlanto-occipitalis mit dem Atlas. Mit den in ▶ Tab. 4.48 genannten 4 Knochen steht es in suturaler Verbindung.

Tab. 4.48 Suturale Verbindungen Os occipitale.

Artikulierender Knochen	Verbindende Sutur
Os interparietale	Sutura occipitointerparietalis
Os parietale	Sutura lambdoidea
Os temporale	Sutura occipitotemporalis
Os sphenoidale	Sutura occipitosphenoidalis

Handanlage und Grifftechnik bei der Distraktionsbehandlung und der Spezifischen Behandlung des Os occipitale sind genauso wie zuvor im Befundteil beschrieben und abgebildet; s. Kap. Art. Atlanto-occipitalis (S. 107), Kap. Os occipitale (S. 131), Kap. Os interparietale (S. 133), s. Kap. Sutura lambdoidea (S. 109) und Kap. Sutura occipitotemporalis (S. 111).

Die Bewegungsrichtungen des Os occipitale geben 4 Behandlungsmöglichkeiten vor:

- Distraktion
- Translation
- Ventralisation
- Dorsalisation

Distraktionsbehandlung

Die Distraktion am Os occipitale erfolgt in eine Mobilisationsrichtung (▶ Abb. 4.51). Die Reizsetzung ist in ▶ Tab. 4.49 nachzulesen.

Tab. 4.49 Behandlungsreizsetzung bei der Distraktionsbehandlung.

Reiz	Umsetzung
Reizsetzung	Distraktionsbehandlung
Reizumfang	• Grad III (große Amplitude) • Grad IV (kleine Amplitude)
Reizintensität	intermittierender, niedrigschwelliger Rhythmus
Reizdauer	1-mal für 5–10s
Reizhäufigkeit	2–3-mal

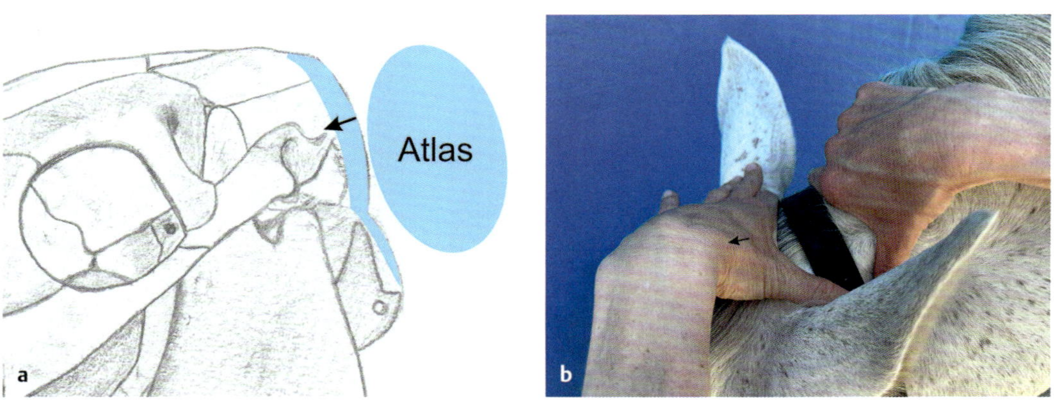

Abb. 4.51 Os occipitale.
a Schematische Darstellung der Behandlung in Distraktion.
b Handanlage (Distraktion).

Spezifische Behandlung

▶ **Translation** Die minimale Translation nach rechts und links findet hauptsächlich in den Gelenkflächen des Atlas und des Os occipitale im Art. atlantooccipitalis statt (▶ Abb. 4.52).

▶ **Ventralisation und Dorsalisation** Bei der Ventralisation und Dorsalisation wird mit dem Spangengriff das Os occipitale gegen das Os interparietale, die Ossa parietalia, das Os temporale und indirekt gegen das Os sphenoidale nach ventral bzw. nach dorsal bewegt (▶ Abb. 4.53). Aufgrund der übereinander angeordneten Struktur des Neurokraniums ist eine selektive Spezifische Mobilisation des Os occipitale gegen jeden einzelnen artikulierenden Schädelknochen nicht möglich.

Die Reizsetzung der Spezifischen Mobilisation ist in ▶ Tab. 4.50 nachzulesen.

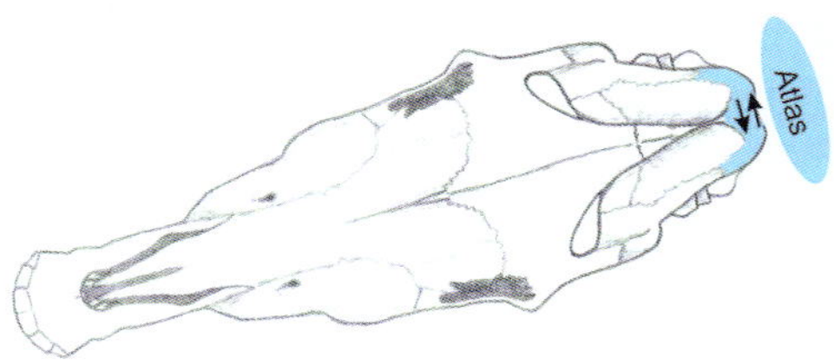

a

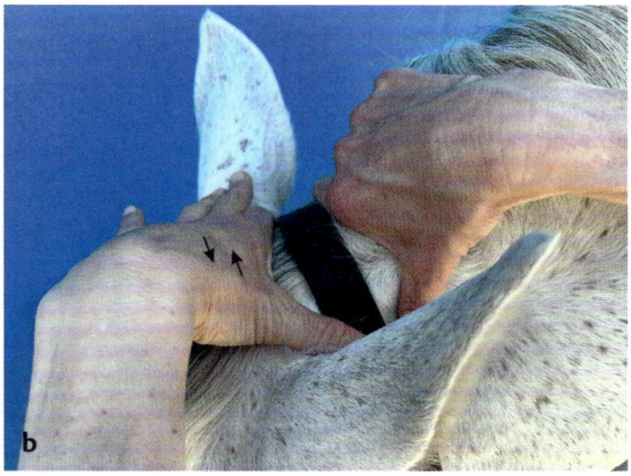
b

Abb. 4.52 Os occipitale.
a Schematische Darstellung der Behandlung in Translation.
b Handanlage (Translation).

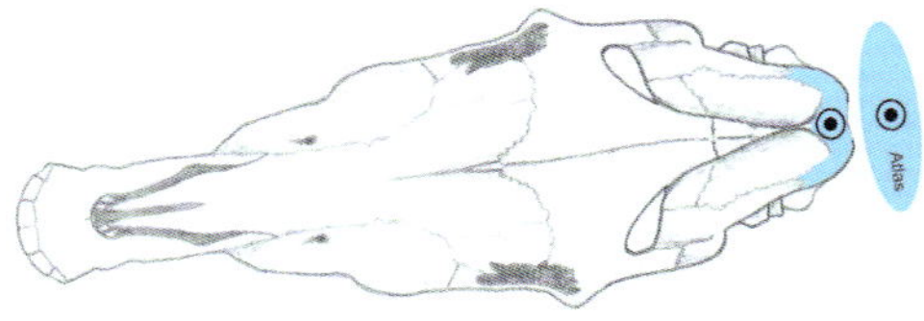

a

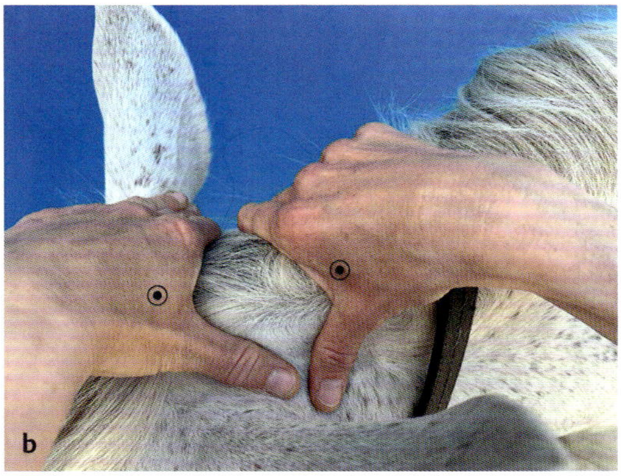
b

Abb. 4.53 Os occipitale.
a Schematische Darstellung der Behandlung in Ventralisation und Dorsalisation.
b Handanlage (Ventralisation und Dorsalisation).

Tab. 4.50 Reizsetzung bei der Spezifischen Behandlung.

Reiz	Umsetzung
Reizsetzung	Spezifische Behandlung
Reizumfang	• Grad III (große Amplitude) • Grad IV (kleine Amplitude)
Reizintensität	gleichmäßiger, ansteigender Rhythmus
Reizdauer	3 min mit kurzen Pausen
Reizhäufigkeit	1-mal pro 1–2 s

Dysfunktionen

Liegt eine reduzierte Mobilität des Os occipitale vor, sind weiterlaufende Dysfunktionen des Atlas, der Ossa parietalia, des Os interparietale, des Os temporale oder des Os sphenoidale denkbar. Die in ▶ Abb. 4.54 genannten Symptome können auf eine eingeschränkte Beweglichkeit des Os occipitale hinweisen.

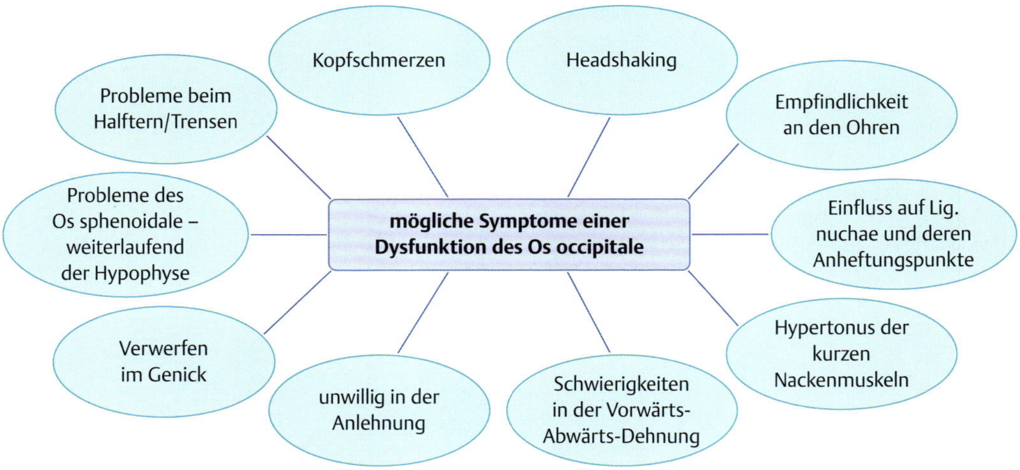

Abb. 4.54 Symptome einer Dysfunktion des Os occipitale.

4.6.2 Os interparietale

Das Os interparietale steht mit den in ▸ Tab. 4.51 genannten 3 Knochen in suturaler Verbindung.

Tab. 4.51 Suturale Verbindungen des Os interparietale.

Artikulierender Knochen	Verbindende Sutur
Os occipitale	Sutura occipitointerparietalis
Os parietale	Sutura parietalointerparietalis

Handanlage und Grifftechnik bei der Distraktionsbehandlung und der Spezifischen Behandlung des Os interparietale sind genauso wie zuvor im Befundteil beschrieben und abgebildet; s. Kap. Sutura occipitointerparietalis (S. 108), Kap. Os interparietale (S. 157) und Kap. Sutura parietalointerparietalis (S. 110).

Die Bewegungsrichtungen des Os interparietale geben hier 4 Behandlungsmöglichkeiten vor:

- Distraktion
- Rotation
- Ventralisation
- Dorsalisation

Distraktionsbehandlung

Die Distraktion am Os interparietale erfolgt in einer Mobilisationsrichtung. Die Distraktion der Sutura occipitointerparietalis wird einseitig nacheinander durchgeführt (▸ Abb. 4.55). Die Reizsetzung ist der ▸ Tab. 4.52 zu entnehmen.

Tab. 4.52 Behandlungsreizsetzung bei der Distraktionsbehandlung.

Reiz	Umsetzung
Reizsetzung	Distraktionsbehandlung
Reizumfang	• Grad III (große Amplitude) • Grad IV (kleine Amplitude)
Reizintensität	intermittierender, niedrigschwelliger Rhythmus
Reizdauer	1-mal für 5–10s
Reizhäufigkeit	2–3-mal

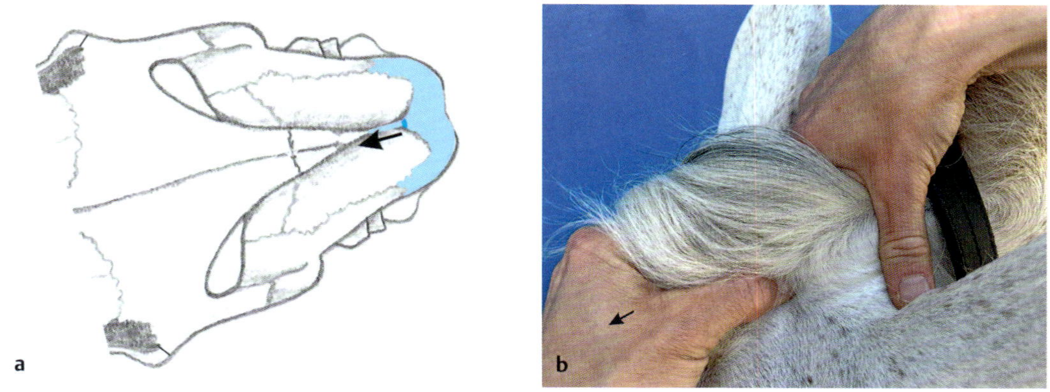

Abb. 4.55 Os interparietale.
a Schematische Darstellung der Behandlung in Distraktion Sutura occipitointerparietalis.
b Handanlage (Distraktion Sutura occipitointerparietalis).

Spezifische Behandlung

▶ **Rotation** Die Rotation des Os interparietale erfolgt hauptsächlich gegen das Os occipitale in der Sutura occipitointerparietale. Auswirkungen auf die Ossa parietalia sind nicht auszuschließen (▶ Abb. 4.56).

▶ **Ventralisation und Dorsalisation** Bei der Ventralisation und Dorsalisation wird das Os interparietale mit dem Pinzettengriff gegen das Os occipitale und die Ossa parietalia nach ventral bzw. nach dorsal bewegt (▶ Abb. 4.57). Die durch den Suturenverlauf vorgegebene Struktur ermöglicht eine simultane Spezifische Mobilisation des Os interparietale gegen die 3 angeführten artikulierenden Schädelknochen.

Die Reizsetzung der Spezifischen Mobilisation ist in der ▶ Tab. 4.53 nachzulesen.

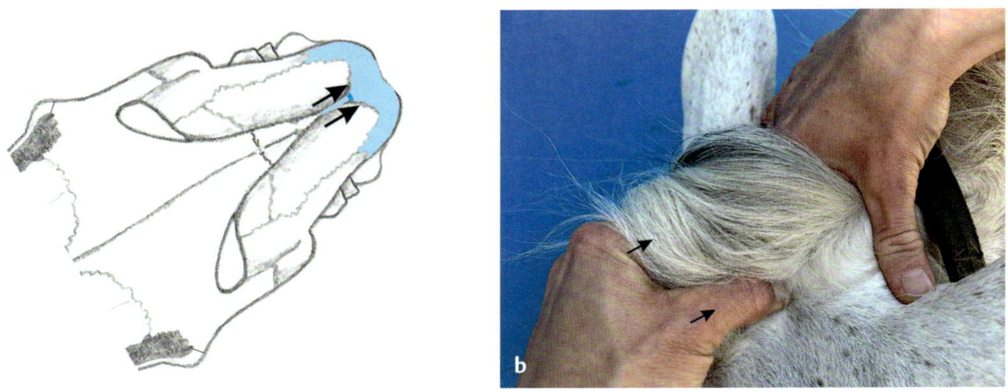

a

b

Abb. 4.56 Os interparietale.
a Schematische Darstellung der Behandlung in Rotation.
b Handanlage (Rotation).

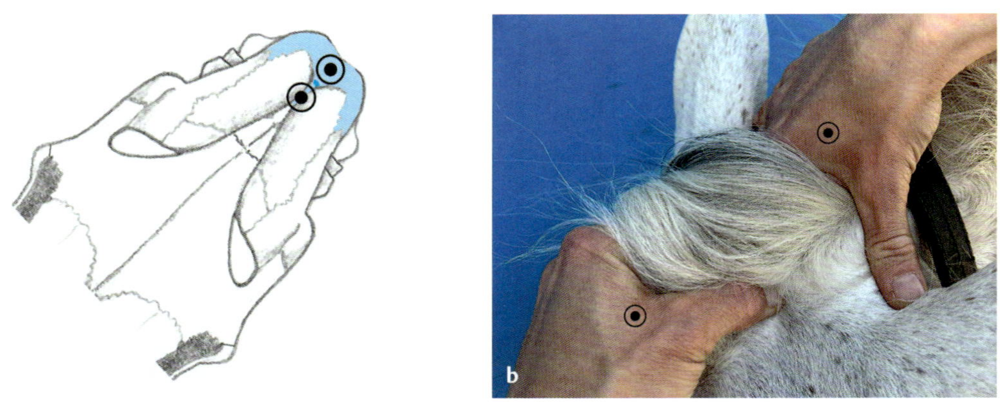

a

b

Abb. 4.57 Os interparietale.
a Schematische Darstellung der Behandlung in Ventralisation und Dorsalisation.
b Handanlage (Ventralisation und Dorsalisation).

Tab. 4.53 Reizsetzung bei der Spezifischen Behandlung.

Reiz	Umsetzung
Reizsetzung	Spezifische Behandlung
Reizumfang	• Grad III (große Amplitude) • Grad IV (kleine Amplitude)
Reizintensität	gleichmäßiger, ansteigender Rhythmus
Reizdauer	3 min mit kurzen Pausen
Reizhäufigkeit	1-mal pro 1–2s

Dysfunktionen

Besteht eine verringerte Elastizität des Os interparietale, sind weiterlaufende Dysfunktionen der Ossa parietalia und des Os occipitale wahrscheinlich. Die in ▶ Abb. 4.58 genannten Symptome können auf eine eingeschränkte Beweglichkeit des Os interparietale hinweisen.

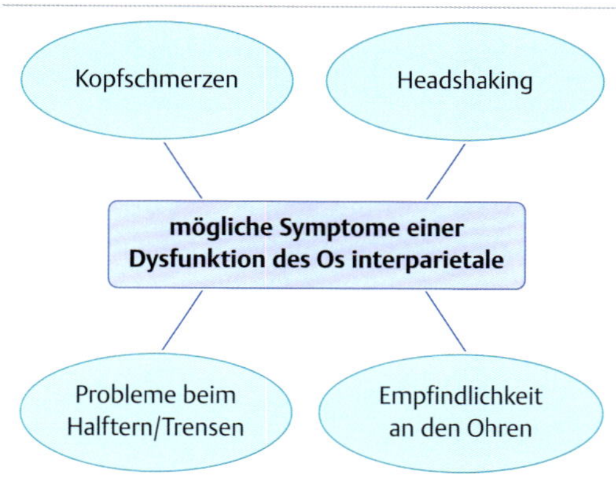

Abb. 4.58 Symptome einer Dysfunktion des Os interparietale.

4.6.3 Os parietale

Das paarige Os parietale steht mit den in ▶ Tab. 4.54 genannten 5 Knochen in suturaler Verbindung.

Tab. 4.54 Suturale Verbindungen des Os parietale.

Artikulierender Knochen	Verbindende Sutur
Os occipitale	Sutura lambdoidea
Os parietale	Sutura sagittalis
Os interparietale	Sutura parietalointerparietale
Os frontale	Sutura coronalis
Os temporale	Sutura squamosa

Handanlage und Grifftechnik bei der Distraktionsbehandlung und der Spezifischen Behandlung des Os parietale sind genauso wie zuvor im Befundteil beschrieben und abgebildet; s. Kap. Sutura lambdoidea (S. 109), Kap. Sutura sagittalis (S. 112), Kap. Sutura parietalointerparietalis (S. 110), Kap. Sutura coronalis (S. 114) und Kap. Sutura squamosa (S. 113).

Distraktionsbehandlung

Die Bewegungsrichtungen des Os parietale sind sehr begrenzt und beschränken sich auf die Distraktion. Diese erfolgt am Os parietale in 3 Mobilisationsrichtungen. Die Distraktion der Sutura lambdoidea wird beidseitig zeitgleich oder einseitig nacheinander durchgeführt (▶ Abb. 4.59). Die Distraktion der Sutura parietalointerparietalis wird einseitig nacheinander durchgeführt (▶ Abb. 4.60). Die Distraktion der Sutura sagittalis erfolgt beidseitig zeitgleich oder einseitig nacheinander (▶ Abb. 4.61). Die Reizsetzung dieser allgemeinen Technik ist der ▶ Tab. 4.55 zu entnehmen.

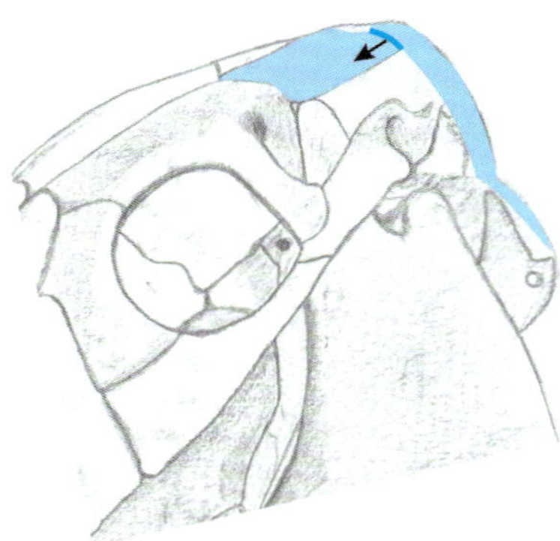

a

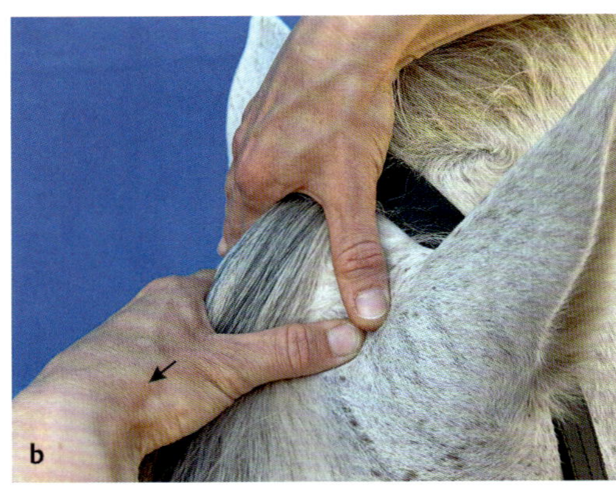

b

Abb. 4.59 Os parietale.
a Schematische Darstellung der Behandlung in Distraktion Sutura lambdoidea.
b Handanlage (Distraktion Sutura lambdoidea).

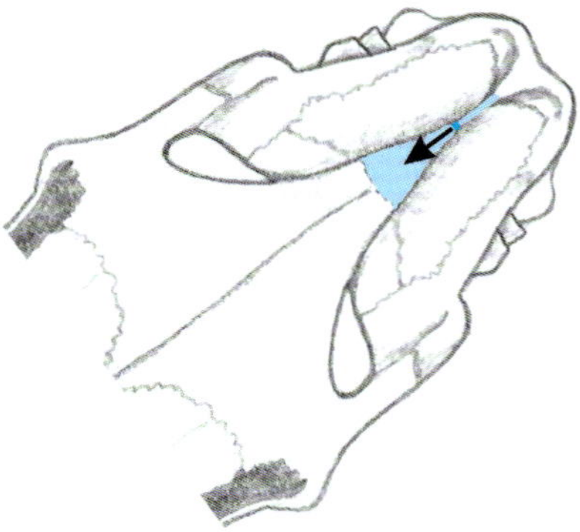

a

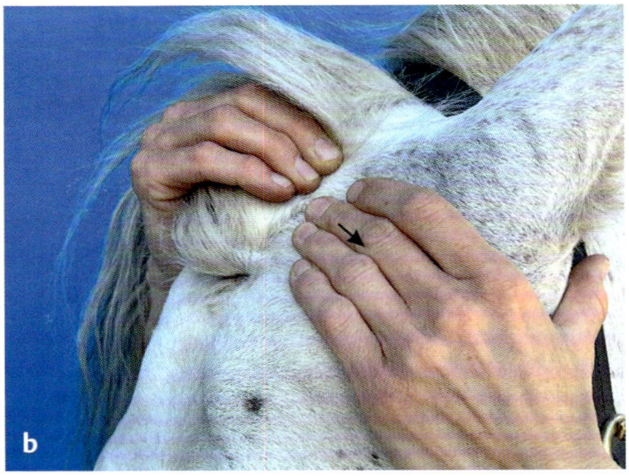

b

Abb. 4.60 Os parietale.
a Schematische Darstellung der Behandlung in Distraktion Sutura parietalointerparietalis.
b Handanlage (Distraktion Sutura parietalointerparietalis).

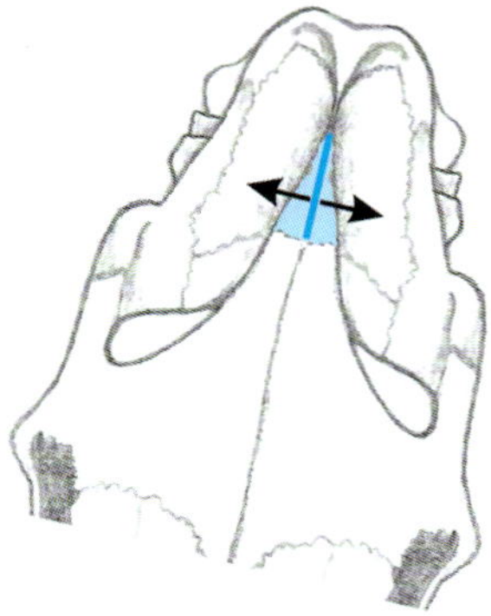

a

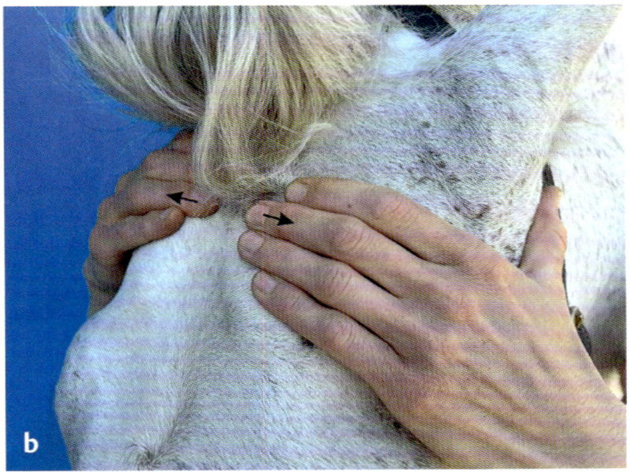

b

Abb. 4.61 Os parietale.
a Schematisch Darstellung der Behandlung in Distraktion Sutura sagittalis.
b Handanlage (Distraktion Sutura sagittalis).

Tab. 4.55 Behandlungsreizsetzung bei der Distraktionsbehandlung.

Reiz	Umsetzung
Reizsetzung	Distraktionsbehandlung
Reizumfang	• Grad III (große Amplitude) • Grad IV (kleine Amplitude)
Reizintensität	intermittierender, niedrigschwelliger Rhythmus
Reizdauer	1-mal für 5–10s
Reizhäufigkeit	2–3-mal

Spezifische Behandlung

Eine Spezifische Behandlung ist infolge der flachen Struktur des Os parietale und des knöchernen Aufbaus des Neurokraniums nicht möglich.

Dysfunktionen

Besteht eine Dysfunktion des Os parietale, sind weiterlaufende Einschränkungen des Os occipitale, Os parietale, Os interparietale, Os frontale und Os temporale möglich. Die in der ▶ Abb. 4.62 genannten Symptome können auf eine eingeschränkte Beweglichkeit des Os parietale hinweisen.

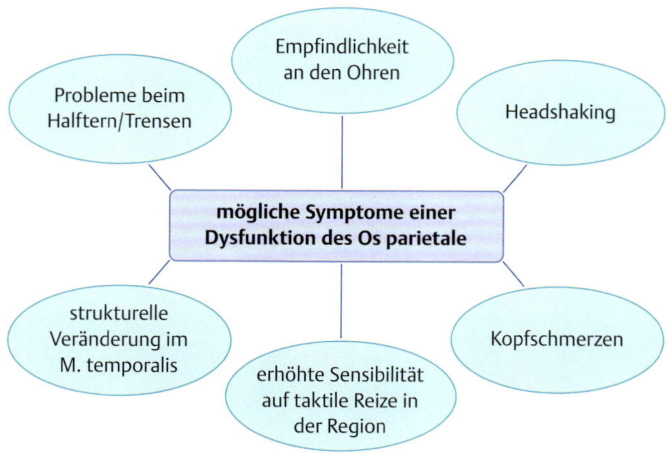

Abb. 4.62 Symptome einer Dysfunktion des Os parietale.

4.6.4 Os temporale

Das Os temporale artikuliert über ein echtes Gelenk mit dem Os mandibulare und bildet mit ihm das Art. temporomandibularis, das Kiefergelenk. Das Zungenbein, welches ein dreigliedriges Skelettstück darstellt, steht mit dem Os stylohyoideum in Verbindung mit dem Os temporale.

Das paarige Os temporale steht mit den in der ▶ Tab. 4.56 genannten 4 Knochen in suturaler Verbindung.

Tab. 4.56 Suturale Verbindungen des Os frontale.

Artikulierender Knochen	Verbindende Sutur
Os occipitale	Sutura occipitotemporalis
Os parietale	Sutura squamosa
Os frontale	Sutura frontotemporalis
Os sphenoidale	Sutura sphenosquamosa

Handanlage und Grifftechnik bei der Distraktionsbehandlung und der Spezifischen Behandlung des Os temporale sind genauso wie zuvor im Befundteil beschrieben und abgebildet; s. Kap. Sutura squamosa (S. 113), Kap. Sutura occipitotemporalis (S. 111), Kap. Sutura frontotemporalis (S. 115) und Kap. Os temporale (S. 135).

Die Bewegungsrichtungen des Os temporale geben hier 3 Behandlungsmöglichkeiten vor:

- Distraktion
- kraniorostrale Rotation
- kaudolaterale Rotation

Distraktionsbehandlung

Die Distraktion am Os temporale erfolgt in 3 Mobilisationsrichtungen. Die Distraktion der Sutura occipitotemporalis wird einseitig nacheinander durchgeführt (▶ Abb. 4.63). Die Distraktion der Sutura squamosa erfolgt einseitig nacheinander (▶ Abb. 4.64). Die Distraktion der Sutura frontotemporalis erfolgt einseitig nacheinander (▶ Abb. 4.65).

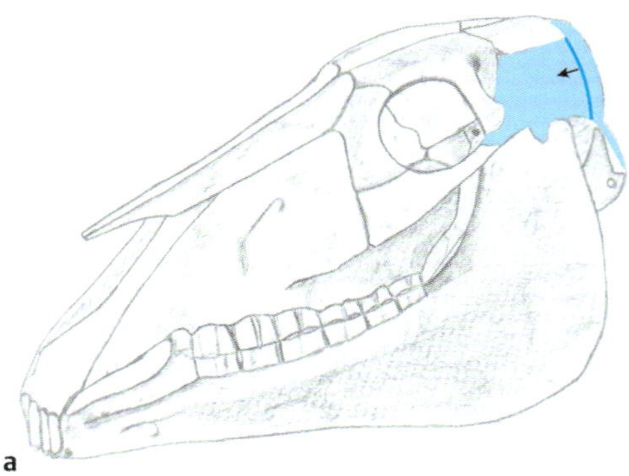
a

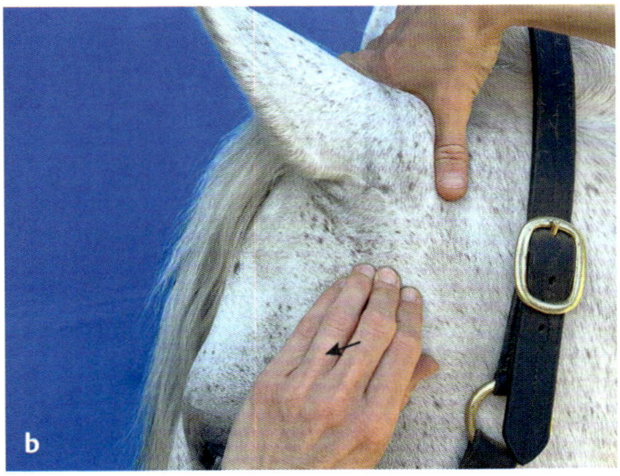
b

Abb. 4.63 Os temporale.
a Schematische Darstellung der Behandlung in Distraktion Sutura occipitotemporalis.
b Handanlage (Distraktion Sutura occipitotemporalis).

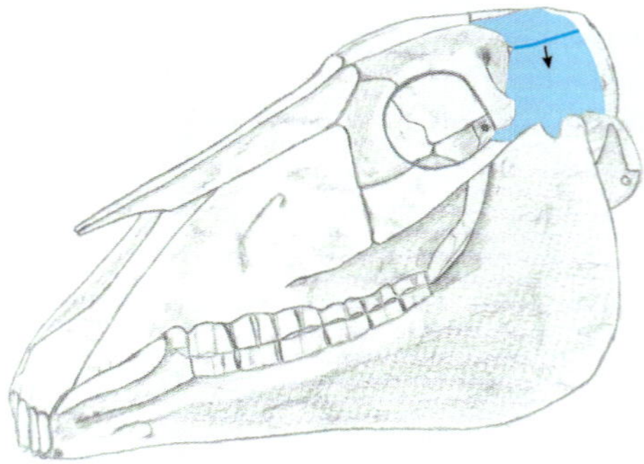

a

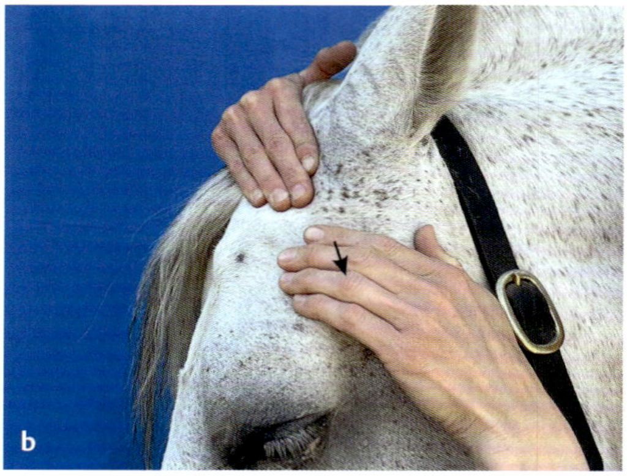

b

Abb. 4.64 Os temporale.
a Schematische Darstellung der Behandlung in Distraktion Sutura squamosa.
b Handanlage (Distraktion Sutura squamosa).

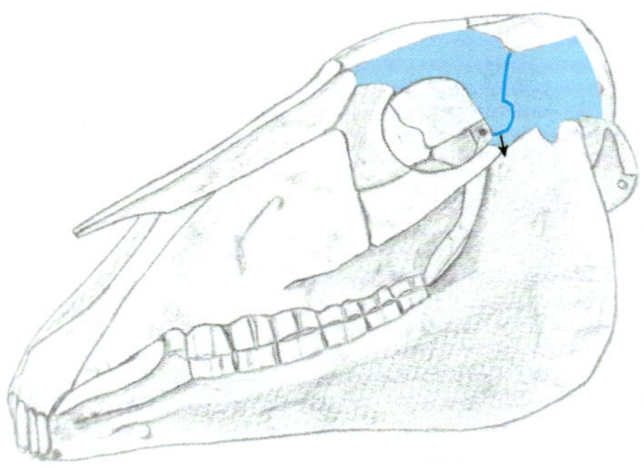

a

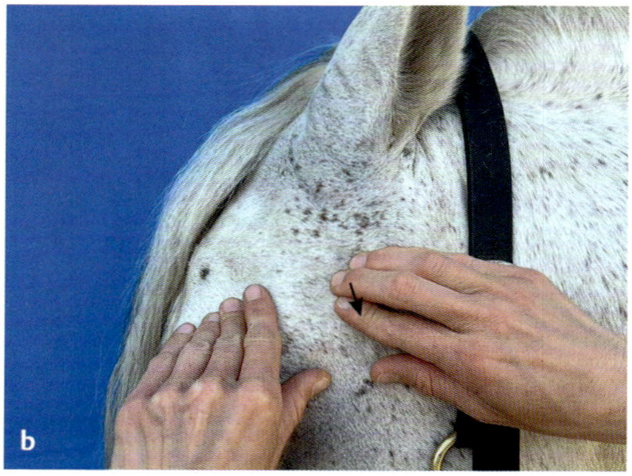

b

Abb. 4.65 Os temporale.
a Schematische Darstellung der Behandlung in Distraktion Sutura frontotemporalis.
b Handanlage (Distraktion Sutura frontotemporalis).

Spezifische Behandlung

► **Rotation** Die Rotation des Os temporale erfolgt in kraniorostral bzw. kaudaler Bewegungsrichtung und wird mit Hilfe des Pferdehalters zur Stabilisation des Pferdekopfes durchgeführt (► Abb. 4.66). Weiterführende Effekte auf das Os occipitale, das Os parietale und das Os frontale sowie auf das Os sphenoidale, das Os stylohyoideum und andere tiefer gelegene Schädelknochen sind möglich.

Die Reizsetzung der Spezifischen Mobilisation ist der ► Tab. 4.57 zu entnehmen.

Tab. 4.57 Reizsetzung bei der Spezifischen Behandlung.

Reiz	Umsetzung
Reizsetzung	Spezifische Behandlung
Reizumfang	• Grad III (große Amplitude) • Grad IV (kleine Amplitude)
Reizintensität	gleichmäßiger, ansteigender Rhythmus
Reizdauer	3 min mit kurzen Pausen
Reizhäufigkeit	1-mal pro 1–2s

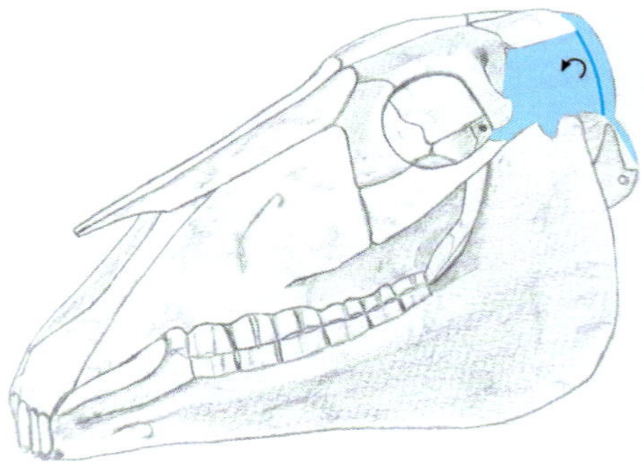

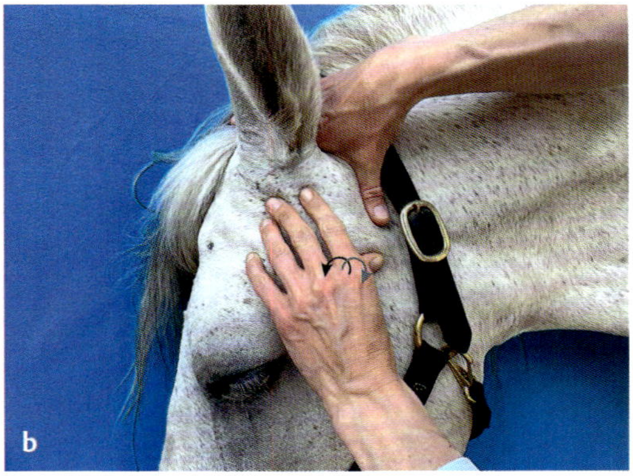

Abb. 4.66 Os temporale.

a Schematische Darstellung der Behandlung in kraniorostrale Rotation. Eine Bewegung in die entgegengesetzte Richtung bewirkt eine kaudolaterale Rotation (Hier nicht dargestellt.)

b Handanlage (kraniorostrale und kaudolaterale Rotation).

Dysfunktionen

Besteht eine eingeschränkte Mobilität des Os temporale sind weiterlaufende Dysfunktionen und Auswirkungen auf alle artikulierenden Knochen inklusive des Os stylohyoideum vorstellbar. Die in ▶ Abb. 4.67 genannten Symptome können auf eine eingeschränkte Beweglichkeit des Os temporale hinweisen.

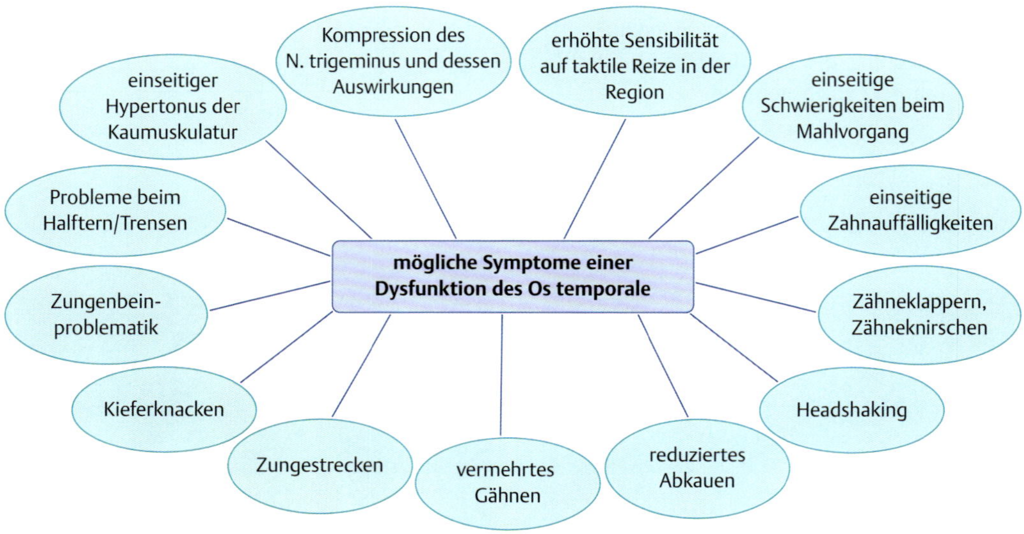

Abb. 4.67 Symptome einer Dysfunktion des Os temporale.

4.6.5 Os frontale

Das paarige Os frontale steht mit den in ▶ Tab. 4.58 genannten 6 Knochen in suturaler Verbindung.

Tab. 4.58 Suturale Verbindungen des Os frontale.

Artikulierender Knochen	Verbindende Sutur
Os temporale	Sutura frontotemporalis
Os frontale	Sutura interfrontalis
Os lacrimale	Sutura frontolacrimalis
Os parietale	Sutura coronalis
Os nasale	Sutura frontonasalis
Os sphenoidale	Sutura frontosphenoidalis

Handanlage und Grifftechnik bei der Distraktionsbehandlung und der Spezifischen Behandlung des Os frontale sind genauso wie zuvor im Befundteil beschrieben und abgebildet; s. Kap. Sutura frontotemporalis (S. 115), Kap. Sutura frontonasalis (S. 115), Kap. Sutura coronalis (S. 114), Kap. Sutura interfrontalis (S. 117), Kap. Sutura frontolacrimalis (S. 120) und Kap. Os frontale (S. 137).

Die Bewegungsrichtungen des Os frontale geben hier 5 Behandlungsmöglichkeiten vor:

- Distraktion
- kraniorostrale Rotation
- kaudolaterale Rotation
- Ventralisation
- Dorsalisation

Distraktionsbehandlung

Die Distraktion am Os frontale erfolgt in 2 Mobilisationsrichtungen. Die Distraktion der Sutura coronalis wird beidseitig zeitgleich oder einseitig nacheinander durchgeführt (▶ Abb. 4.68). Die Distraktion der Sutura interfrontalis erfolgt beidseitig zeitgleich oder einseitig nacheinander (▶ Abb. 4.69). Die Reizsetzung dieser allgemeinen Technik ist der ▶ Tab. 4.59 zu entnehmen.

Tab. 4.59 Behandlungsreizsetzung bei der Distraktionsbehandlung.

Reiz	Umsetzung
Reizsetzung	Distraktionsbehandlung
Reizumfang	• Grad III (große Amplitude) • Grad IV (kleine Amplitude)
Reizintensität	intermittierender, niedrigschwelliger Rhythmus
Reizdauer	1-mal für 5–10s
Reizhäufigkeit	2–3-mal

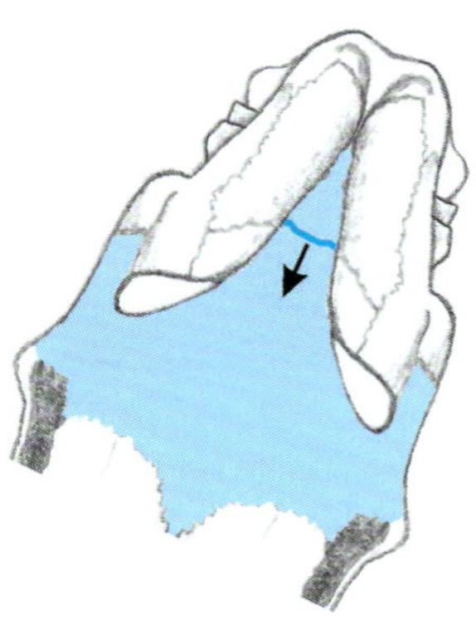
a

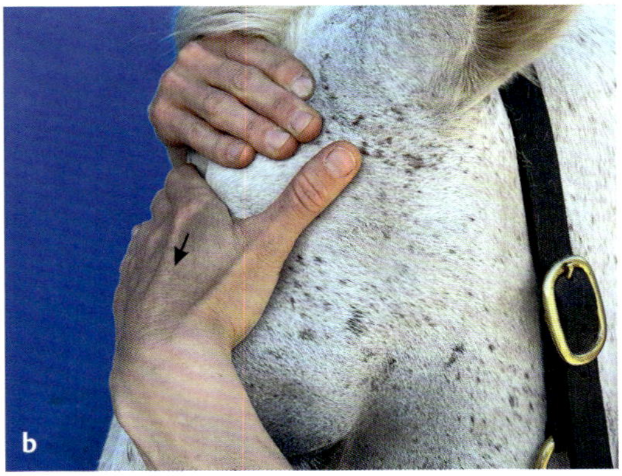
b

Abb. 4.68 Os frontale.
a Schematisch Darstellung der Behandlung in Distraktion Sutura coronalis.
b Handanlage (Distraktion Sutura coronalis).

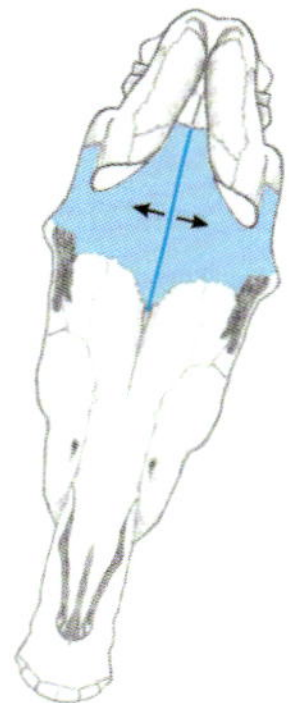

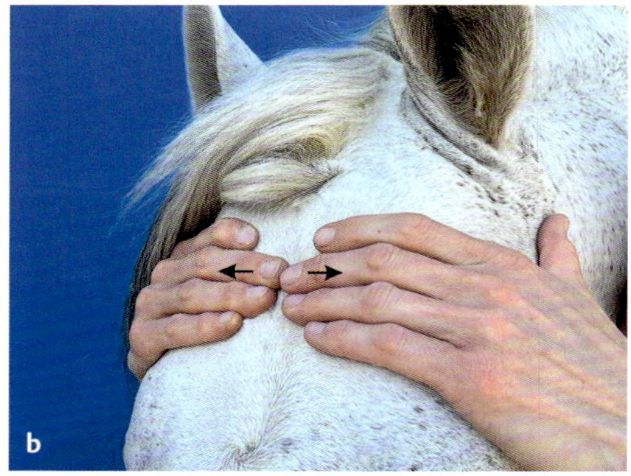

Abb. 4.69 Os frontale.
a Schematisch Darstellung der Behandlung in Distraktion Sutura interfrontalis.
b Handanlage (Distraktion Sutura interfrontalis).

Spezifische Behandlung

▶ **Rotation** Die Rotation des Os frontale erfolgt aufgrund seiner z. T. konvexen Form in Kombination mit einer kranialen bzw. kaudalen Bewegungskomponente (▶ Abb. 4.70). Weiterführende Effekte auf das Os temporale, das Os parietale, das kontralaterale Os frontale, das Os nasale, das Os lacrimale, das Os palatinum und das Os sphenoidale sowie andere tiefer gelegene Schädelknochen sind möglich.

▶ **Ventralisation und Dorsalisation** Die Ventralisation und Dorsalisation des Os frontale erfolgt hauptsächlich über die Daumenanlage unterhalb des oberen Orbitarandes, wobei die Fingerkuppen die Bewegungsrichtung begleiten (▶ Abb. 4.71). Aufgrund der Korpusstruktur artikuliert das Os frontale mit mehr als 6 weiteren Schädelknochen. Die Reizsetzung der Spezifischen Mobilisation kann der ▶ Tab. 4.60 entnommen werden.

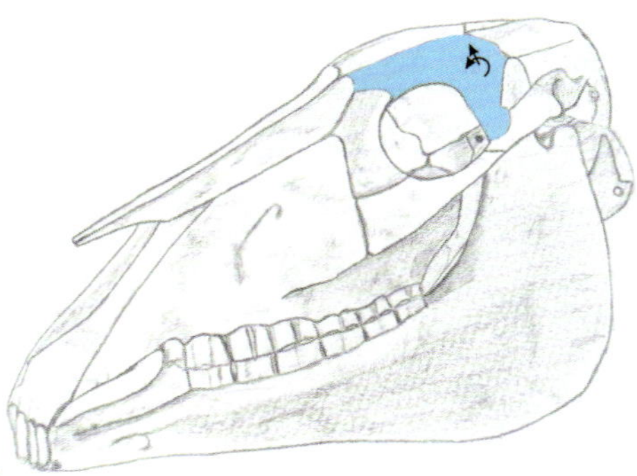

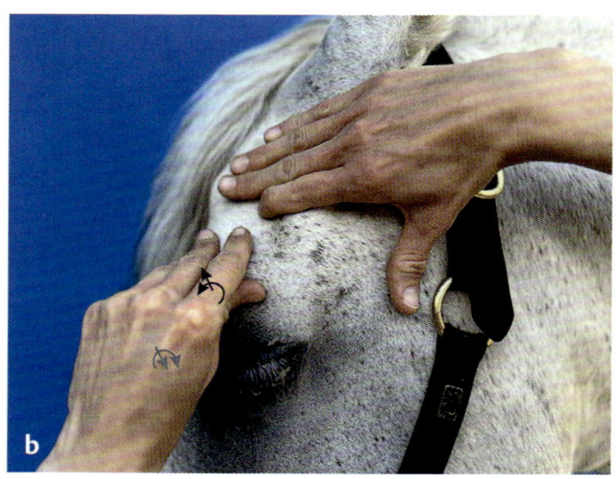

Abb. 4.70 Os frontale.
a Schematisch Darstellung der Behandlung in kraniorostrale Rotation. Eine Bewegung in die entgegengesetzte Richtung bewirkt eine kaudolaterale Rotation (Hier nicht dargestellt.)
b Handanlage (kraniorostrale und kaudolaterale Rotation).

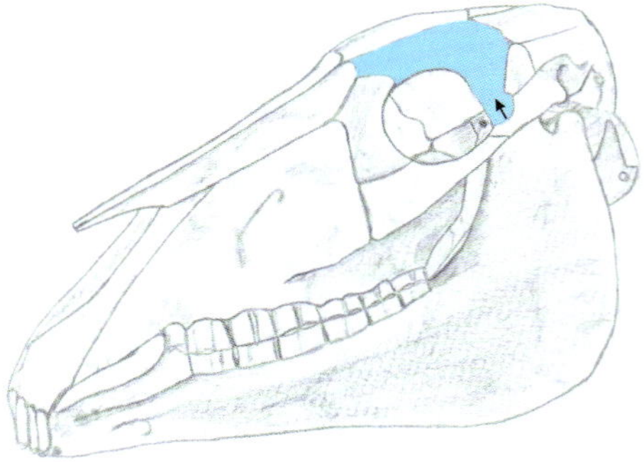

a

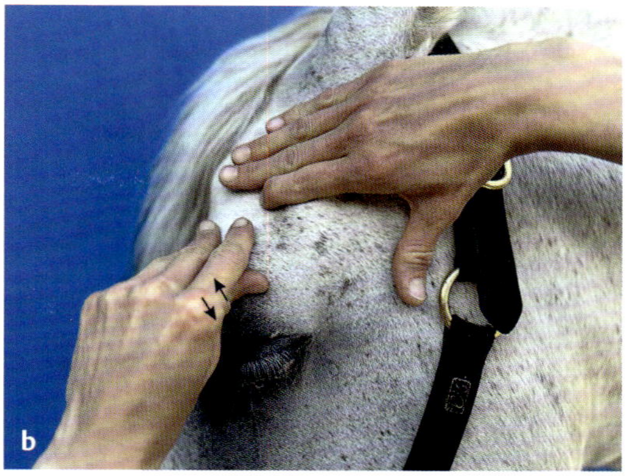

b

Abb. 4.71 Os frontale.
a Schematische Darstellung der Behandlung in Ventralisation. Eine Bewegung in die entgegengesetzte Richtung entspricht der Behandlung in Dorsalisation (Hier nicht dargestellt.)
b Handanlage (Ventralisation und Dorsalisation).

Tab. 4.60 Reizsetzung bei der Spezifischen Behandlung.

Reiz	Umsetzung
Reizsetzung	Spezifische Behandlung
Reizumfang	• Grad III (große Amplitude) • Grad IV (kleine Amplitude)
Reizintensität	gleichmäßiger, ansteigender Rhythmus
Reizdauer	3 min mit kurzen Pausen
Reizhäufigkeit	1-mal pro 1–2 s

Dysfunktionen

Besteht eine eingeschränkte Mobilität des Os frontale, sind weiterlaufende Dysfunktionen und Auswirkungen auf alle artikulierenden Knochen vorstellbar. Die in ▸ Abb. 4.72 genannten Symptome können auf eine eingeschränkte Beweglichkeit des Os frontale hinweisen.

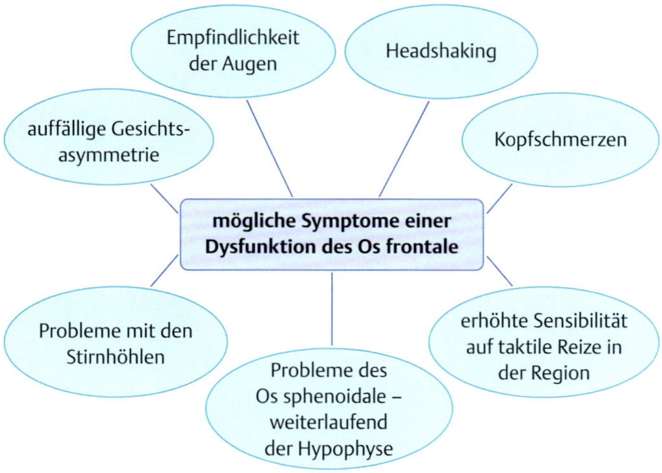

Abb. 4.72 Symptome einer Dysfunktion des Os frontale.

4.6.6 Os lacrimale

Das paarige Os lacrimale steht mit den in ▶ Tab. 4.61 genannten 4 Knochen in suturaler Verbindung.

Tab. 4.61 Suturale Verbindungen des Os lacrimale.

Artikulierender Knochen	Verbindende Sutur
Os frontale	Sutura frontolacrimalis
Os maxillare	Sutura lacrimomaxillaris
Os nasale	Sutura nasolacrimalis
Os zygomaticum	Sutura lacrimozygomatica

Handanlage und Grifftechnik bei der Distraktionsbehandlung und der Spezifischen Behandlung des Os lacrimale sind genauso wie zuvor im Befundteil beschrieben und abgebildet; s. Kap. Sutura frontolacrimalis (S. 120), Kap. Sutura nasolacrimalis (S. 119), Kap. Sutura lacrimozygomatica (S. 121), Kap. Sutura lacrimomaxillaris (S. 125) und Kap. Os lacrimale (S. 141).

Die Bewegungsrichtungen des Os lacrimale geben hier 3 Behandlungsmöglichkeiten vor:

- Distraktion
- Translation
- Kompression

Distraktionsbehandlung

Die Distraktion am Os lacrimale erfolgt in 2 Mobilisationsrichtungen. Die Distraktion der Sutura frontolacrimalis wird einseitig nacheinander durchgeführt (▶ Abb. 4.73). Die Distraktion der Sutura nasolacrimalis erfolgt einseitig nacheinander (▶ Abb. 4.74). Die Reizsetzung ist der ▶ Tab. 4.62 zu entnehmen.

Tab. 4.62 Behandlungsreizsetzung bei der Distraktionsbehandlung.

Reiz	Umsetzung
Reizsetzung	Distraktionsbehandlung
Reizumfang	• Grad III (große Amplitude) • Grad IV (kleine Amplitude)
Reizintensität	intermittierender, niedrigschwelliger Rhythmus
Reizdauer	1-mal für 5–10s
Reizhäufigkeit	2–3-mal

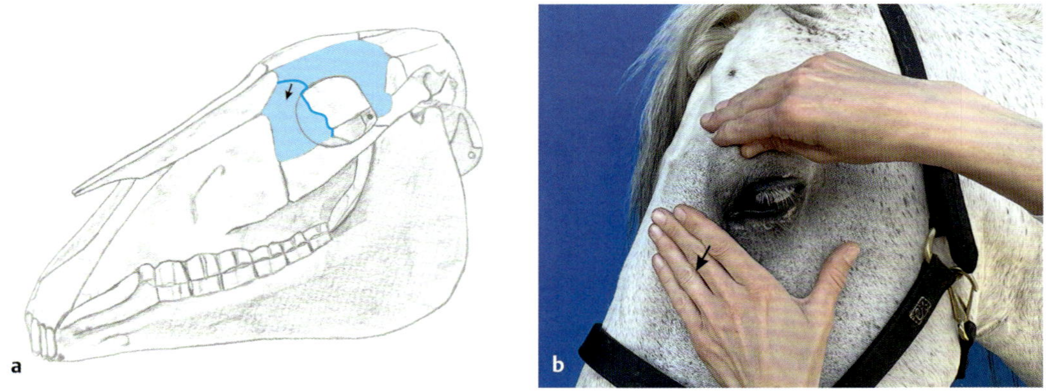

Abb. 4.73 Os lacrimale.
a Schematische Darstellung der Behandlung in Distraktion Sutura frontolacrimalis.
b Handanlage (Distraktion Sutura frontolacrimalis).

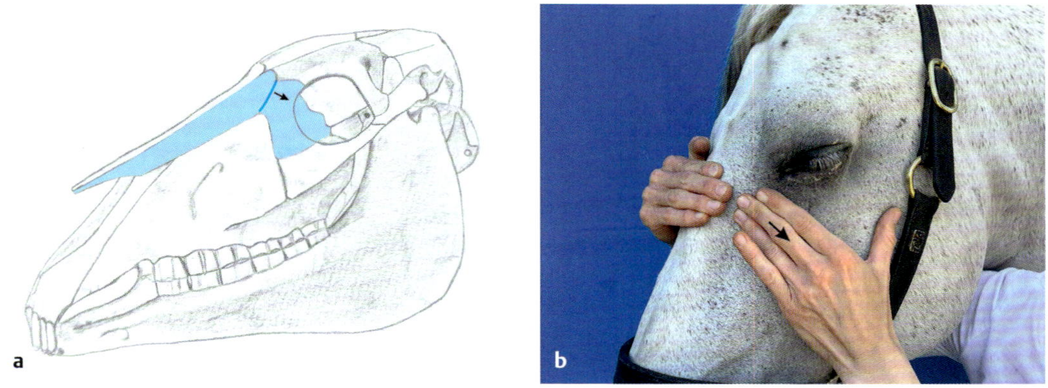

Abb. 4.74 Os lacrimale.
a Schematische Darstellung der Behandlung in Distraktion Sutura nasolacrimalis.
b Handanlage (Distraktion Sutura nasolacrimalis).

Spezifische Behandlung

▶ **Translation** Die Translation des Os lacrimale wird einseitig ausgeführt. Dieser verhältnismäßig dicke, blockartige Schädelknochen beinhaltet das Foramen lacrimale, den Eingang in den Canalis lacrimalis (▶ Abb. 4.75). Weiterführende Effekte auf das Os frontale, das Os nasale, das Os lacrimale, das Os maxillare und das Os zygomaticum sowie andere tiefer gelegene Schädelknochen sind möglich.

▶ **Kompression** Die Kompression des Os lacrimale erfolgt beidseitig, zeitgleich, und wird hauptsächlich durch die Thenarmuskulatur ausgeführt (▶ Abb. 4.76).

Die Reizsetzung der Spezifischen Mobilisation kann der ▶ Tab. 4.63 entnommen werden.

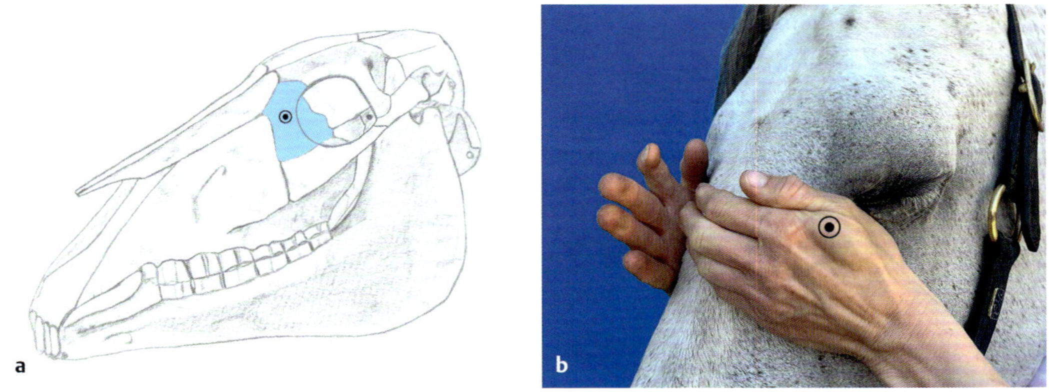

Abb. 4.75 Os lacrimale.
a Schematische Darstellung der Behandlung in Translation.
b Handanlage (Translation).

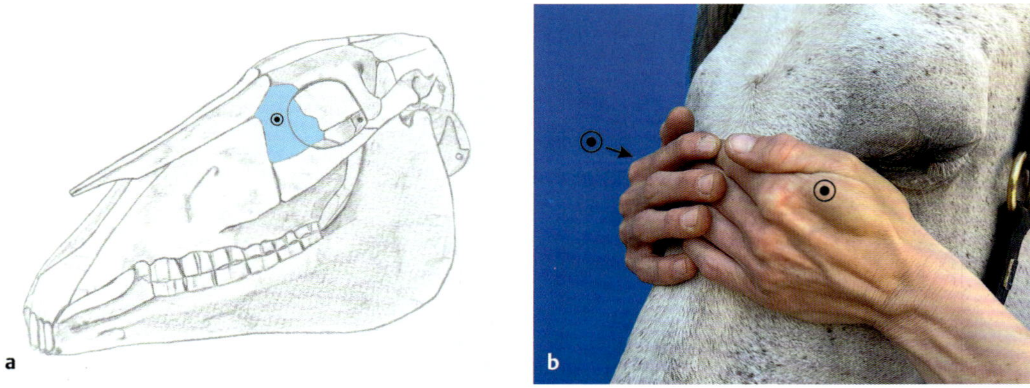

Abb. 4.76 Os lacrimale.
a Schematische Darstellung der Behandlung in Kompression.
b Handanlage (Kompression).

Tab. 4.63 Reizsetzung bei der Spezifischen Behandlung.

Reiz	Umsetzung
Reizsetzung	Spezifische Behandlung
Reizumfang	• Grad III (große Amplitude) • Grad IV (kleine Amplitude)
Reizintensität	gleichmäßiger, ansteigender Rhythmus
Reizdauer	3 min mit kurzen Pausen
Reizhäufigkeit	1-mal pro 1–2 s

Dysfunktionen

Besteht eine Dysfunktion des Os lacrimale, sind weiterlaufende Einschränkungen der Mobilität aller artikulierenden Knochen vorstellbar. Die in ▶ Abb. 4.77 genannten Symptome können auf eine eingeschränkte Beweglichkeit des Os lacrimale hinweisen.

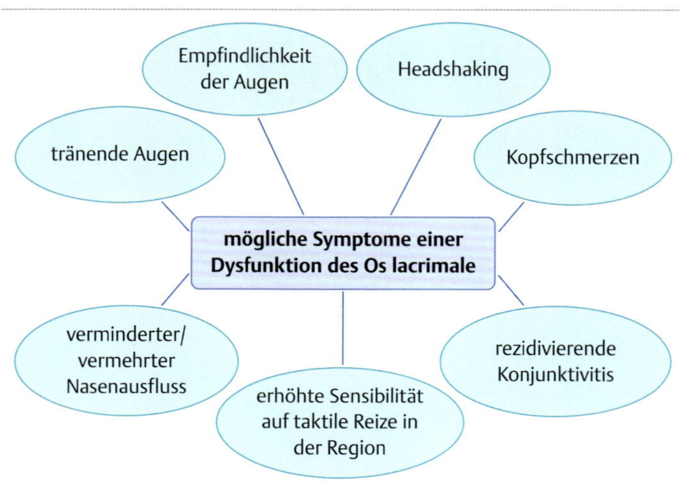

Abb. 4.77 Symptome einer Dysfunktion des Os lacrimale.

4.6.7 Os zygomaticum

Das paarige Os zygomaticum steht mit den in ▶ Tab. 4.64 genannten 3 Knochen in suturaler Verbindung.

Tab. 4.64 Suturale Verbindungen des Os zygomaticum.

Artikulierender Knochen	Verbindende Sutur
Os temporale	Sutura temporozygomatica
Os maxillare	Sutura zygomaticomaxillaris
Os lacrimale	Sutura lacrimozygomatica

Handanlage und Grifftechnik bei der Distraktionsbehandlung und der Spezifischen Behandlung des Os zygomaticum sind genauso wie zuvor im Befundteil beschrieben und abgebildet; s. Kap. Sutura zygomaticomaxillaris (S. 123), Kap. Sutura lacrimozygomatica (S. 121), Kap. Sutura temporozygomatica (S. 116) und Kap. Os zygomaticum (S. 143).

Die Bewegungsrichtungen des Os zygomaticum geben hier 3 Behandlungsmöglichkeiten vor:

- Distraktion
- Ventralisation
- Dorsalisation

Distraktionsbehandlung

Die Distraktion am Os zygomaticum erfolgt in 2 Mobilisationsrichtungen. Die Distraktion der Sutura temporozygomatica wird einseitig nacheinander durchgeführt (▶ Abb. 4.78). Die Distraktion der Sutura lacrimozygomatica wird einseitig nacheinander durchgeführt (▶ Abb. 4.79).

Die Reizsetzung dieser allgemeinen Technik ist in der ▶ Tab. 4.65 zu finden.

Tab. 4.65 Behandlungsreizsetzung bei der Distraktionsbehandlung.

Reiz	Umsetzung
Reizsetzung	Distraktionsbehandlung
Reizumfang	• Grad III (große Amplitude) • Grad IV (kleine Amplitude)
Reizintensität	intermittierender, niedrigschwelliger Rhythmus
Reizdauer	1-mal für 5–10s
Reizhäufigkeit	2–3-mal

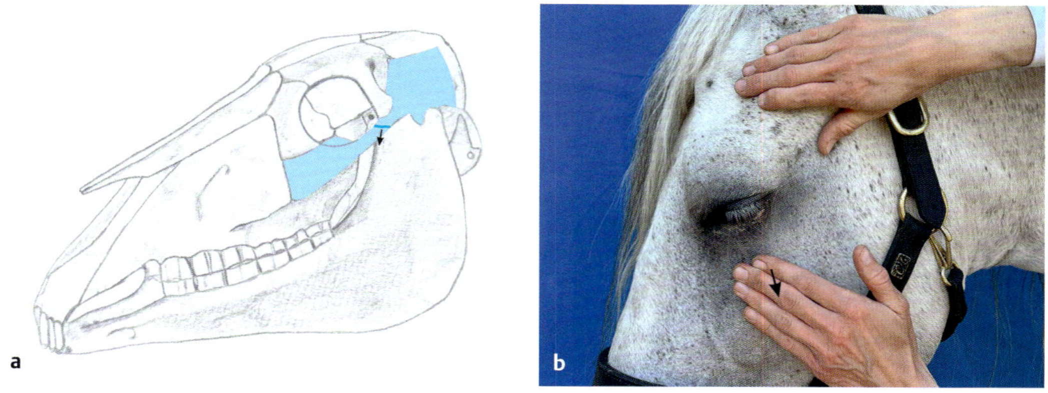

Abb. 4.78 Os zygomaticum.
a Schematische Darstellung der Behandlung in Distraktion Sutura temporozygomatica.
b Handanlage (Distraktion Sutura temporozygomatica).

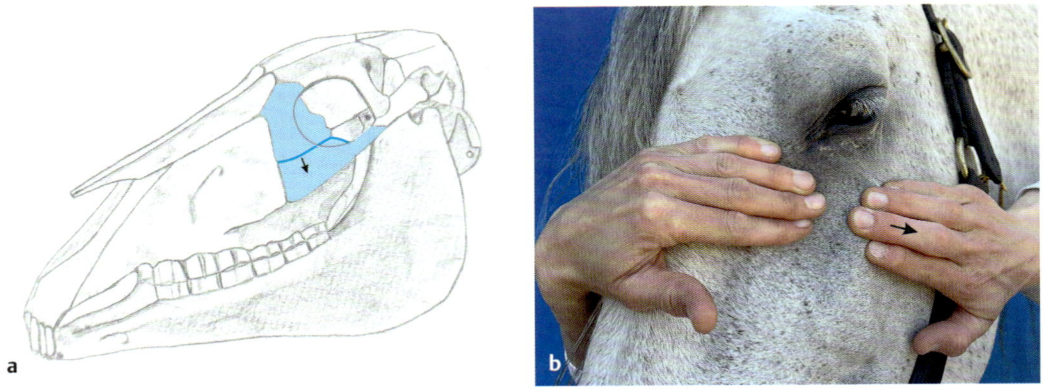

Abb. 4.79 Os zygomaticum.
a Schematische Darstellung der Behandlung in Distraktion Sutura lacrimozygomatica.
b Handanlage (Distraktion Sutura lacrimozygomatica).

Spezifische Behandlung

▶ **Ventralisation und Dorsalisation** Für die Ventralisation und Dorsalisation des Os zygomaticum wird mit Hilfe des Pferdehalters die Stabilisation des Kopfes gewährleistet. Mit diesen Mobilisationstechniken wird das Os zygomaticum gegen das Os maxillare, das Os lacrimale und das Os temporale bewegt (▶ Abb. 4.80).

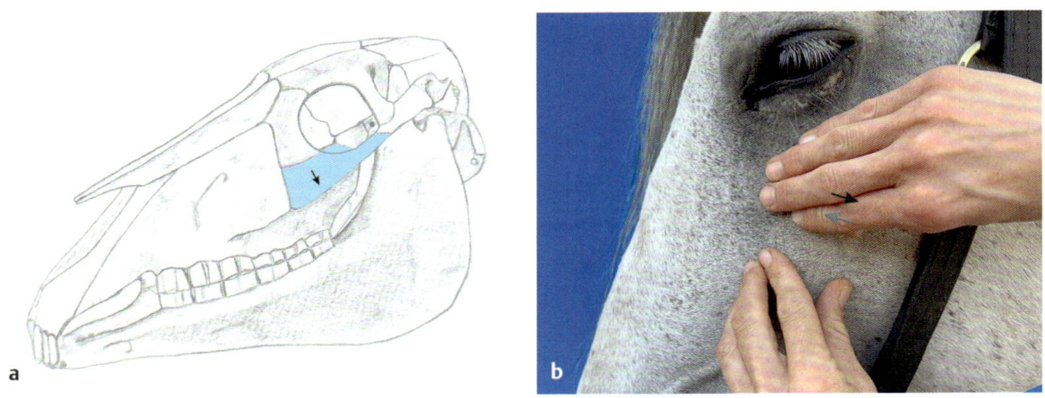

Abb. 4.80 Os zygomaticum.
a Schematische Darstellung der Behandlung in Ventralisation. Eine Bewegung in die entgegengesetzte Richtung bewirkt eine Behandlung in Dorsalisation (Hier nicht dargestellt.)
b Handanlage (Ventralisation und Dorsalisation).

Dysfunktionen

Besteht eine eingeschränkte Mobilität des Os zygomaticum, sind weiterlaufende Dysfunktionen aller artikulierenden Knochen vorstellbar. Die in ▶ Abb. 4.81 genannten Symptome können auf eine eingeschränkte Beweglichkeit des Os zygomaticum hinweisen.

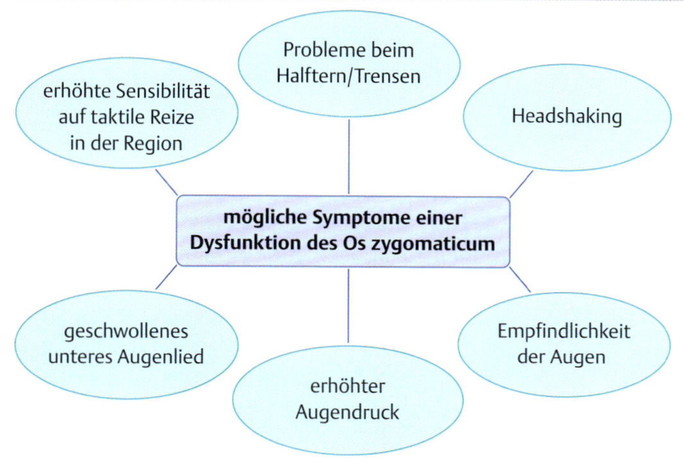

Abb. 4.81 Symptome einer Dysfunktion des Os zygomaticum.

4.6.8 Os maxillare

Das paarige Os maxillare steht mit den in ▶ Tab. 4.66 genannten 5 Knochen in suturaler Verbindung.

Tab. 4.66 Suturale Verbindungen des Os maxillare.

Artikulierender Knochen	Verbindende Sutur
Os nasale	Sutura nasomaxillaris
Os lacrimale	Sutura lacrimomaxillaris
Os zygomaticum	Sutura zygomaticomaxillaris
Os incisivum	Sutura maxilloincisiva
Os maxillare	Sutura intermaxillaris

Handanlage und Grifftechnik bei der Distraktionsbehandlung und der Spezifischen Behandlung des Os maxillare sind genauso wie zuvor im Befundteil beschrieben und abgebildet; s. Kap. Sutura maxilloincisiva (S. 127), Kap. Sutura nasomaxillaris (S. 126), Kap. Sutura lacrimomaxillaris (S. 126), Kap. Sutura zygomaticomaxillaris (S. 123) und Os maxillare (S. 145).

Die Bewegungsrichtungen des Os maxillare geben hier 5 Behandlungsmöglichkeiten vor:

- Distraktion
- Ventralisation
- Dorsalisation
- Translation
- Kompression

Distraktionsbehandlung

Die Distraktion am Os maxillare erfolgt in 3 Mobilisationsrichtungen. Die Distraktion der Sutura nasomaxillaris wird einseitig nacheinander durchgeführt (▶ Abb. 4.82). Die Distraktion der Sutura lacrimomaxillaris erfolgt einseitig nacheinander (▶ Abb. 4.83). Die Distraktion der Sutura zygomaticomaxillaris erfolgt einseitig nacheinander (▶ Abb. 4.84). Die Reizsetzung ist in ▶ Tab. 4.67 nachzulesen.

Tab. 4.67 Behandlungsreizsetzung bei der Distraktionsbehandlung.

Reiz	Umsetzung
Reizsetzung	Distraktionsbehandlung
Reizumfang	• Grad III (große Amplitude) • Grad IV (kleine Amplitude)
Reizintensität	intermittierender, niedrigschwelliger Rhythmus
Reizdauer	1-mal für 5–10s
Reizhäufigkeit	2–3-mal

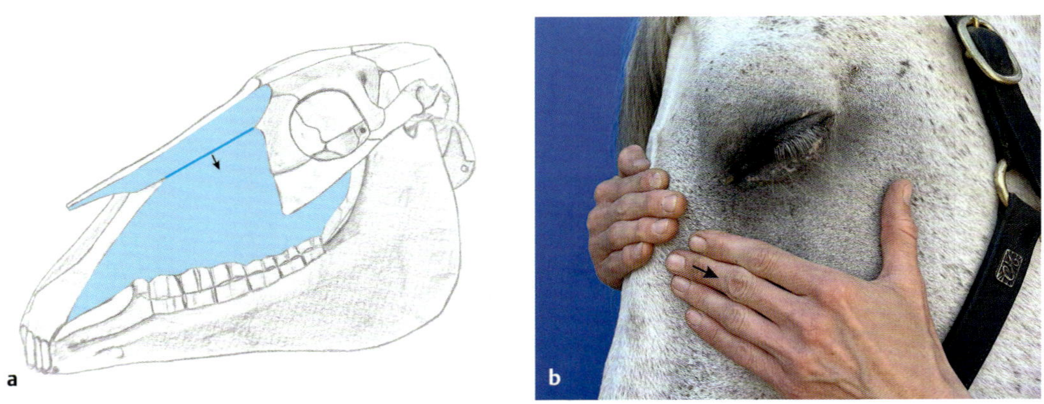

Abb. 4.82 Os maxillare.
a Schematische Darstellung der Behandlung in Distraktion Sutura nasomaxillaris.
b Handanlage (Distraktion Sutura nasomaxillaris).

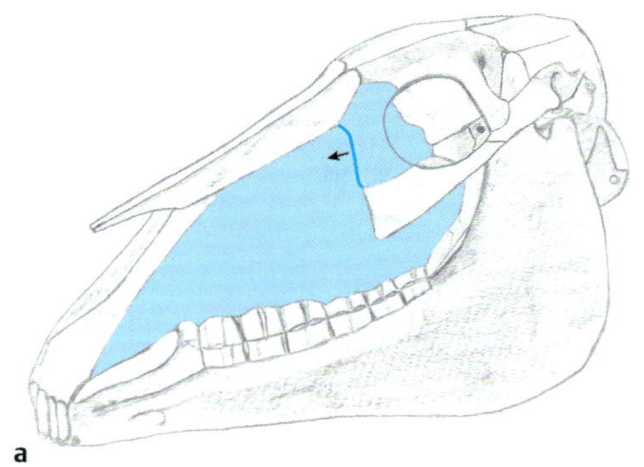

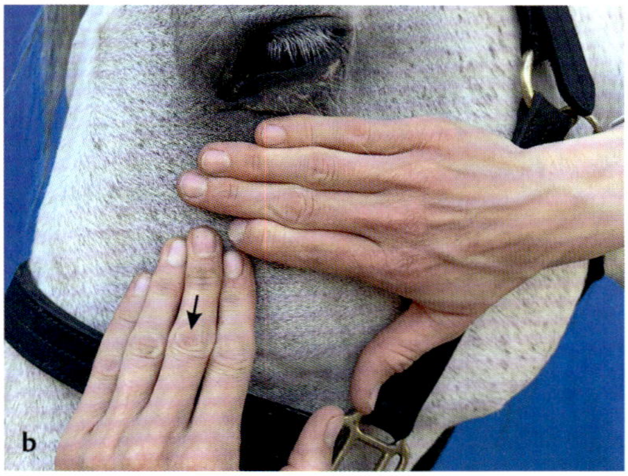

Abb. 4.83 Os maxillare.

a Schematische Darstellung der Behandlung in Distraktion Sutura lacrimomaxillaris.

b Handanlage (Distraktion Sutura lacrimomaxillaris).

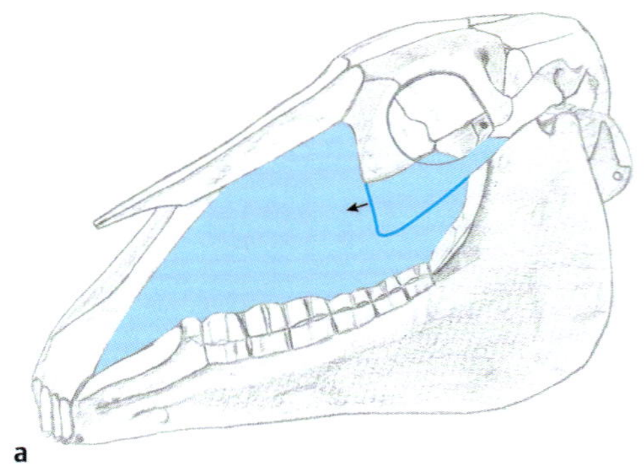

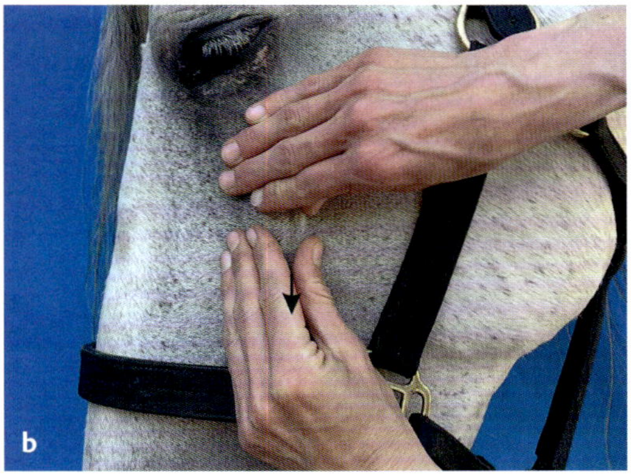

Abb. 4.84 Os maxillare.

a Schematische Darstellung der Behandlung in Distraktion Sutura zygomaticomaxillaris.

b Handanlage (Distraktion Sutura zygomaticomaxillaris).

Spezifische Behandlung

► **Ventralisation und Dorsalisation** Für die Ventralisation und Dorsalisation des Os maxillare wird ebenfalls mit Hilfe des Pferdehalters die Stabilisation des Kopfes gewährleistet. Das Os maxillare wird hierbei gegen das Os zygomaticum, das Os lacrimale, das Os nasale, das Os incisivum und das kontralaterale Os maxillare bewegt (► Abb. 4.85).

► **Translation** Die Translation des Os maxillare wird einseitig ausgeführt. Weiterführende Effekte auf das Os zygomaticum, das Os lacrimale, das Os nasale, das Os incisivum und das kontralaterale Os maxillare sowie andere tiefer gelegene Schädelknochen sind möglich (► Abb. 4.86).

► **Kompression** Die Kompression des Os maxillare erfolgt beidseitig, zeitgleich, und wird hauptsächlich durch die Thenarmuskulatur ausgeführt. Die Reizsetzung der Spezifischen Mobilisation kann dem Kasten entnommen werden (► Abb. 4.87).

Die Reizsetzung der Spezifischen Mobilisation kann der ► Tab. 4.68 entnommen werden.

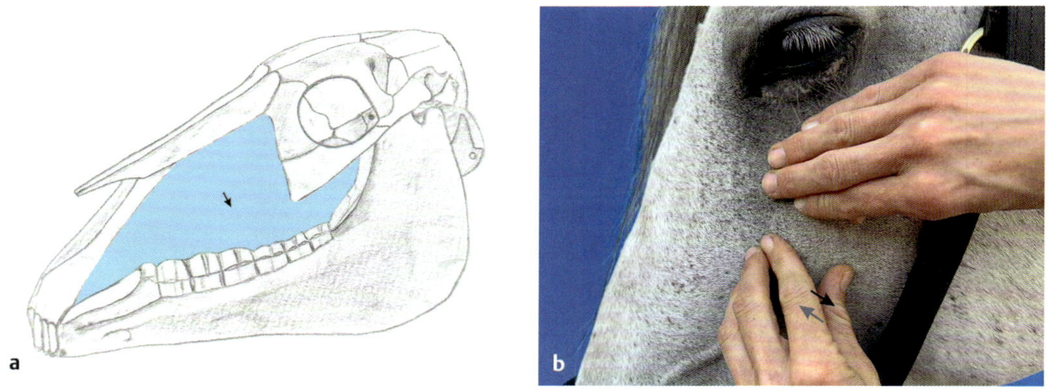

Abb. 4.85 Os maxillare.

a Schematische Darstellung der Behandlung in Ventralisation. Eine Bewegung in die entgegengesetzte Richtung bewirkt eine Behandlung in Dorsalisation (Hier nicht dargestellt.)

b Handanlage (Ventralisation und Dorsalisation).

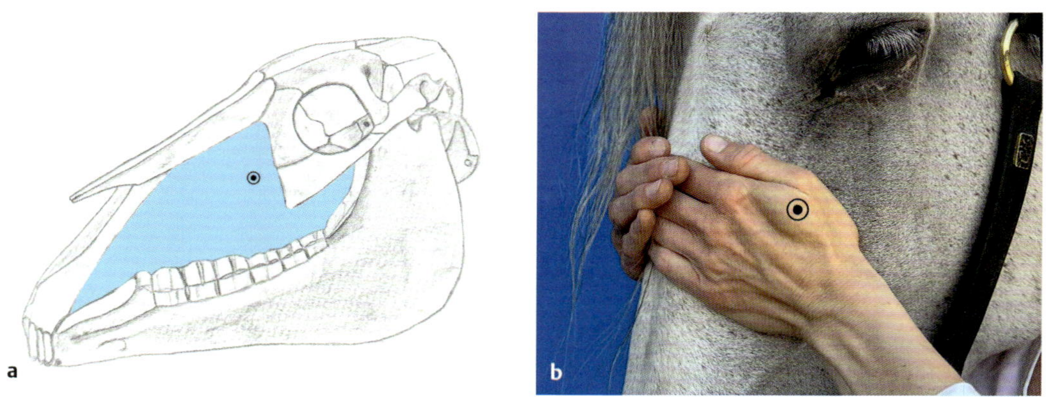

Abb. 4.86 Os maxillare.

a Schematische Darstellung der Behandlung in Translation.

b Handanlage (Translation).

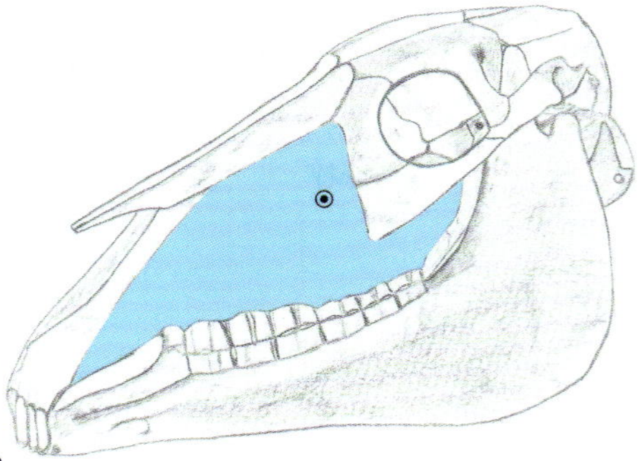

a

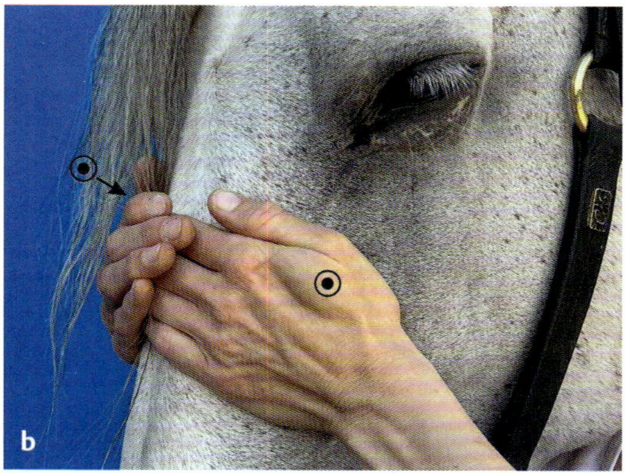

b

Abb. 4.87 **Os maxillare.**
a Schematisch Darstellung der Behandlung in Kompression.
b Handanlage (Kompression).

Tab. 4.68 Reizsetzung bei der Spezifischen Behandlung.

Reiz	**Umsetzung**
Reizsetzung	Spezifische Behandlung
Reizumfang	• Grad III (große Amplitude) • Grad IV (kleine Amplitude)
Reizintensität	gleichmäßiger, ansteigender Rhythmus
Reizdauer	3 min mit kurzen Pausen
Reizhäufigkeit	1-mal pro 1–2 s

Dysfunktionen

Besteht eine Dysfunktion des Os maxillare, sind weiterlaufende Einschränkungen der Mobilität aller artikulierenden Knochen vorstellbar. Die in ▶ Abb. 4.88 genannten Symptome können auf eine eingeschränkte Beweglichkeit des Os maxillare hinweisen.

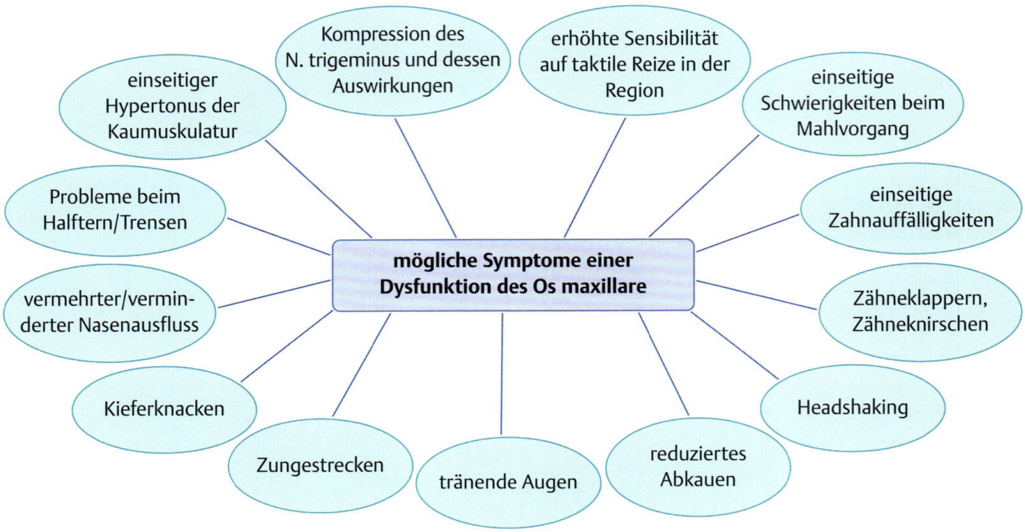

Abb. 4.88 Symptome einer Dysfunktion des Os maxillare.

4.6.9 Os mandibulare

Das Os mandibulare artikuliert über das Art. temporomandibularis mit dem Os temporale. Handanlage und Grifftechnik bei der Distraktionsbehandlung des Os mandibulare ist genauso wie zuvor im Befundteil beschrieben und abgebildet; s. Kap. Sutura lacrimozygomatica (S. 121), Kap. Sutura temporozygomatica (S. 116) und Kap. Os maxillare (S. 145).

Die Bewegungsrichtungen des Os mandibulare geben eine Behandlungsmöglichkeiten vor:

- Distraktion

Distraktionsbehandlung

Die Distraktion am Os mandibulare erfolgt in einer Mobilisationsrichtung (▶ Abb. 4.89). Die Distraktion des Os mandibulare wird beidseitig zeitgleich oder einseitig nacheinander ausgeübt. Die Reizsetzung dieser allgemeinen Technik ist in der ▶ Tab. 4.69 zu finden.

4

Tab. 4.69 Behandlungsreizsetzung bei der Distraktionsbehandlung.

Reiz	Umsetzung
Reizsetzung	Distraktionsbehandlung
Reizumfang	• Grad III (große Amplitude) • Grad IV (kleine Amplitude)
Reizintensität	intermittierender, niedrigschwelliger Rhythmus
Reizdauer	1-mal für 5–10s
Reizhäufigkeit	2–3-mal

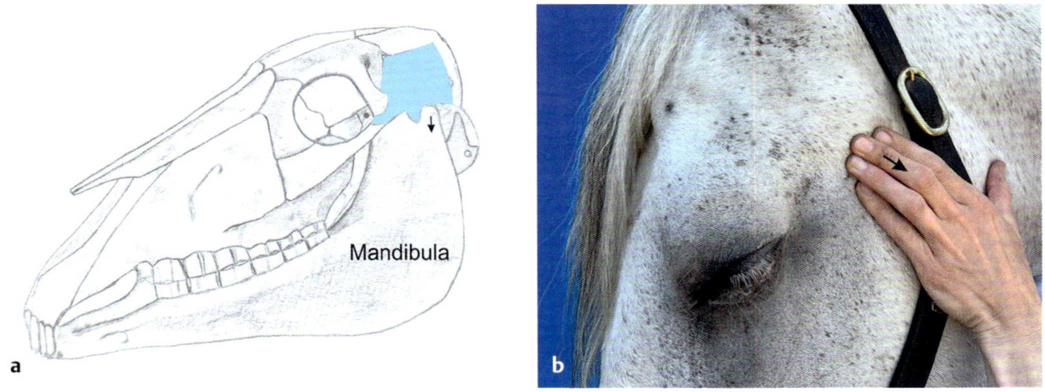

Abb. 4.89 Os mandibulare.
a Schematische Darstellung der Behandlung in Distraktion.
b Handanlage (Distraktion).

Dysfunktionen

Besteht eine Dysfunktion des Os mandibulare, sind weiterlaufende Einschränkungen der Mobilität aller artikulierenden Knochen vorstellbar. Die in ▶ Abb. 4.90 genannten Symptome können auf eine eingeschränkte Beweglichkeit des Os mandibulare hinweisen.

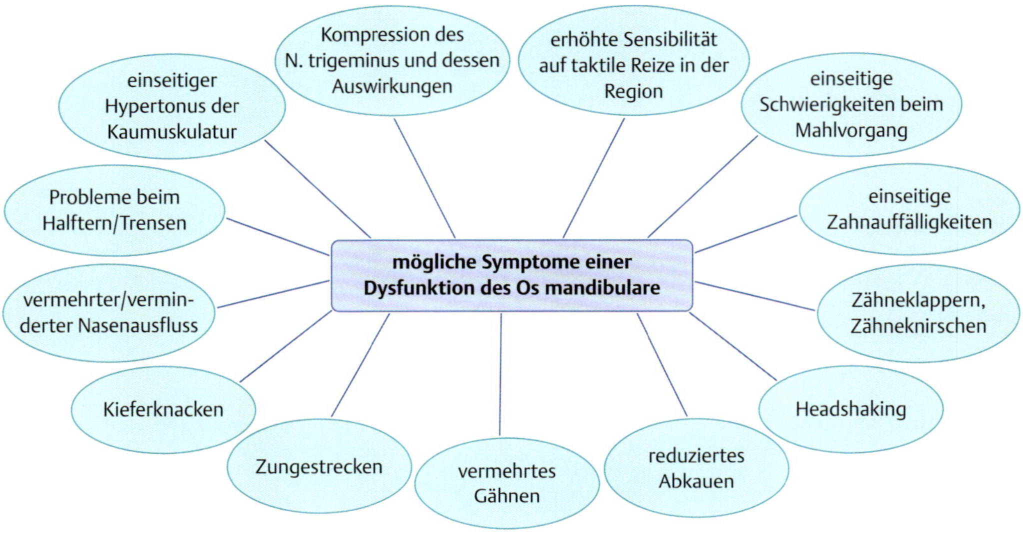

Abb. 4.90 Symptome einer Dysfunktion des Os mandibulare.

4.6.10 Os nasale

Das paarige Os nasale steht mit den in ▶ Tab. 4.70 genannten 5 Knochen in suturaler Verbindung.

Tab. 4.70 Suturale Verbindungen des Os nasale.

Artikulierender Knochen	Verbindende Sutur
Os frontale	Sutura frontonasalis
Os nasale	Sutura internasalis
Os lacrimale	Sutura nasolacrimalis
Os maxillare	Sutura nasomaxillaris
Os incisivum	Sutura nasoincisiva

Handanlage und Grifftechnik bei der Distraktionsbehandlung und der Spezifischen Behandlung des Os nasale sind genauso wie zuvor im Befundteil beschrieben und abgebildet; s. Kap. Sutura frontonasalis (S. 118), Kap. Sutura internasalis (S. 124), Kap. Sutura nasomaxillaris (S. 126) und Kap. Sutura nasoincisiva (S. 122), Kap. Sutura nasolacrimalis (S. 119) und Kap. Os nasale (S. 183).

Die Bewegungsrichtungen des Os nasale geben hier 5 Behandlungsmöglichkeiten vor:

- Distraktion
- longitudinale Rotation
- sagittale Rotation
- transversale Rotation
- Translation

Distraktionsbehandlung

Die Distraktion am Os nasale erfolgt in 2 Mobilisationsrichtungen. Die Distraktion der Sutura frontonasalis wird beidseitig zeitgleich oder einseitig nacheinander durchgeführt (▶ Abb. 4.91). Die Distraktion der Sutura internasalis erfolgt beidseitig zeitgleich oder einseitig nacheinander (▶ Abb. 4.92).

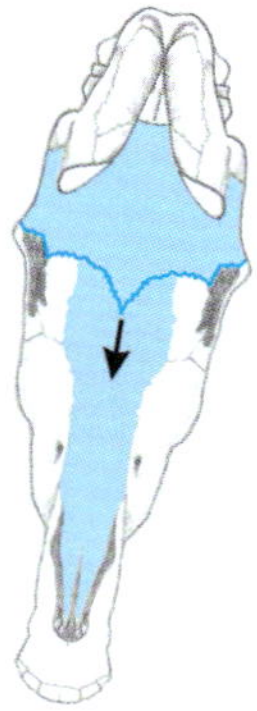
a

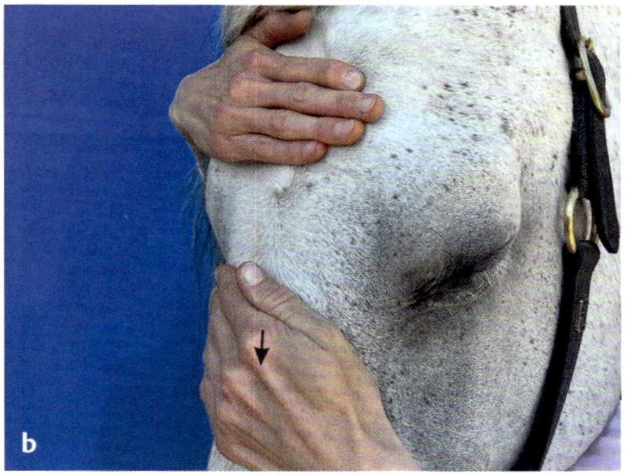
b

Abb. 4.91 Os nasale.
a Schematische Darstellung der Behandlung in Distraktion Sutura frontonasalis.
b Handanlage (Distraktion Sutura frontonasalis).

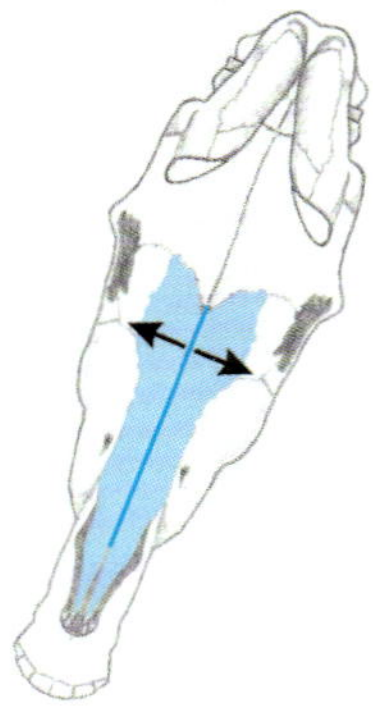

a

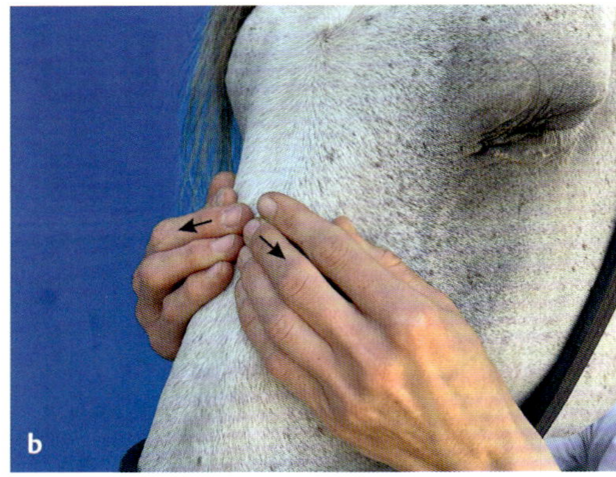

b

Abb. 4.92 Os nasale.

a Schematische Darstellung der Behandlung in Distraktion Sutura internasalis.

b Handanlage (Distraktion Sutura internasalis).

Spezifische Behandlung

▶ **Longitudinale Rotation** Die Rotation des Os nasale um die longitudinale Achse (longitudinale Rotation) erfolgt in der transversalen Ebene. Die Ossa nasalia werden mit der rechten Hand zusammen nach rechts rotiert, wobei die linke Hand das linke Os maxillare fixiert (▶ Abb. 4.93).

▶ **Sagittale Rotation** Bei der Rotation um die sagittale Achse (sagittale Rotation) wird das Os nasale in der frontalen Ebene rotiert. die wie ein Pfeil von vorn auf das Os nasale trifft. Hierbei rotieren die Fingerkuppen der rechten Hand die Ossa nasalia zusammen nach rechts. Das linke Os maxillare wird in diesem Fall von der linken Hand fixiert (▶ Abb. 4.94).

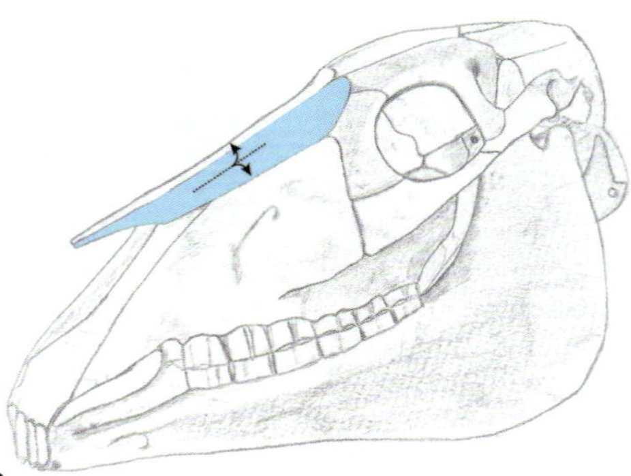

a

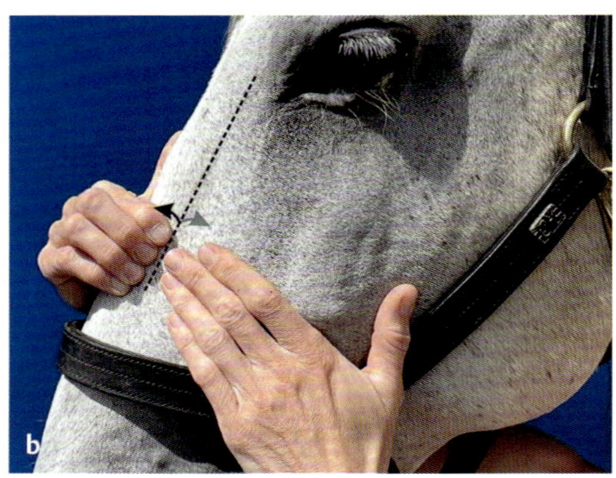

b

Abb. 4.93 Os nasale.

a Schematische Darstellung der Behandlung in longitudinale Rotation.

b Handanlage (longitudinale Rotation).

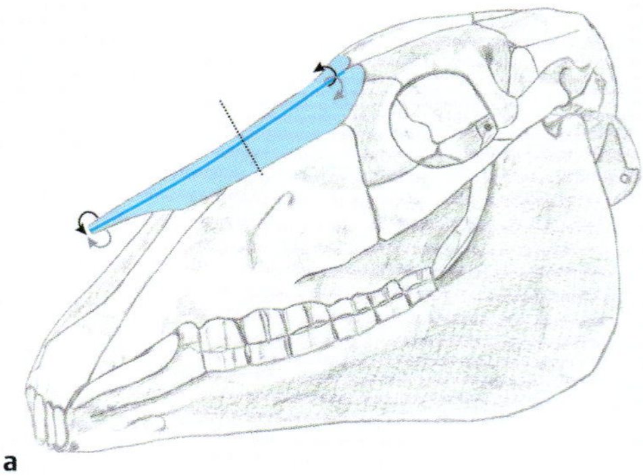

a

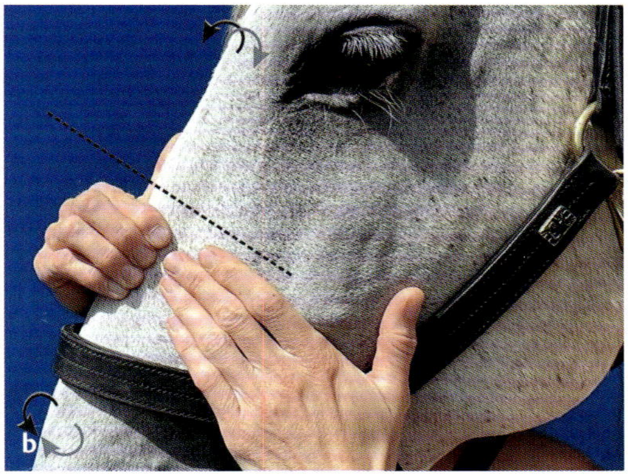

b

Abb. 4.94 Os nasale.
a Schematische Darstellung der Behandlung in sagittale Rotation.
b Handanlage (sagittale Rotation).

▶ **Transversale Rotation** Die Rotation um die transversale Achse (transversale Rotation) geschieht in der sagittalen Ebene und ist eine „Hebelbewegung“, welche sowohl beidseitig zeitgleich als auch einseitig nacheinander durchgeführt werden kann. Hierbei rotieren („hebeln“) die Daumenballen proximal an der freitragenden Nase diese nach rostral, unterstützt von den Phalanx IV und V durch Druck auf den distalen Teil der freitragenden Nase (▶ Abb. 4.95).

▶ **Translation** Die Translation des Os nasale nach rechts erfolgt mit dem linken Daumenballen von links lateral, die rechte Hand fixiert von der kontralateralen Seite das Os maxillare (▶ Abb. 4.96).

Die Reizsetzung der Spezifischen Mobilisation kann der ▶ Tab. 4.71 entnommen werden.

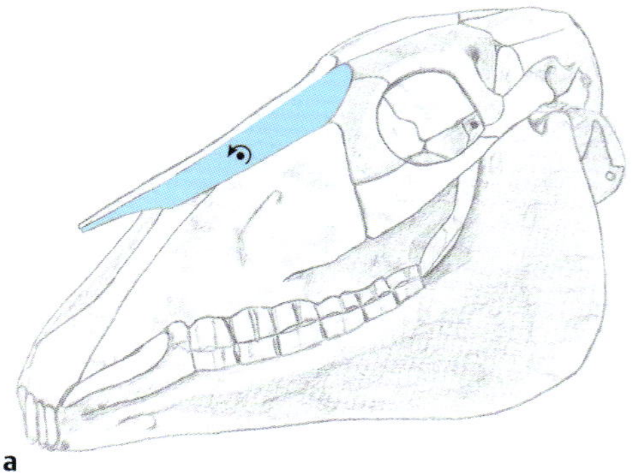

a

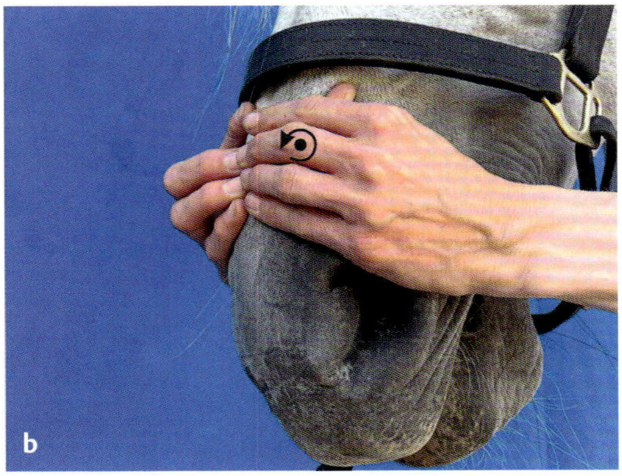

b

Abb. 4.95 Os nasale.
a Schematische Darstellung der Behandlung in transversale Rotation.
b Handanlage (transversale Rotation).

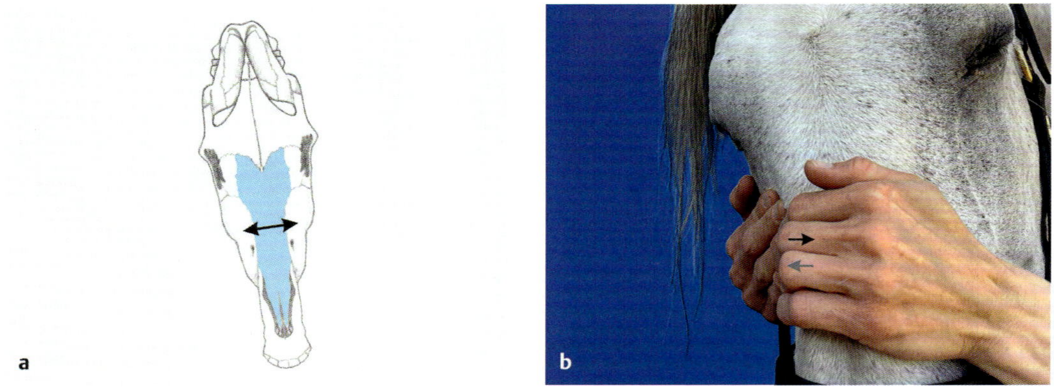

Abb. 4.96 Os nasale.
a Schematische Darstellung der Behandlung in Translation.
b Handanlage (Translation).

Tab. 4.71 Reizsetzung bei der Spezifischen Behandlung.

Reiz	Umsetzung
Reizsetzung	Spezifische Behandlung
Reizumfang	• Grad III (große Amplitude) • Grad IV (kleine Amplitude)
Reizintensität	gleichmäßiger, ansteigender Rhythmus
Reizdauer	3 min mit kurzen Pausen
Reizhäufigkeit	1-mal pro 1–2 s

Dysfunktionen

Besteht eine eingeschränkte Mobilität des Os nasale, sind weiterlaufende Dysfunktionen und Auswirkungen auf alle artikulierenden Knochen vorstellbar. Die in ▶ Abb. 4.97 genannten Symptome können auf eine eingeschränkte Beweglichkeit des Os nasale hinweisen.

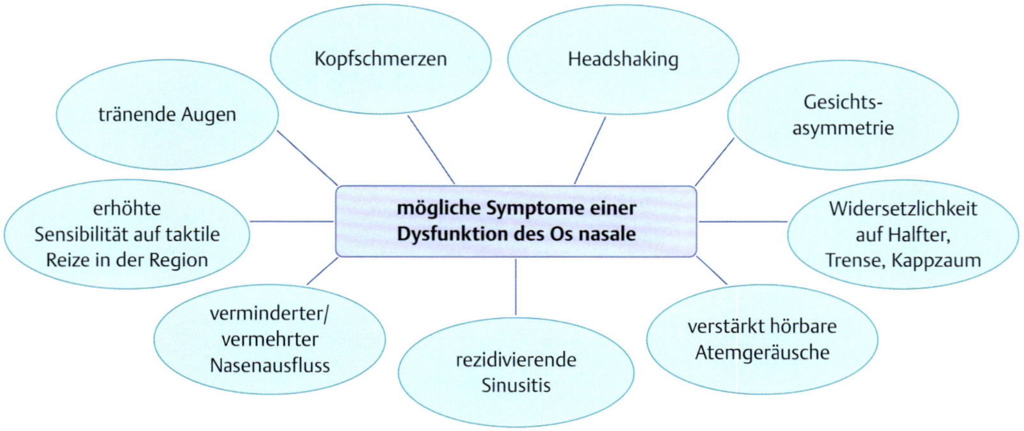

Abb. 4.97 Symptome einer Dysfunktion des Os nasale.

4.6.11 Os incisivum

Das paarige Os incisivum steht mit den in ▶ Tab. 4.72 genannten 3 Knochen in suturaler Verbindung.

Tab. 4.72 Suturale Verbindungen des Os incisivum.

Artikulierender Knochen	Verbindende Sutur
Os nasale	Sutura nasoincisiva
Os maxillare	Sutura maxilloincisiva
Os incisivum	Sutura interincisiva

Handanlage und Grifftechnik bei der Distraktionsbehandlung und der Spezifischen Behandlung des Os incisivum sind genauso wie zuvor im Befundteil beschrieben und abgebildet; s. Kap. Sutura nasoincisiva (S. 122), Kap. Sutura maxilloincisiva (S. 127) und Kap. Sutura interincisiva (S. 128).

Die Bewegungsrichtungen des Os incisivum geben hier eine Behandlungsmöglichkeit vor:
- Distraktion

Distraktionsbehandlung

Die Distraktion am Os incisivum erfolgt in 3 Mobilisationsrichtungen. Die Distraktion der Sutura nasoincisiva wird beidseitig zeitgleich oder einseitig nacheinander durchgeführt (▶ Abb. 4.98). Die Distraktion der Sutura maxilloincisiva erfolgt einseitig nacheinander (▶ Abb. 4.99). Die Distraktion der Sutura interincisiva wird beidseitig zeitgleich oder einseitig nacheinander durchgeführt (▶ Abb. 4.100). Die Reizsetzung ist in ▶ Tab. 4.73 nachzulesen.

Tab. 4.73 Behandlungsreizsetzung bei der Distraktionsbehandlung.

Reiz	Umsetzung
Reizsetzung	Distraktionsbehandlung
Reizumfang	• Grad III (große Amplitude) • Grad IV (kleine Amplitude)
Reizintensität	intermittierender, niedrigschwelliger Rhythmus
Reizdauer	1-mal für 5–10s
Reizhäufigkeit	2–3-mal

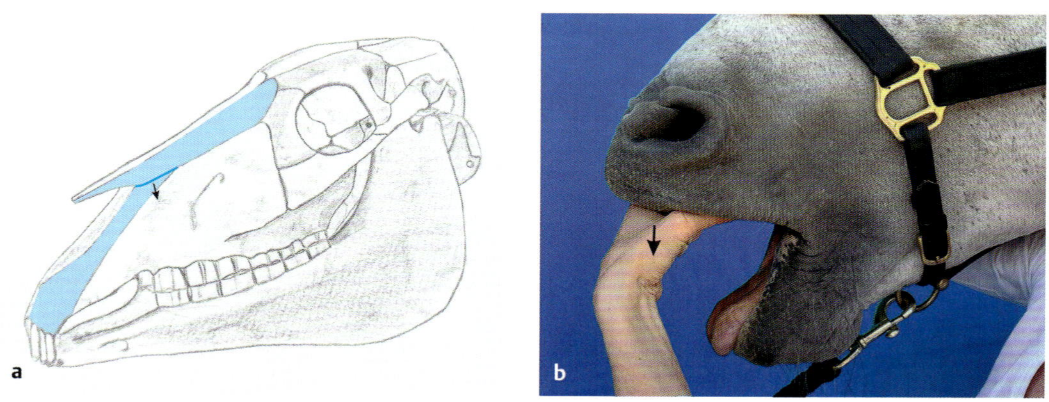

Abb. 4.98 Os incisivum.
a Schematische Darstellung der Behandlung in Distraktion Sutura nasoincisiva.
b Handanlage (Distraktion Sutura nasoincisiva).

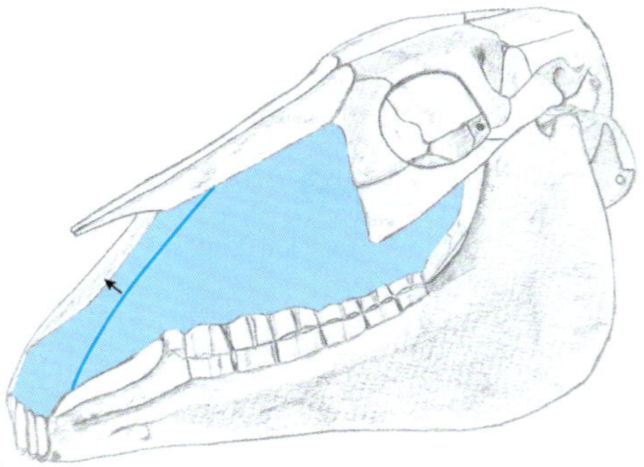
a

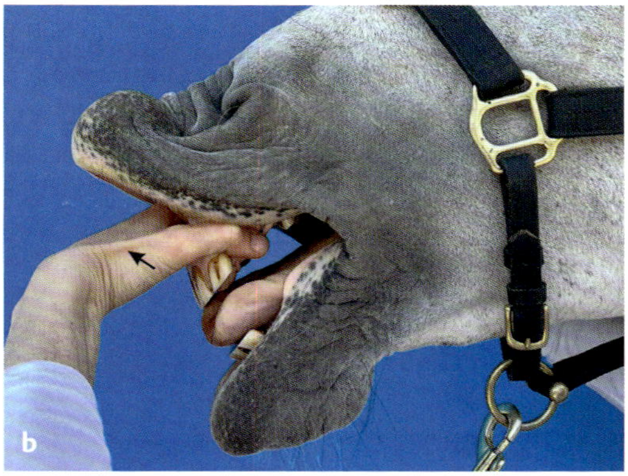
b

Abb. 4.99 Os incisivum.
a Schematische Darstellung der Behandlung in Distraktion Sutura maxilloincisiva.
b Handanlage (Distraktion Sutura maxilloincisiva).

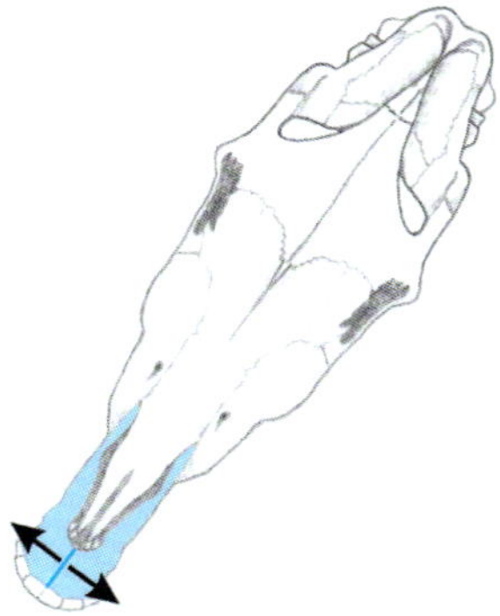
a

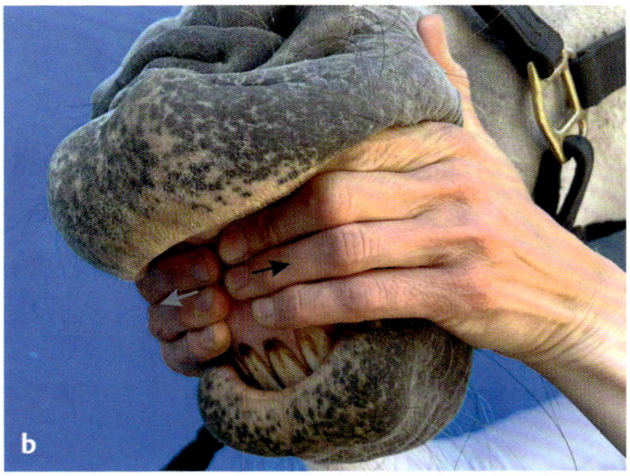
b

Abb. 4.100 Os incisivum.
a Schematische Darstellung der Behandlung in Distraktion Sutura interincisiva.
b Handanlage (Distraktion Sutura interincisiva).

Dysfunktionen

Besteht eine eingeschränkte Mobilität des Os incisivum, sind weiterlaufende Dysfunktionen und Auswirkungen auf alle artikulierenden Knochen vorstellbar. Die in ▶ Abb. 4.101 genannten Symptome können auf eine eingeschränkte Beweglichkeit des Os incisivum hinweisen.

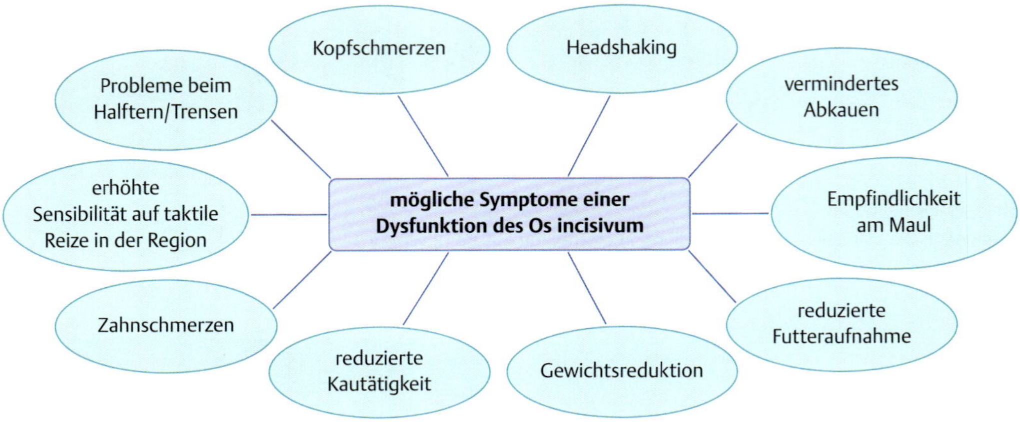

Abb. 4.101 Symptome einer Dysfunktion des Os incisivum.

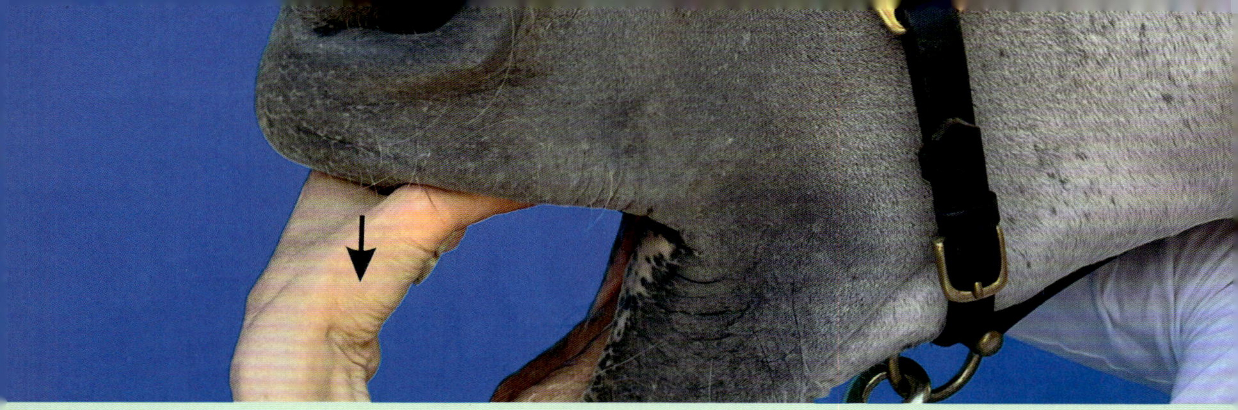

Aus der Praxis

5 Fallbeispiele

Inken Voges-Falkenberg

5.1 Headshaking nach Dentaltermin

Der 17-jährige PRE-Hengst Soli entwickelte nach einem Dentistentermin innerhalb von 48h ein Headshaking. Die jährliche Vorstellung beim Pferdedentisten ergab in der intraoralen Maulinspektion die Entwicklung scharfer Kanten und Ecken medial und lateral an den Prämolaren und Molaren aller 4 Quadranten innerhalb eines Jahres.

Anatomie

Einteilung der Zähne in 4 Quadranten (Oberkiefer rechts/links und Unterkiefer rechts/links):

- je 3 Schneidezähne (Incisivus)
- je 1 Eckzahn bzw. Haken- oder Hengstzahn (Caninus)
- je 4 vordere Backenzähne inklusive Wolfszahn (Prämolar)
- je 3 hintere Backenzähne (Molar)

Die Dentes Incisivi zeigten sich in einer guten Position, sowohl in der Länge als auch im Allgemeinzustand waren diese unauffällig. An beiden unteren Hakenzähnen wurde Zahnstein gefunden, der in der Ausprägung an den unteren stärker als an den oberen war. Die Notwendigkeit der Entfernung lag nicht vor. Die Laden des Ober- und Unterkiefers zeigten keine Besonderheiten. Die Okklusion inklusive der passiven Mahlbewegung konnte durch den Dentisten gleichmäßig in beide Richtungen ausgeführt werden. Eine Korrektur der Bisslage war demnach nicht indiziert. Sowohl das Zahnfleisch als auch die inneren und äußeren Lefzen gaben keinen Anlass zur Sorge. Die Indikation für eine Bildgebung via Röntgen war nicht gegeben.

✔ Merke

Eine jährliche Zahnarztkontrolle ist wichtig, um einen gesunden Zahnstatus zu erhalten und schwerwiegenden Folgen vorzubeugen.

Als Vorbereitung für die Behandlung erhielt Soli eine intravenöse Sedierung für eine leichte Standnarkose, welche innerhalb von 5 min wirkte. Im Anschluss wurde ein Maulgatter eingelegt, das mit einem Seil über einen Balken eine Aufhängung des Kopfes auf Arbeitshöhe des Zahnarztes ermöglichte. Solis Mundöffnung konnte durch das Gatter in submaximaler Position arretiert werden. Die scharfen Kanten und Ecken entfernte der Dentist mittels verschiedener elektrischer Zahnraspeln. Das regelmäßige Überprüfen der Kauleisten auf Ebenmäßigkeit erfolgte palpatorisch. Die intraorale Behandlung dauerte ca. 20 min. Die abschließende Spülung der Maulhöhle mit kaltem Wasser, um Restpartikel von Zahnsubstanzen und Feinstaub auszuräumen, erfolgte ohne Maulgatter.

Um einer Schlundverstopfung präventiv entgegenzuwirken, durfte Soli die nächsten 2–3h keine Nahrung zu sich nehmen, weshalb im Vorfeld jegliche Einstreu aus seiner Box entfernt wurde.

✔ Merke

Pferde sollten nach jeder Standsedierung bis zu 2h nichts fressen, um das Risiko einer Schlundverstopfung oder Kolik zu minimieren.

Nachdem die Wirkung der Sedierung vollständig nachgelassen hatte, durfte der PRE-Hengst wieder zu seiner Herde auf die Koppel. Er zeigte sich im Gangbild etwas wackelig und langsamer als sonst, jedoch völlig unauffällig in seinem allgemeinen Verhalten.

5.1.1 Verhaltensauffälligkeit – Headshaking

Im Anschluss an die Zahnbehandlung begann das Pferd nach 2 Tagen ein seitliches Kopfschütteln, welches an Intensität und Häufigkeit progressiv zunahm. Zuerst war es nur einige Male im Rahmen des 20-minütigen Laufenlassens in allen Gangarten. Die Häufigkeit steigerte sich innerhalb von 3 Tagen, sodass es unabhängig von den gewählten Trainingsarten (Longieren, Reiten, Bodenarbeit), Tempo, Gangart und Hand mehrmals pro Minute auftrat. Auch in Ruhe in der Box und auf dem Paddock konnte das Headshaking ab dann beobachtet werden. Die Besitzerin beschrieb eine gesteigerte innere Unruhe des Pferdes im täglichen Umgang. Ein klares Schmerzgesicht hingegen konnte sie nicht erkennen.

5.1.2 CranioSuturale Befundung und Behandlung

Anhand der erwähnten Fakten zum Ablauf des Dentaltermins und der zeitlichen Komponente zum ersten Auftreten der Symptome konnte im Anamnesegespräch mit der Besitzerin bereits ein Zusammenhang zwischen der zahnärztlichen Behandlung und dem Headshaking gezogen werden.

Während der allgemeinen Inspektion des Pferdes im Stand zum Allgemein-, Ernährungs- und Pflegezustand fiel bereits das wiederholte, seitliche Kopfschütteln auf. Weitere äußerliche Auffälligkeiten konnten nicht festgestellt werden.

In der ruhigen Umgebung des Putzplatzes im Stall fand im Anschluss die Befundung der einzelnen Schädelknochen statt. Hierbei wurden die Suturen selektiv mit Hilfe der Distraktion (allgemeine Befundung) und der Spezifischen Befundung auf Dysfunktionen getestet. Je nach Solis Compliance wählte die Therapeutin die Erhöhung über einen Hocker oder bezog die Besitzerin in die Assistenz (Kopf stabilisieren) ein.

Die allgemeine Distraktion und die Spezifische Mobilisation beschränkten sich in der Behandlung, aufgrund der bei Soli diagnostizierten Dysfunktionen und des damit einhergehenden Headshakings, auf die in ▶ Tab. 5.1 genannten Schädelknochen und Suturen der rechten Schädelseite.

Nach der Equinen CranioSuturalen Therapie konnte Soli wieder auf den Paddock zu seiner Herde. Im Abschlussgespräch mit der Besitzerin wurde das weitere Vorgehen vollumfänglich besprochen; s. Kap. Nachsorge (S. 102), Kap. Aufklärung und Anweisung des Patientenbesitzers (S. 103) und Kap. Nachkontrolle/Folgetermine (S. 104).

Tab. 5.1 Behandelte Schädelknochen und Suturen der rechten Schädelseite Solis bei Headshaking.

Dysfunktionale Knochen bzw. Suturen	Techniken
• Os occipitale (Art. Atlantooccipitalis)	• Distraktion • Spezifische Mobilisation: ○ Mobilisation in Translation nach links ○ Mobilisation nach ventral
• Os maxillare ○ Sutura lacrimomaxillaris ○ Sutura zygomaticomaxillaris ○ Sutura nasomaxillaris ○ Sutura maxilloincisiva	• Distraktion • Spezifische Mobilisation: Mobilisation in Translation nach links
• Os lacrimale ○ Sutura lacrimomaxillaris ○ Sutura nasolacrimalis ○ Sutura frontolacrimalis ○ Sutura lacrimozygomatica	• Distraktion • Spezifische Mobilisation: Mobilisation in Translation nach links
• Os interparietale ○ Sutura occipitointerparietalis ○ Sutura parietalointerparietalis	• Distraktion • Spezifische Mobilisation: Mobilisation in Rotation nach links

5.1.3 Schlussfolgerung

Das angeführte Fallbeispiel verdeutlicht einen klinischen Zusammenhang zwischen der Dentalbehandlung und dem direkten Beginn des Headshaking. Als mögliche Ursachen für die entstandenen Dysfunktionen des Os occipitale, des Os maxillare, des Os lacrimale und des Os interparietale wurden sowohl die Einwirkung des Maulgatters, die Zeitspanne der unphysiologisch weiten Maulöffnung als auch die nicht funktionell erhöhte Aufhängung des Pferdeschädels gewertet. Der Einfluss der hervorgerufenen mechanischen Kräfte durch die Bearbeitung der Zähne mittels elektrischer Zahnraspeln stellt hier zudem einen denkbaren Faktor dar.

Das Maulgatter wird benötigt, um das Maul für die Untersuchung und Behandlung über einen längeren Zeitraum in geöffneter Position zu halten. Es ermöglicht damit das Abschleifen der Zahnspitzen und -kanten an den weit hinten liegenden Prämolaren und Molaren. Das Maulgatter hat eine Schneidezahnauflagefläche und ein Raster für das Öffnen sowie Arretieren der Maulhöhle in unterschiedlichen Positionen. Ein Kopfriemen liegt hinter den Ohren und bietet eine sichere Position des Maulgatters.

Die Ablage der Incisivi auf den Beißplatten über eine längere Zeitspanne erzeugt über das Os incisivum einen erhöhten Druck auf die Sutura maxilloincisiva. Dieser wirkt sich weiterlaufend auf das Os maxillare und unter Umständen auf das Os lacrimale aus. Eine leicht gekippte Position des Kopfes in seiner Aufhängung wird hier ausreichen, um den genannten Druck einseitig auf den Schädel zu übertragen. Zudem bewirkt eine gekippte Position des Atlas, verstärkt durch die Lage des Kopfgurts, weiterlaufend auch eine veränderte Stellung bei dem artikulierenden Gelenkpartner Os occipitale. Translatiert der Atlas unter der gekippten Aufhängungsposition im Art. atlantooccipitalis nach rechts, wird er über die Gelenkkapsel und die bandhaften Strukturen Einfluss auf die Stellung des Os occipitale in dieselbe Richtung nehmen.

Die einwirkenden Kräfte, die während des Raspelns auf die Zahnflächen und weiterführend auf den Ober- und Unterkiefer mechanische Irritationen erzeugen, haben ebenfalls einen Effekt auf die knöchernen Anteile des Schädels. Die Adaptationsvorgänge der intrakranialen Strukturen auf Kompression von außen führen dazu, dass die Prämolaren und Molaren in ihren Zahnfächern aufgrund der direkten Verbindung zum Os maxillare den einwirkenden Druck auf den Knochen weitergeben und es fortlaufend zu einer Dysfunktion in der Sutura lacrimomaxillaris kommt.

Die langanhaltende, unphysiologisch große Abduktion der Kiefergelenke hat ebenso einen direkten Einfluss auf die artikulierenden Knochen und die umliegenden kapsulären, bandhaften und muskulären Strukturen. Der eingelagerte Diskus wird in eine vorgelagerte Stellung gebracht und kann somit Probleme nach einer Zahnbehandlung begründen.

5.1.4 Ergebnis

Innerhalb der ersten 2 Tage zeigte Soli sich sehr müde und wirkte etwas abgeschlagen, vermehrtes Dösen konnte beobachtet werden. Das Headshaking wurde ab dem ersten Tag nach der Equinen CranioSuturalen Therapie nicht mehr beobachtet. Auch die innere Unruhe konnte positiv beeinflusst werden und ließ nach einigen Tagen wieder nach.

5.2 Zähneknirschen

Die 20-jährige Araberstute Capella begann aus nicht ersichtlichen Gründen beim Reiten mit den Zähnen zu knirschen. Das Zähneknirschen fiel im Mai 2023 das erste Mal auf. Hier führte die Besitzerin es auf die anstrengende Trainingseinheit unter dem Sattel zurück. Von da an stellte sich ein leichtes Zähneknirschen bereits zu Beginn jeder Reitstunde ein und intensivierte sich zunehmend.

5.2.1 Verhaltensauffälligkeit – Zähneknirschen

Die Unzufriedenheit der Stute war deutlich hörbar. Unproblematisch verlief die Arbeit mit dem Pferd an der Longe und in der Freiarbeit. Um der Problematik auf den Grund zu gehen, bezog die Besitzerin zunächst einen Pferdedentisten mit ein. Nachdem dieser Termin ohne Befund abgeschlossen wurde, konsultierte sie einen Sattler, dessen Sattelbeurteilung ebenfalls keine Gründe für das Zähneknirschen hervorbrachte. Erst das Bit-Fitting-

Treffen analysierte eine mögliche Ursache: Das Genickstück drückte an beiden Ohrmuscheln und der Stirnriemen lag zu eng am Kopf an. Dies bestätigte sich durch dessen Abdrücke im M. temporalis beidseits nach dem Reiten.

5.2.2 CranioSuturale Befundung und Behandlung

Im Rahmen der Anamnese berichtete die Besitzerin von dem Kauf einer neuen Zäumung inklusive Trensengebiss, welche sie eigenständig verschnallt und angepasst hatte. Diese Neuanschaffung ließ sich in einen zeitlichen Kontext zu dem Auftritt des ersten Zähneknirschens bringen. Die Ergebnisse des Bit-Fitting-Termins untermauerten diese These.

In der Adspektion wurde beidseits im Bereich des M. temporalis eine linearverlaufende Vertiefung festgestellt. Weitere äußerliche Auffälligkeiten waren nicht zu erkennen.

In vertrauter Umgebung erfolgte anschließend die Befundung der einzelnen Schädelknochen und -nähte. Hierbei wurden mittels Distraktion (allgemeine Befundung) und Spezifischer Befundung alle kraniofazialen Regionen auf Dysfunktionen getestet. Die Hebel- und Größenverhältnisse machten eine Befundung und Behandlung der Stute ohne weitere Hilfsmittel möglich. Die Unterstützung durch die Besitzerin in Bezug auf die Kopfstabilisation war gegeben.

Die allgemeine Distraktion und die Spezifische Mobilisation beschränkten sich, aufgrund der bei Capella diagnostizierten Dysfunktionen und des damit einhergehenden Zähneknirschens, auf die in ▶ Tab. 5.2 genannten Schädelknochen und Suturen, vornehmlich des Hirnschädels.

Capella durfte nach der Equinen CranioSuturalen Therapie zurück auf ihre Koppel zu ihrer Herde. Das Abschlussgespräch wurde genutzt, um der Besitzerin das weitere Vorgehen zu erläutern; s. Kap. Nachsorge (S. 102), Kap. Aufklärung und Anweisung des Patientenbesitzers (S. 103) und Kap. Nachkontrolle/Folgetermine (S. 104).

5.2.3 Schlussfolgerung

Anhand des dargestellten Patientenbeispiels werden die Relevanz der optimalen Equipmentpassung sowie der mögliche klinische Kontext mit den einhergehenden Verhaltensauffälligkeiten deutlich; s. Kap. Relevanz der Equipmentpassung (S. 208).

Die weitreichenden Auswirkungen eines zu engen Stirnriemens auf die Strukturen des Kopfes zeigen sich hier in aller Deutlichkeit. Die mit der Enge einhergehende Kompression und reduzierte Durchblutung des M. temporalis haben einen verringerten Stoffwechsel dessen zur Folge. Ein Hypertonus stellt sich ein, der Auswirkungen auf die Kiefergelenke mit sich bringt.

Ist der Stirnriemen zu kurz gewählt, zieht dieser zudem das Genickstück der Trense nach vorn gegen die Ohrmuscheln und die Kiefergelenke. Dies verursacht Druck auf die angeführten Bereiche. Eine Dysfunktion des Os occipitale, des Os parietale und des Os temporale war bei Capella das Ergebnis.

Tab. 5.2 Behandelte Schädelknochen und Suturen Capellas Schädelskeletts bei Zähneknirschen.

Dysfunktionale Knochen bzw. Suturen	Techniken
• Os occipitale ◦ Sutura occipitotemporalis ◦ Sutura lambdoidea	• Distraktion • Spezifische Mobilisation: Mobilisation nach dorsal
• Os parietale ◦ Sutura lambdoidea ◦ Sutura sagittalis ◦ Sutura squamosa	• Distraktion
• Os temporale ◦ Sutura occipitotemporalis ◦ Sutura frontotemporalis ◦ Sutura squamosa ◦ Art. temporomandibularis	• Distraktion • Spezifische Mobilisation: Mobilisation kraniorostral beidseits

5

Der unangenehme Druck auf den M. temporalis, die Ohrmuscheln und die Kiefergelenke, der resultierende Hypertonus der Kaumuskulatur und die eingeschränkte Mobilität der Schädelknochen und Kiefergelenke waren Grund für das Zähneknirschen. Die Hauptursache der komplexen Problematik stellte die suboptimale Trensenpassung dar.

5.2.4 Ergebnis

Die Kombination aus der Anpassung der Trense und der Mobilisation der dysfunktionalen Schädelknochen bewirkte bereits in der ersten Trainingseinheit ein entspanntes Abkauen und zufriedenes Abschnauben Capellas. Das Zähneknirschen war ab dem ersten Tag nach der Equinen CranioSuturalen Therapie nicht mehr hörbar.

5.3 Tränendes Auge nach Tritt

Als Folge einer Trittverletzung an der linken Orbita begann bei dem 11-jährigen Friesenwallach Roben das linke Auge zu tränen. Im Herbst 2019 wurde Roben von einem anderen Pferd auf der Koppel gegen die linke Orbita getreten. Äußerlich zeigten sich leichte Verletzungen in Form von Hautabschürfungen am oberen Orbitarand sowie eine partielle Schwellung der umliegenden Struktur, der Augapfel wies keine Schädigung auf. Die äußeren Wunden heilten komplikationslos innerhalb einiger Tage ab, die Schwellung ging zurück.

5.3.1 Auffälligkeit – tränendes Auge

Innerhalb von 2 Wochen fiel der Besitzerin das zunehmende Tränen des linken Auges auf. Die Diagnostik eines Tierarztes erbrachte keine Auffälligkeiten. Eine Reizung oder Konjunktivitis wurde nicht diagnostiziert. Das Auge war weder lichtempfindlich, noch bestand ein Juckreiz oder eine Empfindlichkeit, auch der Tränennasenkanal war ohne Befund. Die Verwendung einer Fliegenmaske bewirkte keine Veränderung an der vorliegenden Symptomatik.

5.3.2 CranioSuturale Befundung und Behandlung

Die Besitzerin brachte den Tritt mit dem Symptom des tränenden Auges in Verbindung und berichtete hiervon im Anamnesegespräch.

In der allgemeinen Inspektion des Kopf des Pferdes zur Beurteilung der Gesichtssymmetrie bzw. Auffälligkeiten bestätigte sich die Problematik anhand der abgetrockneten Flüssigkeit und des z. T. feuchten Fells unterhalb des linken inneren Augenwinkels. Weitere äußerliche Auffälligkeiten konnten nicht festgestellt werden.

In einer ruhigen Umgebung erfolgte im Anschluss die Befundung der einzelnen Schädelknochen. Die Suturen wurden selektiv mit Hilfe der Distraktion (allgemeine Befundung) und der Spezifischen Befundung auf Dysfunktionen getestet. Aufgrund der Größenverhältnisse und der sehr guten Compliance Robens wählte die Therapeutin die Erhöhung über einen Hocker und bezog die Besitzerin in die Assistenz der Kopfstabilisation mit ein.

Die allgemeine Distraktion und die Spezifische Mobilisation beschränkten sich in der Behandlung, aufgrund der bei Roben diagnostizierten Dysfunktionen und des damit einhergehenden tränenden Auges, auf die in ▶ Tab. 5.3 genannten Schädelknochen und Suturen der linken Schädelseite.

Tab. 5.3 Behandelte Schädelknochen und Suturen der linken Schädelseite Robens bei tränendem Auge.

Dysfunktionale Knochen bzw. Suturen	Techniken
• Os frontale ◦ Sutura frontotemporalis ◦ Sutura frontolacrimalis ◦ Suruta frontonasalis	• Distraktion • Spezifische Mobilisation: ◦ Mobilisation in kaudolateral Rotation ◦ Mobilisation nach ventral
• Os lacrimale ◦ Sutura nasolacrimalis ◦ Sutura frontolacrimalis ◦ Sutura lacrimozygomatica	• Distraktion • Spezifische Mobilisation ◦ Mobilisation in Translation ◦ Mobilisation in Kompression
• Os nasale ◦ Sutura frontonasalis ◦ Sutura nasolacrimalis ◦ Sutura nasomaxillaris	• Spezifische Mobilisation ◦ Mobilisation in sagittale Rotation ◦ Mobilisation in longitudinale Rotation ◦ Mobilisation in transversale Rotation

Im Anschluss an die Equine CranioSuturale Therapie durfte Roben in seine Außenbox. Das weitere Vorgehen wurde im Abschlussgespräch mit der Besitzerin vollumfänglich kommuniziert; s. Kap. Nachsorge (S. 102), Kap. Aufklärung und Anweisung des Patientenbesitzers (S. 103) und Kap. Nachkontrolle/Folgetermine (S. 104).

5.3.3 Schlussfolgerung

Der klinische Kontext der stumpfen Trittverletzung und des schleichenden Einsetzens des tränenden Auges wird anhand des Fallbeispiels von Roben klar veranschaulicht. Die von außen einwirkende Kraft auf die Orbita wird ursächlich für die Dysfunktionen des Os frontale, des Os lacrimale und des Os nasale gewertet. Die eingeschränkte Bewegungsrichtung des linken Os frontale nach kaudolateral lässt die Interpretation zu, dass die mechanische Einwirkung des Hufes mit einer rotatorischen Komponente von unten, lateral auf das Orbitadach und das Os lacrimale erfolgte. Die eingeschränkte Mobilität des Os frontale stellt eine denkbare Folgeverkettung dar. Die Hauptproblematik für das tränende linke Auge ist offensichtlich die dysfunktionale Stellung des linken Os lacrimale, welche aufgrund des Durchmessers des Tränenkanals, der Position dessen im Foramen lacrimale und der Lokalisation des Tränensäckchens, Auswirkungen auf den Abfluss der Tränenflüssigkeit hat; s. Kap. Abflussstörungen des Tränennasenkanals (S. 87).

5.3.4 Ergebnis

Die Equine CranioSuturale Therapie hatte einen positiven Einfluss auf das Tränen des linken Auges von Roben, da innerhalb der folgenden 3 Tage kein feuchtes Fell unter dem Auge mehr zu beobachten war.

5.4 Kopf hochreißen

Heli, ein 10-jähriger Trakehnerwallach, begann ohne ersichtlichen Auslöser, den Kopf hochzureißen. Im Januar 2023 bemerkte die Besitzerin bei ihrem Pferd ein verändertes Verhalten im Training, sowohl unter dem Sattel als auch an der Longe, vornehmlich im Trab und Galopp, riss Heli den Kopf plötzlich hoch.

5.4.1 Verhaltensauffälligkeit – Kopf hochreißen

Die Verhaltensauffälligkeit trat langsam schleichend auf und intensivierte sich mit der Zeit zunehmend. Insbesondere bei der Vorwärtsabwärtsbewegung konnte beobachtet werden, dass der Kopf in allen 3 Gangarten schlagartig hochgerissen wurde. Die Beurteilung der umliegenden Strukturen auf äußerliche Verletzungen, Überwärmungen oder Hämatombildungen fiel negativ aus. Niemand hatte eine prekäre Situation Helis im Herdenverband beobachten können.

Ein Osteopathietermin zum Abklären möglicher Ursachen zeigte translatorische Dysfunktionen der Halswirbelkörper III und IV sowie einen Hypertonus der kurzen Nackenmuskeln und des Lig. nuchae. Nachdem sich mit Hilfe osteopathischer Techniken zur Mobilisation der Wirbelkörper und Detonisierung der Muskulatur keine Veränderung der Symptomatik einstellte, konsultierte die Besitzerin einen Dentisten. Das vorliegende stereotypische Verhaltensmuster des Koppens Helis war dem Pferdezahnarzt infolge jahrelanger Behandlung des Tieres hinlänglich bekannt. Das repetitive Aufsetzkoppen bedingt bei diesem Pferd eine deutlich reduzierte Zahnsubstanz der Dentes incisivi, welche aufgrund der Abrasionen nur noch rudimentär vorhanden war. Andere, für Heli ungewöhnliche Auffälligkeiten der Zähne konnten im Sicht- und Tastbefund des Dentisten nicht festgestellt werden. Das Hinzuziehen eines Tierarztes erbrachte ebenfalls keine Befunde, die Schmerzmittelgabe über 3 Tage beeinflusste das Hochreißen des Kopfes nicht.

5.4.2 CranioSuturale Befundung und Behandlung

Die Besitzerin erläuterte die vorliegende Symptomatik im Anamnesegespräch.

Die allgemeine Inspektion des Pferdes mit Fokus auf den Allgemein-, Ernährungs- und Pflegezustand sowie der Sichtbefund des Kopfes zur Beurteilung der Gesichtssymmetrie bzw. Auffälligkeiten zeigte eine leichte Asymmetrie der Gesichtshälften im Vergleich. Die linke Angesichtsleiste und das linke Auge stellten sich kranialer dar. In der Inspektion an der Longe in allen 3 Gangarten bestätigte sich die Problematik auf beiden Händen gleichermaßen, am auffälligsten im Trab und Galopp, wenn das Tier in die Dehnungshaltung des Halses nach unten ging. Diese Vorwärtsabwärtsbewegung wurde auf Höhe des Buggelenkes durch ein plötzliches Hochreißen des Kopfes unterbunden.

Die sich anschließende Befundung der einzelnen Schädelknochen und Suturen wurde selektiv mit Hilfe der Distraktion (allgemeine Befundung) und der Spezifischen Befundung auf Dysfunktionen durchgeführt. Die Größen- und Hebelverhältnisse Helis und der Therapeutin ließen den Verzicht auf eine Erhöhung über einen Hocker zu. Für die Stabilisation des Kopfes wurde die Besitzerin hinzugezogen.

Die allgemeine Distraktion und die Spezifische Mobilisation beschränkten sich in der Behandlung, aufgrund der bei Heli diagnostizierten Dysfunktionen und des damit einhergehenden Unwohlseins bei Dehnungshaltung des Halses, auf die in ▶ Tab. 5.4 genannten Schädelknochen und Suturen.

Tab. 5.4 Behandelte Schädelknochen und Suturen des Schädelskeletts bei Unwohlsein Helis bei Dehnungshaltung des Halses.

Dysfunktionale Knochen bzw. Suturen	Techniken
• Os occipitale ◦ Sutura occipitointerparietalis ◦ Sutura lambdoidea ◦ Sutura occipitotemporalis	• Spezifische Mobilisation: ◦ Mobilisation in Translation nach rechts ◦ Mobilisation nach ventral
• Os interparietale ◦ Sutura occipitointerparietalis ◦ Sutura parietalointerparietalis	• Distraktion • Spezifische Mobilisation: Mobilisation in Rotation nach links
• Os maxillare rechts ◦ Sutura nasomaxillaris ◦ Sutura maxilloincisivia	• Distraktion • Spezifische Mobilisation: Mobilisation in Translation
• Os nasale rechts ◦ Sutura frontonasalis ◦ Sutura nasomaxillaris	• Distraktion • Spezifische Mobilisation ◦ Mobilisation in sagittale Rotation ◦ Mobilisation in longitudinale Rotation ◦ Mobilisation in transversale Rotation
• Os incisivum ◦ Sutura nasoincisiva ◦ Sutura maxilloincisiva ◦ Sutura interincisiva	• Distraktion

Nach Beendigung der Equinen CranioSuturalen Therapie ging Heli auf die Bewegungsfläche seines Aktivstalls zu seiner Herde. Die Besitzerin konnte im Abschlussgespräch über das weitere Vorgehen vollumfänglich informiert werden; s. Kap. Nachsorge (S. 102), Kap. Aufklärung und Anweisung des Patientenbesitzers (S. 103) und Kap. Nachkontrolle/Folgetermine (S. 104).

5.4.3 Schlussfolgerung

Am Fallbeispiel Helis wird deutlich, inwieweit ein klinischer Zusammenhang zwischen einer Dysfunktion des Os occipitale und einer schmerzhaften Dehnungshaltung Richtung vorwärtsabwärts bestehen kann. Ursächlich für die reduzierte Mobilität des Os occipitale und weiterlaufend des Os interparietale sind verschiedenste Aspekte vorstellbar:

- Sturz
- Anpralltrauma
- abnorme bzw. veränderte Haltung beim Koppen
- unpassendes Equipment (wurde mittels Bit-Fitting-Termin ausgeschlossen).

Der Auslöser für das Hochreißen des Kopfes, sobald die Dehnung des Halses über das Buggelenk hinausging, scheint der Zug des Lig. nuchae am dysfunktionalen Okziput gewesen zu sein. Die eingeschränkte Mobilität des Os interparietale wird als Folge der Dysfunktion des Hinterhauptknochens gewertet. Die veränderte Position des Os maxillare sowie des Os nasale der rechten Schädelseite und der Ossa incisiva ist auf das Koppen zurückzuführen. Diese Veränderungen stehen nicht in direktem Zusammenhang mit den Dysfunktionen des Neurokraniums. Denkbar ist hier der stetige Druck, der über das Aufsetzen mit den Schneidezähnen über die Ossa incisiva an die Ossa maxillae bzw. Ossa nasalia weitergegeben wird. Die stark abrasierten Schneidezähne Helis verdeutlichen die Häufigkeit der täglichen Koppmanöver. Mit wie viel Druck das Aufsetzkoppen durchgeführt wird, konnte nicht ermittelt werden.

5.4.4 Ergebnis

Die Equine CranioSuturale Therapie beeinflusste mittels zweier Termine in einem Abstand von 2 Wochen die vorgestellte Problematik erheblich. Im Anschluss an die zweite Behandlung stellte Heli das Hochreißen des Kopfes vollständig ein und konnte wieder symptomfrei in der Vorwärts-abwärts-Dehnung sowohl an der Longe als auch unter dem Sattel trainiert werden. Ein zusätzlicher Benefit wurde in Bezug auf das stereotypische Verhaltensmuster des Aufsetzkoppens beobachtet: Die Häufigkeit reduzierte sich nach der zweiten Behandlung signifikant.

5.5 Verschiedenste kraniofaziale Auffälligkeiten

Die 19-jährige Ponystute Mani entwickelte zunehmend unterschiedlichste Symptome, die die kraniofazialen Region betrafen. Im Dezember 2022 fiel der Besitzerin erstmals auf, dass ihre Stute Schwierigkeiten in der Biegung hatte und sich jedes Mal beim Wälzen ausführlich die rechte Gesichtshälfte am Boden scheuerte. Hinzu kamen eine Nickbewegung des Kopfes sowie ein auffälliges Verhalten im Umgang.

5.5.1 Verhaltensauffälligkeiten in unterschiedlicher Ausprägung

Die abnormen Verhaltensweisen Manis bauten sich langsam schleichend auf und zeigten sich in unterschiedlichsten Ausprägungen und Intensitäten. Ihren Anfang nahm die Komplexität mit einer Nickbewegung des Kopfes, die in Ruhe und unter Belastung beobachtet werden konnte. Diese ging mit der Zeit in ein ausgeprägtes Kopfschlagen über, welches unabhängig von der Belastung vorlag. Gleichzeitig reduzierte sich die Beweglichkeit der C 0/C 1-Region, was Schwierigkeiten in der Stellung des Kopfes im Training auf beiden Händen nach sich zog. Ein Schnappen nach der Besitzerin bei der Anlage des Halfters und des Kappzaums entwickelte sich nahezu zeitgleich. Als letztes Symptom bildete sich ein vermehrt auftretendes Scheuern der rechten Gesichtshälfte während des Wälzvorgangs aus. Dieser anhaltende Beschwerdekomplex entwickelte sich über eine Zeitspanne von 6 Monaten, eine klare Schmerzsymptomatik lag jedoch nicht vor. Die Vielfältigkeit der Symptome konnte von der Besitzerin zu Beginn nicht in Einklang gebracht werden, weshalb eine mögliche Hilfestellung durch einen Veterinärmediziner nicht in Betracht gezogen worden ist. Eine klare Ursache für die vorliegende Beschwerdekaskade konnte nicht herausgearbeitet werden.

5.5.2 CranioSuturale Befundung und Behandlung

Im umfangreichen Anamnesegespräch zeigte sich vordergründig die Hilflosigkeit der Besitzerin bzgl. des Umgangs und der Trainingsmöglichkeiten ihres Tieres. Die unklaren Symptome machten ein adäquates Training mit der Ponystute nahezu unmöglich. Ein zeitlicher Zusammenhang bezgl. eines Auslösers konnte in der Anamnese nicht herausgearbeitet werden.

In der allgemeinen Inspektion des Pferdes mit dem Fokus auf die Symmetrie des Kopfes fiel eine Muskelhypertrophie der rechten Kaumuskulatur, Schwerpunkt M. masseter und M. temporalis, auf. Diese Tatsache ließ das Gesicht asymmetrisch erscheinen. Weitere äußerliche Auffälligkeiten konnten nicht festgestellt werden.

Die Palpation bestätigte zudem einen muskulären Hypertonus dieser und der Mundbodenmuskulatur sowie des M. pterygoideus medialis. Im Sichtbefund an der Longe in allen 3 Gangarten bestätigten sich die Problematik des Kopfschlagens und die reduzierte Stellungsfähigkeit im Genickbereich, die Halsmuskulatur war sehr angespannt, der Unterhals trat deutlich vermehrt hervor.

In der ruhigen Umgebung des Putzplatzes am Stall erfolgte im Anschluss an die Inspektion die Diagnostik der einzelnen Schädelknochen. Die Suturen wurden hierfür selektiv mit Hilfe der Distraktion (allgemeine Befundung) und der Spezifischen Befundung auf Dysfunktionen getestet. Angesichts des Stockmaßes von Mani mit 1,47 m und der Körpergröße der Therapeutin war keine Erhöhung über einen Hocker notwendig, die Besitzerin wurde in die Assistenz (Kopf stabilisieren) mit einbezogen.

Die allgemeine Distraktion und die Spezifische Mobilisation beschränkten sich in der Behandlung, aufgrund der bei Mani diagnostizierten Dysfunktionen und dem damit einhergehenden Kopfscheuern bzw. Nickbewegungen des Kopfes, auf die in ▶ Tab. 5.5 genannten Schädelknochen und Suturen der rechten Schädelseite.

Tab. 5.5 Behandelte Schädelknochen und Suturen der rechten Schädelseite Manis bei vermehrtem Kopfscheuern und -nicken.

Dysfunktionale Knochen bzw. Suturen	Techniken

• Os parietale
  ○ Sutura lamboidea
  ○ Sutura sagittalis
  ○ Sutura squamosa
	• Distraktion

• Os temporale
  ○ Sutura occipitotemporalis
  ○ Sutura squamosa
	• Distraktion
	• Spezifische Mobilisation: Mobilisation kaudolateral

• Os maxillare
  ○ Sutura lacrimomaxillaris
  ○ Sutura nasomaxillaris
	• Distraktion
	• Spezifische Mobilisation:
	  ○ Mobilisation in Translation nach links
	  ○ Mobilisation in Kompression

• Art. temporomandibularis
  ○ Os mandibulare
  ○ Os temporale
	• Distraktion

Im Anschluss an die Equine CranioSuturale Therapie erfolgten detonisierende Maßnahmen im Bereich der Kau- und Mundbodenmuskulatur. Danach konnte Mani wieder zu ihrer Herde auf die Koppel. Das Abschlussgespräch mit der Besitzerin beinhaltete das weitere Vorgehen innerhalb der nächsten Tage; s. Kap. Nachsorge (S. 102), Kap. Aufklärung und Anweisung des Patientenbesitzers (S. 103) und Kap. Nachkontrolle/Folgetermine (S. 104).

5.5.3 Schlussfolgerung

Der klinische Zusammenhang zwischen der Dysfunktion des Os temporale sowie des Os parietale rechts und der negativen Auswirkung auf die Genickregion in Form einer Stellungsproblematik ist offensichtlich. Veranschaulicht wird dies durch das Kopfschlagen, welches im Anschluss an die Behandlung eingestellt wurde.

Einen weiteren Einfluss auf die Beweglichkeit von C 0/C 1 stellt die Kieferproblematik aufgrund der eingeschränkten Mobilität des Os temporale dar. Bestätigt wurde diese Annahme durch den muskulären Hypertonus und die Hypertrophie der Kaumuskulatur auf selbiger Schädelseite. Die vermehrte Unterhalsmuskelaktivität wird als Kompensationsmechanismus, um den Zug auf das Os occipitale zu reduzieren, gewertet.

Die klar gezeigte Abwehrreaktion in Form von Schnappen signalisierte einen möglichen Druckschmerz, ausgelöst durch die Position des Equipments in der vulnerablen Region. Das direkte Nachlassen dieses abnormen Verhaltens im Anschluss an die Equine CranioSuturale Therapie zeigt den klinischen Kontext klar auf.

5.5.4 Ergebnis

Am ersten Tag nach der Behandlung beobachtete die Besitzerin, dass ihr Pony morgens wesentlich länger schlief als sonst und vermehrt Ruhephasen alleine im Stall bevorzugte. Auch am zweiten Tag döste Mani viel und entlastete ihr linkes Hinterbein, wofür sie normalerweise ihr rechtes verwendete. Verhaltensauffälligkeiten wie Schnappen bei der Anlage des Equipments oder das Scheuern des Gesichts beim Wälzen fanden nicht mehr statt. Die Halsposition wurde als entspannt beschrieben, die Biegung der Genickregion war zu beiden Seiten ohne Bewegungseinschränkung möglich. Auch das Kopfschlagen trat direkt beim ersten Longieren nicht mehr auf.

5.6 Fraktur des Os nasale

Nach einem massiven Tritt auf das Nasenbein stellten sich bei dem 15-jährigen Holsteiner Wallach Snoopy über die Zeit ein verstärkter Nasenausfluss aus beiden Nüstern und tränende Augen beidseits ein. Im September 2018 wurde Snoopy auf dem Paddock von einem Herdenmitglied frontal, mittig auf die Ossa nasalia, getreten. Daraus resultierten eine leichte oberflächliche Schürfwunde sowie eine massive Schwellung im Verletzungsbereich. Zudem floss Blut in einem kleinen Rinnsal aus der rechten Nüster. Die Schmerzen waren in seinem Gesicht deutlich ablesbar. Der hinzugezogene Tierarzt verabreichte dem Tier Schmerzmittel intravenös und in Pulverform für die folgenden 7 Tage. Ein Unterschied in der Pupillenreaktion lag nicht vor. Aufgrund des unauffälligen Allgemeinzustands Snoopys wurde er lediglich für einige Tage von seiner Herde separiert. Die gestellte Diagnose lautete: leichtes Schädel-Hirn-Trauma mit Os-nasale-Fraktur beidseits.

5.6.1 Auffälligkeit – tränende Augen

Nach 8 Wochen war die Schwellung vollständig abgeklungen und das Ausmaß der Verletzung anhand der Vertiefung im Nasenbein deutlich sichtbar. Gleichzeitig stellten sich beidseits tränende Augen und ein kontinuierlicher Nasenausfluss aus beiden Nüstern ein. Aufgrund der Zeitspanne und der zwar beständigen, jedoch geringen Intensität der Symptome wurden die Auffälligkeiten tierärztlich nicht weiterverfolgt. Im Rahmen einer allgemeinen osteopathischen Behandlung 5 Jahre später konnte die Problematik im Anamnesegespräch mit der Os-nasale-Fraktur in klinischen und zeitlichen Zusammenhang gebracht werden.

5.6.2 CranioSuturale Befundung und Behandlung

Die Auseinandersetzung mit der Krankengeschichte Snoopy im Anamnesegespräch führte dazu, dass die Besitzerin die Intensität der tränenden Augen und des Nasenausflusses genauer definieren konnte: Das rechte Auge zeigte eine deutlich vermehrte Symptomatik als das linke, der Ausfluss aus den Nüstern war eher seitengleich und trat seltener auf.

Der Sichtbefund des Pferdekopfes zur Beurteilung der Gesichtssymmetrie bzw. Auffälligkeiten veranschaulichte die Problematik einerseits anhand der abgetrockneten, weißen Stellen um die Augen und andererseits mit Hilfe des feuchten Rinnsals unterhalb der inneren Augenwinkel, sowie in den Nüstern. Weitere äußerliche Auffälligkeiten wurden nicht festgestellt.

In einem entspannten Bereich des Putzplatzes fand im Anschluss die Befundung der einzelnen Schädelknochen und Suturen selektiv mit Hilfe der Distraktion (allgemeine Befundung) und der Spezifischen Befundung statt. Aufgrund der Größen- und Hebelverhältnisse und des ruhigen Charakters Snoopys nutzte die Therapeutin die Erhöhung über einen Hocker und bezog die Besitzerin in die Assistenz der Kopfstabilisation mit ein.

Die allgemeine Distraktion und die Spezifische Mobilisation beschränkten sich in der Behandlung, aufgrund der bei Snoopy diagnostizierten Dysfunktionen durch die Fraktur des Os nasale, auf folgende in ▶ Tab. 5.6 genannte Schädelknochen und Suturen des Schädels.

Tab. 5.6 Behandelte Schädelknochen und Suturen Snoopys Schädelskeletts bei Os nasale Fraktur.

Dysfunktionale Knochen bzw. Suturen	Techniken
• Os frontale rechts ◦ Sutura interfrontalis ◦ Sutura frontonasalis	• Distraktion
• Os lacrimale rechts ◦ Sutura nasolacrimalis	• Distraktion • Spezifische Mobilisation: ◦ Mobilisation in Translation links ◦ Mobilisation in Kompression
• Os nasale beidseitig ◦ Sutura frontonasalis ◦ Sutura internasalis ◦ Sutura nasomaxillaris ◦ Sutura nasolacrimalis	• Distraktion • Spezifische Mobilisation: ◦ Mobilisation in sagittale Rotation ◦ Mobilisation in longitudinale Rotation ◦ Mobilisation in transversale Rotation
• Os maxillare rechts ◦ Sutura nasomaxillaris	• Distraktion

Mit Beendigung der Equinen CranioSuturalen Therapie konnte Snoopy zurück zu seiner Herde auf die große Außenfläche. Das weitere Vorgehen wurde im Abschlussgespräch mit der Besitzerin sehr detailliert besprochen; s. Kap. Nachsorge (S. 102), Kap. Aufklärung und Anweisung des Patientenbesitzers (S. 103) und Kap. Nachkontrolle/ Folgetermine (S. 104).

5.6.3 Schlussfolgerung

Der symptomatische Zusammenhang der schwerwiegenden Schlagverletzung der Ossa nasalia und dem schleichenden Beginn der tränenden Augen und des Ausflusses aus beiden Nüstern verdeutlicht sich anhand des vorliegenden Fallbeispiels. Die mechanische Einwirkung des Hufes löste eine rotatorische Dysfunktion der Ossa nasalia in allen Bewegungsachsen. Weiterlaufend folgte daraus eine Stauchung des rechtsseitigen Os frontale, Os lacrimale und Os maxillare, welche die vorliegende Mobilitätseinschränkung, vornehmlich der Distraktionskomponente, bedingte.

Die Ursache des tränenden rechten Auges ist offensichtlich die dysfunktionale Stellung des rechten Os lacrimale. Der geringe Durchmesser des Tränenkanals sowie die Position dessen im Foramen lacrimale stellen, anhand der Häufigkeit ersichtlich, eine vulnerable Region in Bezug auf Dysfunktionen des Os lacrimale, unerheblich welchen Auslösers, dar (s. Kap. Abflussstörungen des Tränennasenkanals (S. 87)).

5.6.4 Ergebnis

Die Equine CranioSuturale Therapie zeigte bereits am ersten Tag nach der Behandlung positive Auswirkungen, das linke Auge war direkt tränenfrei. An den folgenden Tagen reduzierte sich zusätzlich die Menge der Tränenflüssigkeit des rechten Auges, auch der Nasenausfluss verringerte sich. Nach 4 Wochen hatte Snoopy keine Probleme mehr mit tränenden Augen oder einer unnormalen Nasenausflussmenge.

5.7 Schiefe Kopfhaltung nach Nasenschlundsonde

Infolge der Legung einer Nasenschlundsonde (NSS) zeigte der 30-jährige Ponywallach Falk eine dauerhafte Kopfschiefhaltung.

5.7.1 Auffälligkeit – schiefe Kopfhaltung

Aufgrund einer akuten Schlundverstopfung ihres Ponys konsultierte die Besitzerin einen Tierarzt, der mit der Legung einer Nasenschlundsonde die feststeckenden Futterbestandteile Richtung Magen schieben und damit die Problematik auflösen konnte. Was direkt im Anschluss an die Behandlung blieb, war eine deutliche Schiefhaltung des Kopfes. Die reduzierte Futteraufnahme und die ungewöhnliche Haltung, in welcher diese stattfand, veranlassten die Besitzerin zur Terminabsprache mit einer CranioSuturalen Therapeutin und einem Pferdedentisten. Die Untersuchung der Maulhöhle erbrachte keine besonderen Befunde. Die Schleimhäute des Mauls sowie des Rachens und die Zähne zeigten keine Auffälligkeiten, die das Verhalten des Wallachs erklären konnten.

5.7.2 CranioSuturale Befundung und Behandlung

Im Rahmen der Anamnese konnte der direkte zeitliche Zusammenhang zwischen dem Beginn der beschriebenen Problematik und der Legung der Nasenschlundsonde herausgestellt werden. Ein vermehrtes Tränen des linken Auges wurde im Zuge des Gespräches als schon lange bestehend dokumentiert.

In der Adspektion des Ponykopfes zur Identifikation von Gesichtsasymmetrien und anderen Auffälligkeiten fielen zum einen die Neigung des Kopfes nach rechts und zum anderen eine hochgezogene linke Nüster auf. Das linke Auge erschien kleiner als das rechte. Im Sichtbefund wurden keine weiteren Abweichungen festgestellt.

Die Befundung der einzelnen Schädelplatten und suturalen Verbindungen erfolgte in der ruhigen Atmosphäre der Stallgasse mit Hilfe der Distraktion (allgemeine Befundung) und der Spezifischen Befundung. Die vorliegende Verhältnismäßigkeit der Größe und des Hebels veranlasst die Therapeuten dazu, auf die Einbeziehung eines Hockers zu verzichten. Die Besitzerin wurde zur Assistenz der Kopfstabilisation hinzugezogen.

Aufgrund der bei Falk diagnostizierten Dysfunktionen und der damit einhergehenden schiefen Kopfhaltung beschränkte sich die Behandlung auf die in ▶ Tab. 5.7 genannten Schädelknochen und Suturen.

Im Anschluss an die Equine CranioSuturale Therapie konnte sich Falk in seiner Paddockbox bei einer Portion Heu für 2h erholen, bevor er zu seiner kleinen Herde auf die Koppel zurückdurfte. Der weiterführende Fahrplan fand im Abschlussgespräch mit der Besitzerin seine detailreiche Beschreibung; s. Kap. Nachsorge (S. 102), Kap. Aufklärung und Anweisung des Patientenbesitzers (S. 103) und Kap. Nachkontrolle/Folgetermine (S. 104).

5

Tab. 5.7 Behandelte Schädelknochen und Suturen der linken Schädelseite Falks bei Schiefhaltung des Kopfes.

Dysfunktionale Knochen bzw. Suturen	Techniken
• Os frontale links ○ Sutura frontolacrimalis ○ Sutura frontonasalis	• Distraktion • Spezifische Mobilisation ○ Mobilisation in kraniorostral Rotation ○ Mobilisation nach dorsal
• Os lacrimale links ○ Sutura frontolacrimalis ○ Sutura lacrimomaxillaris	• Distraktion
• Os nasale links ○ Sutura frontonasalis ○ Sutura internasalis ○ Sutura nasomaxillaris	• Distraktion • Spezifische Mobilisation ○ Mobilisation in sagittale Rotation ○ Mobilisation in longitudinale Rotation ○ Mobilisation in transversale Rotation
• Os incisivum links ○ Sutura maxilloincisiva	• Distraktion

5.7.3 Schlussfolgerung

Am Fallbeispiel von Falk wird die Komplexität der klinischen Beziehung der Schädelknochen zueinander deutlich. Der Auslöser für die Schiefhaltung des Kopfes ist, aufgrund des zeitlichen Bezugs, klar mit dem Eingriff der Nasenschlundsonde in Verbindung zu bringen. Die in Kap. Legen einer Nasenschlundsonde (S. 84) angeführte mögliche Komplikation der Verletzung des Os ethmoidale verdeutlicht den zur Anwendung kommenden Druck, mit welchem der Schlauch in die Nase eingeführt wird. Trifft das Schlauchende versehentlich auf Schädelknochen, die keine Leichtbaukonstruktion aus hauchdünnen knöchernen Zellen wie das Siebbein, sondern eine festere Grundsubstanz aufweisen, sind minimale Verschiebungen als Reaktion auf den Druck die Konsequenz.

Die mechanische Manipulation des Schlauches löste eine rotatorische Dysfunktion des linken Os nasale in allen Bewegungsrichtungen aus. Weiterlaufend erfolgte hieraus eine Stauchung des gleichseitigen Os frontale und Os lacrimale, welche die vorliegende Mobilitätseinschränkung, vornehmlich der Distraktionskomponente, auslöste.

Die Ursache des tränenden linken Auges ist offenkundig auch hier die dysfunktionale Stellung des ipsilateralen Os lacrimale. Der geringe Durchmesser des Tränenkanals sowie dessen Position im Foramen lacrimale stellen, anhand der Häufigkeit ersichtlich, eine vulnerable Region in Bezug auf Dysfunktionen des Os lacrimale dar, unerheblich welchen Auslösers; s. Kap. Abflussstörungen des Tränennasenkanals (S. 87).

5.7.4 Ergebnis

Direkt mit Beendigung der Equinen CranioSuturalen Therapie zeigte der Ponywallach eine zum Boden senkrecht verlaufende Nasenlinie beim Fressvorgang. Die verzehrte Heumenge entsprach dem Volumen wie vor der Schlundverstopfung. Nach 72h konnten keine Gesichtsasymmetrien mehr beobachtet werden, Nüstern und Augen befanden sich auf gleicher Höhe. Das Fressverhalten und die gerade Kopfhaltung behielt Falk bei. Als zusätzlicher positiver Effekt fiel auf, dass die Menge des Tränenflusses am linken Auge, der immer der Zugluft im Stall zugeschrieben wurde, deutlich nachließ.

5.8 Pseudonarkolepsie

Ringo, ein 31-jähriger Ponywallach, litt seit seinem 10. Lebensjahr unter Pseudonarkolepsie. Nach dem ersten gemeinsamen Jahr fielen der Besitzerin typische Verletzungen an den vorderen Fesselgelenken auf. Häufige Herdenwechsel und Veränderungen innerhalb der bestehenden Herde sowie sehr charakterstarke Artgenossen ließen Ringo nicht mehr zur Ruhe kommen.

5.8.1 Verhaltensauffälligkeiten – Pseudonarkolepsie

In der Sommersaison mit viel Platz auf der Koppel wurde das Pony einige Male im Liegen beobachtet. Sobald der Herbst kam, wodurch die Weidesaison beendet wurde und sich das Platzangebot infolgedessen verringerte, verstärkte sich der Stress in der Herde – und ganz gravierend für den Ponywallach. Ein Stallwechsel in eine kleinere Herde mit der Möglichkeit einer Kameraüberwachung zeigte schließlich das Ausmaß des Krankheitsbildes. Regelmäßige nächtliche Anfälle aus Wegsacken der Hinterbeine, Schwankbewegungen und plötzlichen Zusammenbrüchen konnten dokumentiert werden. In der Box gab es kein nächtliches Ablegen mehr, gelegentliche Kuhlen im Sandpaddock draußen zeigten vereinzelte Liegephasen. Nebenerkrankungen wie PPID und begleitende Hufrehe sorgten dafür, dass vermehrte Boxenruhephasen notwendig wurden und sich die Problematik der Pseudonarkolepsie deutlich intensivierte.

Aufgrund des zu beobachtenden Schmerzgesichtes ihres Ponys entstand bei der Eigentümerin der Verdacht einer begleitenden Kopfschmerzsymptomatik. Ein rezidivierendes Tränen des rechten Auges führte schlussendlich zu dem CranioSuturalen Termin, der diverse Dysfunktionen im kraniofazialen Bereich herausstellte.

5.8.2 CranioSuturale Befundung und Behandlung

In einem sehr umfangreichen Anamnesegespräch schilderte die Besitzerin das Bild der vorliegenden Symptomatik inklusive der zeitlichen Zusammenhänge.

Die allgemeine Inspektion des Pferdes mit Fokus auf den Allgemein-, Ernährungs- und Pflegezustand sowie der Sichtbefund des Pferdekopfes zur Beurteilung von Gesichtsasymmetrie zeigten einen zu geringen Fütterungszustand, glanzloses Fell und typische Schmerzanzeichen im Gesichtsbereich. Der Sichtbefund an der Longe in allen 3 Gangarten bestätigte aufgrund von Kurztrittigkeit und Anlaufschwierigkeiten das fortgeschrittene Alter des Ponys.

In einer ruhigen Umgebung am Stall erfolgte im Anschluss an die Inspektion die Diagnostik der einzelnen Schädelknochen. Die Suturen wurden hierfür selektiv mit Hilfe der Distraktion (allgemeine Befundung) und der Spezifischen Befundung auf Dysfunktionen untersucht. In Anbetracht Ringos Stockmaß und der Körperlänge der Therapeutin konnte auf eine Erhöhung über einen Hocker verzichtet werden. Die Besitzerin wurde in die Assistenz zum Stabilisieren des Kopfes unter der Befundung und Behandlung integriert.

Die allgemeine Distraktion und die Spezifische Mobilisation beschränkten sich in der Behandlung, aufgrund der bei Ringo diagnostizierten Dysfunktionen und der damit einhergehenden Pseudonarkolepsie, auf die in ▸ Tab. 5.8 genannten Schädelknochen und Suturen.

Nach Beendigung der Equinen CranioSuturalen Therapie blieb Ringo, um ihm Ruhe und Zeit zur Verarbeitung zu geben, alleine auf seinem Sandpaddock, von dem aus er über den Zaun Kontakt zu seinem Herdenfreund hatte. Im Abschlussgespräch wurde die Besitzerin über das weitere Vorgehen vollumfänglich informiert; s. Kap. Nachsorge (S. 102), Kap. Aufklärung und Anweisung des Patientenbesitzers (S. 103) und Kap. Nachkontrolle/Folgetermine (S. 104).

Tab. 5.8 Behandelte Schädelknochen und Suturen Ringos Schädelskeletts bei Pseudonarkolepsie.

Dysfunktionale Knochen bzw. Suturen	Techniken
• Os occipitale ◦ Sutura occipitointerparietalis ◦ Sutura lambdoidea ◦ Sutura occipitotemporalis	• Spezifische Mobilisation ◦ Mobilisation in Translation nach rechts ◦ Mobilisation nach ventral
• Os temporale rechts ◦ Sutura occipitotemporalis ◦ Sutura frontotemporalis	• Distraktion • Spezifische Mobilisation: Mobilisation in Rotation nach links
• Os frontale rechts ◦ Sutura frontotemporalis ◦ Sutura frontolacrimalis	• Distraktion • Spezifische Mobilisation: ◦ Mobilisation in kraniorostrale Rotation ◦ Mobilisation nach dorsal
• Os lacrimale beidseits ◦ Sutura frontolacrimalis ◦ Sutura lacrimomaxillaris	• Distraktion • Spezifische Mobilisation: Mobilisation in Kompression
• Os maxillare rechts ◦ Sutura lacrimomaxillaris ◦ Suruta maxilloincisivia	• Distraktion • Spezifische Mobilisation: Mobilisation in Translation

5.8.3 Schlussfolgerung

Das Fallbeispiel Ringos zeigt einen klinischen Zusammenhang zwischen den Dysfunktionen der 5 Schädelknochen und der zugrunde liegenden Erkrankung. Der Auslöser der Pseudonarkolepsie scheint bei diesem Pony verschiedene Gründe zu haben, die alle zusammen ein Ablegen nicht mehr möglich machten. Stress in der Herde, enge Haltungsbedingungen, vermehrte Stallwechsel und Kopfschmerzen bedingten das Symptombild.

Die eingeschränkte Mobilität des Os occipitale und die veränderte Elastizität des Os maxillare sowie des Os temporale der rechten Seite können in Zusammenhang mit den vorliegenden Kopfschmerzen gebracht werden. Zum einen stellen diese die Ursache und zum anderen einen Verstärker der Symptomatik dar. Eine Einschränkung der Mobilität einzelner oder mehrerer Schädelknochen wirkt sich immer auf das gesamte Schädelskelett und die kraniofazialen Strukturen aus, was häufig Kopfschmerzen zur Folge hat. Wird beim Liegen auf der Seite der Kopf am Boden abgelegt, kommt es infolgedessen zu vermehrtem Druck auf die dysfunktionalen Schädelknochen, was dann die Kopfschmerzen intensiviert. Um diese Verstärkung zu umgehen, hat Ringo das Schlafen im Stehen vorgezogen, wodurch keine REM-Schlafphasen mehr erreicht werden konnten. Das Wegsacken und Zusammenbrechen sind auf den massiven Schlafmangel zurückzuführen.

Als Ursache für das tränende rechte Auge wird auch in diesem Fallbeispiel die Dysfunktion der Ossa lacrimalia gewertet. Der geringe Durchmesser des Tränenkanals sowie die Position dessen im Foramen lacrimale stellen, anhand der Häufigkeit ersichtlich, eine vulnerable Region in Bezug auf Dysfunktionen des Os lacrimale, unerheblich welchen Auslösers, dar; s. Kap. Abflussstörungen des Tränennasenkanals (S. 87).

5.8.4 Ergebnis

Direkt in der Nacht nach der Equinen CranioSuturalen Therapie legte sich das Pony ab und schlief auf der Seite. Auch in den Folgenächten konnte die Besitzerin über die Kamera mehrere Schlafphasen, inklusive REM-Schlafphasen, beobachten. Symptome wie Schwanken oder Wegsacken der Hinterbeine oder Verletzungen an den Fesselköpfen wurden seitdem nicht mehr verzeichnet. Das Schmerzgesicht ist zudem deutlich weniger ausgeprägt, was den Schluss zulässt, dass auch die Kopfschmerzen an Intensität verloren haben. Seit der Equinen CranioSuturalen Therapie hat es keine Nacht mehr ohne Ablegen und REM-Schlafphasen gegeben. Das tränende rechte Auge konnte ebenfalls positiv beeinflusst werden.

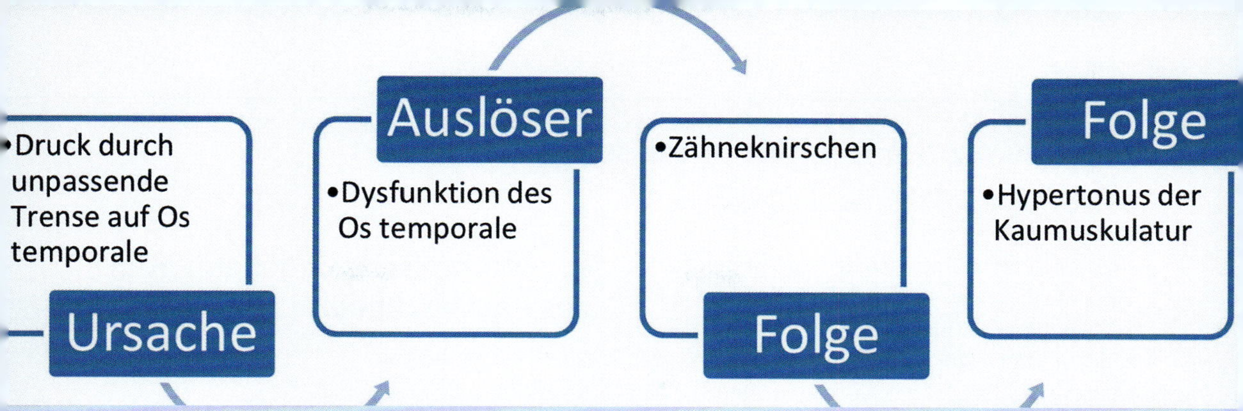

Equipmentpassung

6 Relevanz der Equipmentpassung

Marie-Christine Cammas und Inken Voges-Falkenberg

Dieses Kapitel widmet sich den Auswirkungen des Equipments, insbesondere der Kopfausrüstung, auf das Pferd. Zu der Ausrüstung am Pferdekopf zählt in erster Linie die Trense mit Gebiss, aber auch das Halfter und der Kappzaum können einen beeinträchtigenden Einfluss auf das Wohlbefinden des Pferdes haben. Jegliches Equipment am Pferdekopf kann bei nicht korrekter Verschnallung oder einem unpassenden Sitz zu Druckpunkten und Kompressionen führen. Eine schlechte Druckverteilung durch eine nicht optimale Auflagefläche und damit verbunden zu starke Druckeinwirkungen im Pferdegesicht haben weitreichende Folgen auf die gesamte Biomechanik des Pferdes. Der Pferdeschädel und seine intrakranialen Strukturen sind befähigt, sich an einwirkende Kräfte anzupassen. Kompressions- und Distraktionskräfte können Auslöser für eine entsprechende Adaption der kranialen Strukturen darstellen, was eine wichtige Rolle bei der Verschnallung des Equipments am Kopf einnimmt. Die Knochennähte am equinen Schädel machen einen großen Teil des kranialen Bewegungssystems aus. Somit führt eine Bewegungseinschränkung durch nicht korrekt verschnalltes Zaumzeug zwangsweise zu Blockaden und Dysfunktionen im kranialen Bereich. Dies kann mit Symptomen, Schmerzen oder weitreichenden Auswirkungen auf weitere muskuläre oder knöcherne Strukturen des Pferdes einhergehen.

Praxis

Die **5 Hauptdruckzonen der Kopfausrüstung**:
- im Genick mit Druck auf das Nackenband
- hinter den Ohren mit Druck auf die Ohrmuscheln
- unter den Ohren mit Druck auf die Kiefergelenke
- Nasenrücken mit Druck auf das Nasenbein
- auf den unteren Kieferästen mit Druck auf die Blutgefäße

6.1 Anatomische Gegebenheiten des Pferdeschädels

Marie-Christine Cammas

Das Pferd hat als Pflanzenfresser einen kleinen Hirnschädel und einen großen Angesichtsschädel. Seine Schädelform wird von der Ausgestaltung des Kauapparates vorgegeben und geprägt, wobei der Gesichtsschädel verlängert ist und im Vergleich zum Hirnschädel deutlich mehr Raum einnimmt. Durch seine vorgezogene Gestalt bietet der Angesichtsschädel genügend Unterbringungsmöglichkeiten für das Gebiss des Pferdes sowie ausreichend Ansatzfläche für die mächtige Kaumuskulatur. Das equine Kopfskelett setzt sich aus einer Vielzahl von meist paarig angelegten Einzelknochen zusammen. Es kennzeichnet sich durch markante Leisten, prominente Knochenvorsprünge, Gruben und die z.T. palpierbar ausgeprägten Knochennähte. Da der knöcherne Schädel untereinander bewegliche Schädelplatten aufweist, ist seine Struktur nicht starr und unflexibel, sondern dynamisch. An den Knochenrändern der Schädelknochen existieren bindegewebige, minimal elastische Einheiten und das gesamte knöcherne Kopfskelett ist durchzogen von Nerven, Venen und Arterien; s. Kap. Aufbau und Struktur des Schädels (S. 17), Kap. Anatomie des Schädels (S. 18), Kap. Muskulatur des Schädels (S. 57), Kap. Nerven des Schädels (S. 65) und Kap. Blutgefäße des Schädels (S. 66).

6.1.1 Knöcherne Strukturen

Eine Vielzahl der markanten Knochen und Knochenvorsprünge liegt beim Pferd unmittelbar unter der Gesichtshaut. Das macht den equinen Schädel druckempfindlich und sensibel. Der lange und nach rostral sehr schmal verlaufende Nasenbeinknochen des Pferdes kann bei falscher Equipmentverschnallung und zu viel Druck einen sehr großen Schaden nehmen, bis hin zu einer Fraktur des Nasenbeins. Ist der Nasenriemen zu eng angelegt, kann sich das langfristig schädlich und atrophierend auf die Knochenstruktur des Nasenbeins auswirken. Fehlt der Platz von 2 Fingern zwischen dem Nasenbein und dem Nasenriemen des Reithalfters, wird dieser Schädelknochen nicht nur stark komprimiert, sondern es wird weiterlaufend Druck auf das Hinterhauptsbein ausgeübt. Es entstehen einerseits punktuelle Schmerzen im Gesicht, als auch andererseits Schmerzen am Ansatzbereich des Nackenbandes am Hinterhauptsbein. Dieser Druck bedingt einen erhöhten Spannungszustand der kurzen Nackenmuskulatur und des Nackenbandes, was weiterführend eine Kompression der dort austretenden Nerven bedingen kann. Dadurch kann im weiteren Verlauf eine fehlerhafte nervale Reizweiterleitung an die peripheren Muskeln verursacht werden, wodurch die Vorhandmuskulatur eine mangelnde Durchblutung und eine reduzierte Stoffwechselaktivität aufweist. Ein pathologischer Hypertonus und die Entstehung von Triggerpunkten können die Folge sein und führen zu Schmerzen und Taktfehlern der vorderen Extremität.

Die Kompression des Nasenbeins bedingt außerdem eine reduzierte Beweglichkeit dieses Gesichtsschädelknochens, was sich auf alle direkt angrenzenden Schädelknochen auswirkt. Wird z. B. die Elastizität des angrenzenden Tränenbeins negativ beeinflusst, kann der Abfluss der Tränenflüssigkeit durch den Tränennasenkanal reduziert sein. Als Folge davon können beim Pferd tränende Augen entstehen.

Auch im Bereich der Angesichtsleiste (Crista facialis) ist der Pferdeschädel sehr druckempfindlich. Der Knochen liegt auch hier direkt unter der Haut und darf deswegen keiner Kompression oder Reibung durch ein falsch sitzendes Reithalfter ausgesetzt sein.

6.1.2 Gelenkige und muskuläre Strukturen

Auch ein zu fest verschnallter Stirnriemen kann eine Kaskade aus Ursachen und Folgen auslösen. Der Stirnriemen liegt unmittelbar an den Kiefergelenken. Ist er zu kurz, zu tief oder zu eng angelegt, kann dies weitreichende Auswirkungen auf die Strukturen des Pferdekopfes haben. Zum einen wird ein Teil der Kaumuskulatur, der M. temporalis, komprimiert, was eine reduzierte Durchblutung und einen verringerten Stoffwechsel dessen zur Folge haben kann. Zum anderen wird durch einen zu kurzen Stirnriemen das Genickstück der Trense nach vorn gegen die Ohren und die Kiefergelenke gezogen, was Druck auf die Ohrmuscheln und Kiefergelenke verursacht. Die Kautätigkeit wird deutlich eingeschränkt und eine Dysfunktion des Ober- und Unterkiefers entsteht. Die eingeschränkte Kautätigkeit hat wiederum Auswirkungen auf die Beweglichkeit des Zungenbeins, welches biomechanisch mit den oberen und unteren Muskelketten verbunden ist. Ohne einen lockeren, nachgiebigen Kiefer kann das Pferd das Genick nicht öffnen und hergeben und die Funktionalität beider Muskelketten wird gehemmt. Durch die Verbindung der Unterkiefer- und Zungenmuskulatur mit der vorderen Extremität kann das Pferd dadurch sowohl Taktfehler in der Vorderhand zeigen als auch Taktunreinheiten in der Hinterhand, aufgrund der muskulären Interaktion der dorsalen Muskelkette zum Genick. Liegen die Strupfen des Genickstücks dem Kiefergelenksspalt mit Druck auf, kann sich die weitere Kaumuskulatur beidseits in einem erhöhten Spannungszustand darstellen. Die Mundboden- und Zungenmuskulatur kann aufgrund dessen einseitig oder beidseitig druckempfindlich und hyperton werden.

6.1.3 Nerven und Blutgefäße

Zu eng oder falsch verschnallte Reithalfter, Stirn- und Nasenriemen können die Gesichtsnerven und fazialen Blutgefäße des Pferdes empfindlich beeinträchtigen und schädigen. Im Gesichtsbereich des Pferdes verlaufen die Nerven und Blutgefäße direkt unter der Haut. Ein Hauptaugenmerk bei der Equipmentpassung am Kopf sollte demnach darauf liegen, dass keine Riemen von Trense, Halfter, Kappzaum und Co. die Austrittsstellen der Gefäße und Nerven überdecken, reizen oder komprimieren.

Der große Gesichtsnerv (N. facialis) innerviert die Gesichtsmuskulatur, die Tränendrüse und die Kopfspeicheldrüsen des Pferdes; s. Kap. Gehirnnerven (S. 65). Er verläuft ventral des Kiefergelenks und unterhalb der Orbita über die Wange. Sein Intermediusanteil erstreckt sich in den Unterkiefer und sein Hauptanteil zieht nach rostral bis zur Nase. Der N. facialis liegt demnach im Bereich des Stirnriemens, der Backenstücke und auch des Nasenriemens.

6

Der Trigeminusnerv (N. trigeminus) ist der mächtigste Gehirnnerv und der größte sensible Nerv des Kopfes; s. Kap. Gehirnnerven (S. 65). Seine 3 Hauptäste sind der N. maxillaris, der N. mandibularis und der N. ophthalmicus. Der N. maxillaris erstreckt sich von der Orbita kommend über die laterale Gesichtsfläche. Dort, wo er an die Gesichtsoberfläche austritt, liegt der Nasenriemen der meisten Reithalfter. Der N. mandibularis zieht vom Kiefergelenk durch den gesamten Unterkiefer und der N. ophthalmicus liegt in der Orbita. Auch der Kinnnerv (N. mentalis) tritt an einer empfindlichen Stelle aus dem Schädel unter die Haut, nämlich dort, wo sich der Sperrriemen der englischen Reithalfter befindet (▶ Abb. 6.7).

Die Blutgefäße der Arterien und Venen des Pferdekopfes verlaufen am gesamten Schädel und teilweise ebenfalls direkt unter der Haut. Die große, paarige Halsschlagader, die Aorta carotis communis, sitzt mit ihren beiden Anteilen unmittelbar vor der Ganasche, weswegen hier auf die korrekte Verschnallung und Festigkeit v. a. des Kehlriemens geachtet werden muss; s. Kap. Blutgefäße des Schädels (S. 66).

Die beiden größten Venenäste des equinen Kopfes sind die V. maxillaris und die V. facialis. Die Verbindung der beiden großen Venen erfolgt beim Pferd durch die V. buccalis, die V. profunda faciei und die V. transversa faciei. Diese 3 Venen sind zum Sinus erweitert und verlaufen in und unter dem M. masseter im Bereich der Backenstücke des Reithalfters [4].

6.1.4 Zähne, Laden und Zunge

Die Zähne sind Teil des Kauapparates und formen durch ihre unterschiedliche Gestalt und Stellung im Kiefer das Gebiss des Pferdes. Auch hier nimmt die richtige Größe und Passform des Equipments, in diesem Fall des Trensengebisses, eine wichtige und relevante Stellung ein.

Praxis

Jedes Pferd hat seinen eigenen anatomischen Aufbau von Gebiss, Laden, Kiefer und Zunge. Deswegen sollte die Trensengebiss- und Equipmentanpassung stets individuell auf die jeweiligen anatomischen Gegebenheiten des Pferdes mit Sorgfalt angepasst werden; s. Kap. Anatomische Gegebenheiten des Pferdeschädels (S. 208).

Zähne

Das Pferdegebiss ist ein heterodontes Herbivorengebiss, da es unterschiedliche Zahnarten enthält und das Pferd ein Pflanzenfresser ist; s. Kap. Zähne (S. 67). Es besteht aus den Schneidezähnen (Dentes incisivi), den Eck- oder Hakenzähnen (Dentes canini), die nur beim männlichen Tier gut ausgebildet sind, den vorderen Backenzähnen (Dentes praemolares, Mahlzähne) und den hinteren Backenzähnen (Dentes molares, Mahlzähne). Der obere Zahnbogen des Pferdes ist breiter angelegt als der untere Zahnbogen, damit das Pferd den Kiefer für den Mahlvorgang optimal verschieben kann. Der jährliche Zahnabrieb beträgt beim Pferd durch den Kau- bzw. Mahlvorgang 2–4 mm.

Das Dauergebiss des adulten Pferdes umfasst insgesamt 12 Schneidezähne, ggf. 2 Hakenzähne, 12–16 Prämolaren und 12 Molaren. Die Aufteilung der Zähne erfolgt in 4 Quadranten, wobei jeder Quadrant folgende Zähne enthält: 3 Schneidezähne, 1 Eck- bzw. Hakenzahn (Hengstzahn), 3–4 Prämolaren, wobei der erste als Wolfszahn (Dens lupinus) bezeichnet wird und als Rudiment nicht immer durchbricht, sowie 3 Molaren. Das Vorhandensein eines Wolfszahnrudiments vor dem zweiten Prämolar sollte bei jedem Pferd überprüft und ggf. entfernt werden. Denn das Trensengebiss übt genau dort einen starken Druck bei der Zügeleinwirkung aus, was sehr schmerzhaft für das Pferd sein kann.

Laden

Zwischen dem rostralen und dem kaudalen Abschnitt der Kieferhälften befindet sich beim Pferd zwischen den Schneide- und den Backenzähnen ein zahnfreier Abschnitt (Margo interalveolaris), der als Diastema oder Lade bezeichnet wird. Die Lade ist somit die zahnfreie „Lücke" zwischen den Schneide- und den Backenzähnen. An dieser Stelle ist der Unterkieferknochen von einer nur dünnen Schleimhaut umgeben, weswegen die Lade des Pferdes empfindlich und sensibel ist. Die Knochen der Unterkieferäste können beim Pferd verschiedene Formen aufweisen, wodurch die Lade eines Pferdes eine individuelle Gestalt einnimmt. Sie kann kantig, knochig und scharfrandig sein oder eher breit, wulstig und abgerundet. Da das Trensengebiss auf Zunge und Laden aufliegt und durch die Zügeleinwirkung Druck auf der empfindlichen Knochenhaut des Unterkieferknochens ausgeübt wird, gilt es auch an dieser Stelle, die richtige Wahl des Equipments sorgfältig vorzunehmen und zu überprüfen.

Zunge

Die Zunge (Lingua) ist ein beweglicher Muskelkörper und füllt bei geschlossenem Maul die gesamte Mundhöhle des Pferdes aus. Sie wird unterteilt in den Zungenkörper (Corpus linguae), die Zungenspitze (Apex linguae) und die Zungenwurzel (Radix linguae), die auch als Zungengrund bezeichnet wird. Eine kutane Schleimhaut bedeckt die Zunge und eine Bindegewebslage (Aponeurosis linguae) umgibt die Zungenmuskulatur unter der Schleimhaut. Diese Aponeurose stellt eine Art bindegewebiges Skelett der Zunge dar, an dem die Muskelfasern ansetzen. Durch die Zungenmuskeln weist die Zunge eine sehr hohe Beweglichkeit auf und ist in der Lage, verschiedene Funktionen auszuführen, zum Beispiel saugen, lecken, ergreifen, schlucken sowie die taktile, gustatorische und thermische Kontrolle der Nahrung. Die Zungenmuskulatur wird eingeteilt in die Zungenaußenmuskeln (extrinsische Zungenmuskeln) und die Zungenbinnenmuskeln (intrinsische Zungenmuskeln), die im Kap. Muskulatur des Schädels (S. 57) aufgeführt sind.

Da die Zunge den gesamten Mundraum des Pferdes ausfüllt und auch sie bei jedem Pferd unterschiedliche Formen und Beschaffenheiten aufweist, gilt es auch in Bezug auf die Zunge das Trensengebiss individuell anzupassen [7].

6.2 Knöcherne Landmarks

Marie-Christine Cammas

Für die korrekte Anpassung und Lage des Equipments am Kopf des Pferdes, kann man sich an dessen knöchernen Strukturen orientieren. Die Dorsalfläche des Schädels besteht aus dem Os occipitale, dem Os interparietale, dem Os parietale, dem Os frontale und dem Os nasale. An der Seitenfläche des Pferdeschädels liegen das Os incisivum, die Maxilla, das Os zygomaticum, das Os lacrimale, das Os temporale und die Mandibula. Diese Knochen sind sehr gut tastbar und weisen markante knöcherne Landmarks auf.

Praxis

Die **knöchernen Landmarks** am Pferdeschädel sind:

Dorsalfläche

- Crista nuchae
- Crista sagittalis externa
- Linea temporalis
- Foramen supraorbitale
- Schläfengrube

Seitenfläche

- Incisura nasoincisiva
- Foramen infraorbitale
- Crista facialis
- Processus lacrimalis rostralis et caudalis
- Arcus zygomaticus

Unterkiefer

- Incisura vasorum facialium
- Foramen mentale

Am Os occipitale ist der Genickkamm, Crista nuchae, palpierbar und zwischen dem Hinterhaupt, dem Os interparietale und dem Os parietale der Scheitelkamm, Crista sagittalis externa.

6

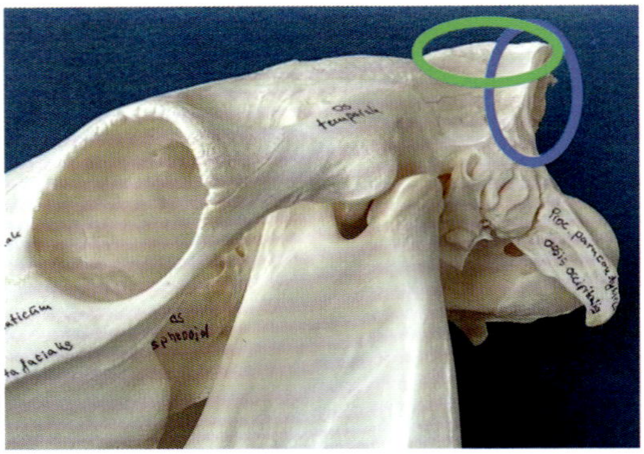

Abb. 6.1 Crista nuchae und Crista sagittalis externa. Pferdeschädel, Ansicht von lateral. Blau: Crista nuchae, grün: Crista sagittalis externa. (Quelle: Inken Voges-Falkenberg)

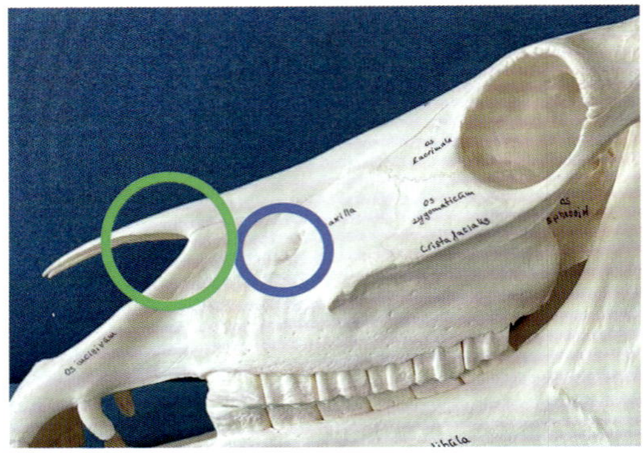

Abb. 6.3 Foramen infraorbitale und Incisura nasoincisiva. Pferdeschädel, Ansicht von lateral. Blau: Foramen infraorbitale, grün: Incisura nasoincisiva. (Quelle: Inken Voges-Falkenberg)

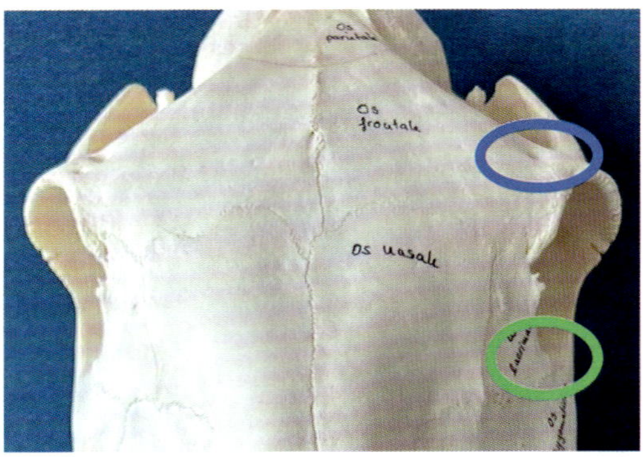

Abb. 6.2 Foramen supraorbitale und Processus lacrimalis rostralis et caudalis. Pferdeschädel, Ansicht von dorsal. Blau: Foramen supraorbitale, grün: Processus lacrimalis rostralis et caudalis. (Quelle: Inken Voges-Falkenberg)

Die Crista nuchae befindet sich an der Hinterhauptsschuppe, Squama occipitalis, die oberhalb der beiden Seitenteile und der Gelenkknorren (Condyli occipitales) liegt und diesen dorsal aufsitzt. Sie bildet durch ihre markante Leiste an der Außenfläche (Lamina externa) den beim Pferd gut zu erreichenden Genickkamm.

Aus der quer verlaufenden leistenartigen Crista nuchae zieht sich nach rostral der Scheitelkamm, Crista sagittalis externa, median durch den Schädel. Er verläuft auf dem Scheitelbein nach rostral und wird vom Os occipitale und dem Zwischenscheitelbein ausgeformt. Mit dem flachen Zeige- und Mittelfinger ist die Crista sagittalis externa sehr gut mittig der Schädeldorsalfläche zu finden (▸ Abb. 6.1).

Am Os frontale an den Ursprüngen der Jochfortsätze liegt dorsal der Orbita das Foramen supraorbitale. Es befindet sich auf der Linie, die parallel zur Medianen durch den nasalen Augenwinkel verläuft, an der Schnittstelle zum oberen Augenbogen. Das Foramen supraorbitale kann dort mit Hilfe des 1-Fingergriffs mit dem Zeigefinger getastet werden (▸ Abb. 6.2).

Die Orbita des Pferdes ist rundum knöchern begrenzt und wird in den unteren Augenhöhlenrand (Margo infraorbitalis) und den oberen Augenhöhlenrand (Margo supraorbitalis) eingeteilt. Der deutlich abgegrenzte obere Augenhöhlenrand entlässt rostral den palpierbaren Processus lacrimalis rostralis bzw. caudalis (▸ Abb. 6.2). Der Processus lacrimalis rostralis liegt auf der Facies facialis und der Processus lacrimalis caudalis erhebt sich auf dem Abschnitt des Margo supraorbitalis des Tränenbeins. Die beiden Fortsätze liegen dicht am Orbitarand und sind mit dem Zeige- oder Mittelfinger tastbar.

Dorsal des vorderen Endes der Crista facialis und auf Höhe des dritten Prämolars befindet sich auf der Seitenfläche das Foramen infraorbitale, das beim Pferd gut palpierbar ist (▸ Abb. 6.3). Das Foramen infraorbitale lässt sich mit Hilfe des 3-Fingergriffs aufsuchen. Dazu legt man den Daumen auf das rostrale Ende der Crista facialis und den Mittelfinger in die weiche Stelle der Incisura nasoincisiva. Der Zeigefinger legt sich dann in die Mitte einer gedachten Verbindungslinie zwischen diesen beiden Landmarks. Dort befindet sich das

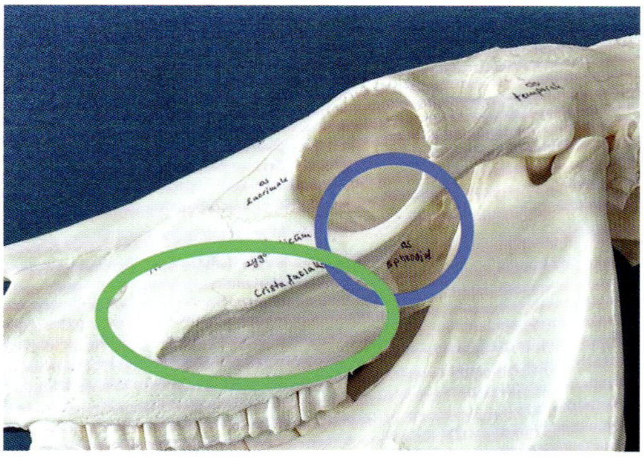

Abb. 6.4 Arcus zygomaticus und Crista facialis. Pferdeschädel, Ansicht von lateral. Blau: Arcus zygomaticus, grün: Crista facialis. (Quelle: Inken Voges-Falkenberg)

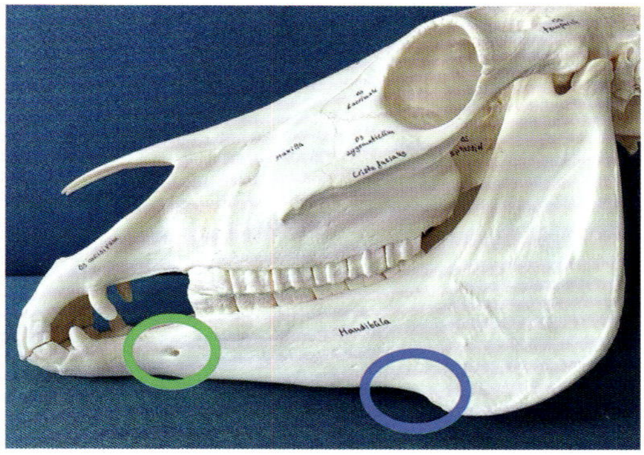

Abb. 6.5 Incisura vasorum facialium und Foramen mentale. Pferdeschädel, Ansicht von lateral. Blau: Incisura vasorum facialium, grün: Foramen mentale. (Quelle: Inken Voges-Falkenberg)

Foramen infraorbitale, das manchmal auch eine Fingerbreite dorsal vom beschriebenen Punkt liegen kann. In jedem Fall muss der M. levator labii superioris mit dem Zeigefinger leicht nach oben geschoben werden, um die laterale Berandung des Foramen ertasten zu können. Auf der linken Seite verwendet man für den 3-Fingergriff die linke Hand und auf der rechten Seite die rechte Hand.

Zum rostralen Ende des Nasenrückens verjüngen sich die paarigen Nasenbeine zum Processus rostralis als eine mediale Spitze. Dieses frei vorstehende Knochenende bildet zusammen mit den Zwischenkieferbeinen den Nasenzwischenkieferausschnitt, die Incisura nasoincisiva. Hier liegt die sogenannte „weiche" Nase des Pferdes, weswegen die Incisura nasoincisiva leicht mit dem Zeige- oder Mittelfinger zu palpieren ist.

Der Jochbogen, Arcus zygomaticus, setzt sich aus dem Processus zygomaticus des Schläfenbeins (Os temporale) und aus dem Processus temporalis des Jochbeins (Os zygomaticum) zusammen; s. Kap. Os zygomaticum (S. 37). Er bildet die Grundlage für die gelenkige Verbindung zum Unterkiefer (Mandibula). Der Arcus zygomaticus ist beim Pferd stark ausgeprägt und leicht palpierbar. Er wölbt sich unter der Orbita nach lateral aus der Seitenwand heraus und bildet den leicht geschwungenen, nach außen gerichteten Bogen nach rostral zum Gesichtsschädel (▶ Abb. 6.4).

Die Angesichtsleiste des Pferdes, Crista facialis, setzt sich aus dem Oberkieferbein (Maxilla) und dem Jochbein (Os zygomaticum) zusammen und geht kaudal in den Jochbogen über. Sie ist beim Pferd sehr markant ausgeformt und zieht sich vom Jochbogen nach rostral bis zur Höhe des 3./4. Prämolars [8].

Der Unterkieferkörper besteht aus dem rostralen Schneidezahnanteil (Pars incisiva) und dem kaudalen Backenzahnanteil (Pars molaris). Der Backenzahnanteil gleicht einer sagittal hochgestellten Platte, die in eine laterale Backenfläche (Facies buccalis) und eine mediale Zungenfläche (Facies lingualis) eingeteilt wird. Der untere Rand der Pars molaris ist in der Seitenansicht beim Pferd fast gerade, aber an der Grenze zwischen Körper und Ast zur Incisura vasorum facialium eingezogen (▶ Abb. 6.5). Diese Incisura ist von ventral gut tastbar und an diesem Gefäßausschnitt kann man zusätzlich den Puls des Pferdes fühlen.

Zwischen dem Schneidezahn- und dem Backenzahnanteil auf der Lateralfläche des Unterkieferkörpers befindet sich das tastbare Foramen mentale. Es liegt auf der Höhe des Lippenwinkels eine Fingerbreite unter dem Margo interalveolaris. Zum Aufsuchen dieser Landmark denkt man sich eine Verbindungslinie zwischen dem Eckzahn und dem 2. Prämolar und palpiert von dort aus mittig eine Fingerbreite nach ventral. Schiebt man den M. depressor labii inferioris leicht nach oben, findet man das knöcherne Foramen gut mit dem Zeige- oder Mittelfinger [4].

6.3 Equipment

Inken Voges-Falkenberg

Die Auswahl des passenden Equipments ist vielfältig und in den verschiedenen Ausführungen sehr umfangreich. Die Gebisse sind in unterschiedlichen Längen, Stärken und seitlichen Begrenzungen sowie Materialien erhältlich. Die Reithalfter und Genickstücke variieren in der Form und den Verschnallungsmöglichkeiten.

Praxis

Einwirkpunkte der Zäumung:
- Zunge bzw. Unterkiefer/Laden
- Kinngrube
- Nasenrücken
- Genick

6.3.1 Gebiss

Materialien

Die Materialien der heutigen Gebisse sind sehr kontrastreich. Der Klassiker ist das Edelstahlgebiss. Es ist rostfrei, robust und pflegeleicht sowie geruchs- und geschmacksneutral. Im Gewicht können die Edelstahlgebisse aufgrund der Bauweise von hohl bis massiv stark variieren. Je höher der Chromanteil ist, desto weniger Nickel enthalten die Gebisse. Edelstahlgebisse enthalten einen hohen Eisenanteil von mehr 60 % sowie Chrom und Nickel. Je weniger Nickelgehalt, desto hochwertiger bzw. teurer das Gebiss und desto geringer die Wahrscheinlichkeit einer Kontaktallergie [102].

Weiter gibt es „Sweet Iron"-Gebisse, die aus Eisen bestehen und eine typische Blaufärbung aufgrund der Brünnierung (erhitzt und geölt) aufweisen. Der Nickelanteil ist hier höher als beim Edelstahlgebiss. Ergänzt werden diese gerne mit Kupfereinlagen, um den süßen Geschmack zu verstärken.

Kupfergebisse gibt es mit unterschiedlich vielen Kupferanteilen. Ein Gebiss aus reinem Kupfer wäre zu weich, weshalb es in vielen Gebissen eingebettet oder als Grundlage für Legierungen verwendet wird. Aufgrund des Oxidationsprozesses entsteht der süßliche Geschmack und regt ebenso wie das Sweet Iron zu einer vermehrten Kautätigkeit an. Das Sensogan-Gebiss, welches M. Sprenger [102] sich patentieren ließ, enthält einen deutlich reduzierten Kupferanteil, welcher nickelfrei ist, sowie Mangan- und Zinkanteil.

Die Alternativen zu den Metallgebissen sind vielschichtig. Gummigebisse bestehen aus einem weichen, stumpfen Obermaterial mit einem Metallkern. Diese eignen sich für gut speichelnde Pferde. Fehlt die Kautätigkeit, stumpft die Oberfläche im Laufe der Zeit stärker ab und das Gebiss beginnt wie ein Radiergummi auf die Zunge einzuwirken [103].

Kunststoffgebisse stellen eine metallfreie Gebissvariante dar, welche sich in der Biegsamkeit stark unterscheiden und eine glatte Oberfläche aufweisen. Das Nathe-Gebiss, welches aus Thermokunststoff besteht, enthält weder Weichmacher noch Lösungsmittel, ist lebensmittelecht und antiallergisch. Diese Eigenschaften bedienen jedoch nicht alle Kunststoffgebisse. Ihnen gemein ist, dass Kunststoff eine geringe Wärmeleitung hat, weshalb sie im Winter eine angenehme Temperatur halten. Gebisse aus Kunststoff gibt es auch mit Stahlseele, was die Biegsamkeit einschränkt [103].

Ledergebisse haben meistens eine Eisenseele mit Lederummantelung. Naturgegerbt und gut gepflegt, regen sie ebenfalls die Kautätigkeit an [102].

Seitenteile

Die Seitenteile des Gebisses sind in vielen verschiedenen Variationen erhältlich. Von einem losen Ring (Wassertrense) oder einem festen seitlichen Element (Olivenkopf, D-Ring, Schenkeltrense) bis hin zu den Hebelgebissen (Drei-Ringtrense, Springkandarre, Pelham, Dressurkandarre).

Das Mundstück der klassischen Wassertrense kann im seitlichen Ring gleiten, wodurch keine Hebelwirkung entsteht und die Druckverteilung bei einer veränderten Kopfposition gleichmäßig bleibt. Es wirkt auf die Zunge und die Laden.

Ein Gebiss mit festen Seitenteilen unterstützt die Biegung und die Stellung und schafft eine seitliche Begrenzung. Die Einwirkung der Zügel beläuft sich hier auf die Zunge und die Laden und ist deutlich direkter als bei der Wassertrense. Eine konstante Anlehnung sollte die Grundlage für die

Verwendung des Olivenkopfgebisses sein, da Druck auf die Lefzen und den ersten Backenzahn entsteht, wenn das Pferd den Kopf über das Lot positioniert [102].

Mit Hebelgebissen können je nach Nutzung 3 Druckpunkte angesprochen werden. Mit der einfachen Zügelführung wirkt das Gebiss hauptsächlich auf die Zunge. Sobald 2 Zügel verschnallt sind, erhält der Reiter zusätzlich Einfluss auf das Genick. Die Ergänzung um eine Kinnkette bewirkt zudem Druck auf den Unterkiefer [102]. Entzieht sich ein Pferd der Hilfengebung viel über eine deutlich erhöhte Kopfposition und viel Vorwärts, bieten sich Hebelgebisse an, um die Einwirkung auf die Zunge und die Laden nicht massiv verstärken zu müssen. Es können mehr Wirkpunkte angesprochen werden. Die optimale Gebisslänge ist dann vorhanden, wenn der Gebissring an beiden Seiten des Mauls locker anliegt, ohne nach innen zu drücken. Bei der Wassertrense darf ein Abstand von maximal 0,5 cm zwischen dem Maulwinkel und dem Gebissring bestehen.

Gebissformen

Gebisse werden in 3 Formen untergliedert:

- einfach gebrochenes Gebiss
- doppelt gebrochenes Gebiss
- Stangengebiss

Je nach Gebissform variieren die Druckverteilung im Pferdemaul und damit der Einwirkungsbereich. Das einfach gebrochene Gebiss hat aufgrund seiner Lage beidseits am meisten Druck auf dem Zungenrand und den Laden. Die doppeltgebrochene Form verteilt die einwirkende Kraft des Zügels über die gesamte Zungenbreite und beide Zungenränder, der Druck auf die Laden ist geringer gegenüber dem einfachgebrochenen Gebiss. Die Hilfengebung ist hierbei noch feiner. Das Stangengebiss bewirkt eine gleichmäßige Druckverteilung über die Zunge, die etwas plattgedrückt wird. Es gibt sie mit und ohne Zungenfreiheit, welche in der Winkelung der Freiheit variabel erhältlich ist. Bei einer starren Stange mit Zungenfreiheit erfolgt ein leichter Druck schon ohne Zügelannahme. Eine feine einseitige Einflussnahme ist mit einem Stangengebiss kaum möglich, wodurch die Hilfengebung unklarer ist.

Die Form und der Neigungswinkel sowie die Stärke der Schenkel, die Olivenlänge und die Art der Zungenfreiheit der Stangengebisse haben zusätzlich Auswirkungen auf die optimale Passform. Hier fließen zudem die individuelle Anatomie des Pferdekopfes mit seinen Ladenabständen, Ladenformen und Maulspaltenlängen sowie die Zungenstärke in die Betrachtung und Bewertung der Gebisswahl ein.

6

6.3.2 Trense, Kappzaum, Halfter

Die Notwendigkeit eines Reithalfters begründet sich in der Begrenzung der Unterkieferbeweglichkeit und der Druckübertragung bzw. Druckverteilung (▶ Abb. 6.6). Ohne Reithalfter erfolgt bei Zügelannahme ein starker Druck auf die Laden, welchem das Pferd nachgibt. Reaktiv erfolgt eine Muskelkontraktion des M. masseter, des M. temporalis und des M. pterygoideus, um einen Maulschluss zu bewirken. Wird die Abduktion der Mandibula durch ein Reithalfter begrenzt, wird gleichzeitig die notwendige Muskelkontraktion reduziert.

Bei Zügelannahme reagiert das Pferd auf die Einwirkung der Laden mit Nachgeben des Unterkiefers. Dies bedingt eine Druckübertragung vom Unterkiefer auf den Nasenriemen und weiterführend auf das Os nasale. Der Druck wird somit sowohl auf die Laden als auch auf das Nasenbein verteilt. Gleichzeitig erfolgt über die Genickstücke eine Druckübertragung auf das Genick. Je mehr Einwirkpunkte angesprochen werden, desto geringer ist die Einflussnahme auf den jeweils einzelnen Druckpunkt.

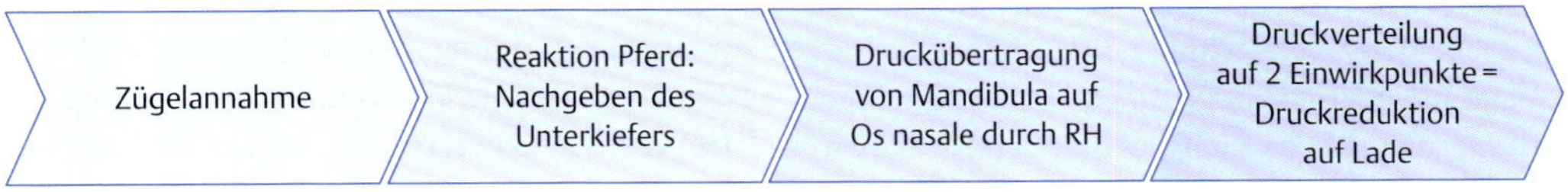

Abb. 6.6 Wirkung des Reithalfters.

Abb. 6.7 Englisches Reithalfter.

Reithalfter werden aufgrund ihrer Form und Verschnallung in 5 verschiedene Kategorien unterteilt.

- englisches Reithalfter
- kombiniertes Reithalfter
- mexikanisches Reithalfter
- hannoversches Reithalfter
- schwedisches Reithafter
- anatomisches Reithalfter

Englisches Reithalfter

Das englische Reithalfter (RH), genauso wie der Kappzaum und das Halfter, sollte 2 Finger unter der Angesichtsleiste verschnallt sein und 2 nebeneinander liegenden Fingern Platz zwischen dem Nasenriemen und dem Os nasale bieten (▶ Abb. 6.7). Ist dies nicht gewährleistet, sind eine Öffnung des Maules und ein aktives Kauen nicht möglich.

Kombiniertes Reithalfter

Das kombinierte RH stellt eine Verbindung aus englischem Reithalfter mit Sperrriemen (syn. Kinnriemen) und damit dem hannoverischen RH dar, wobei der Sperrriemen höher als das hannoversche RH liegt (▶ Abb. 6.8). Die Druckverteilung wird hiermit auf die Kinngrube erweitert. Gleichzeitig unterbindet es die seitliche Verschiebung des Unterkiefers und genauso wie das englische RH eine zu weite Öffnung des Unterkiefers. Eine zu enge Verschnallung schränkt sowohl die Kautätigkeit als auch die Atmung ein.

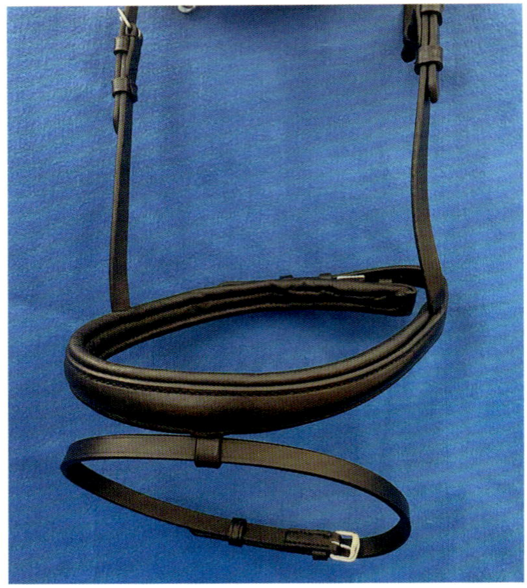

Abb. 6.8 Kombiniertes Reithalfter.

Mexikanisches Reithalfter

Das mexikanische RH (▶ Abb. 6.9) ähnelt dem kombinierten RH. Zwei lange Riemen kreuzen über dem Nasenbein in einer unterpolsterten Rosette und werden unter der Kinngrube verschlossen. Die Rosette liegt mittig, weit oben auf dem Nasenbein. Aufgrund der Lage bietet dieses RH viel Freiheit für wachsende Zähne und deren Knochenauftreibungen und viel Platz für die Nüstern, die Atmung und eine aktive Kautätigkeit. Die Einwirkpunkte von Nasenbein, Kinngrube und Genick bewirken eine sanfte Druckverteilung.

Hannoversche Reithalfter

Das hannoversche RH (▶ Abb. 6.10) sollte vierfingerbreit oberhalb der Nüstern verschnallt sein, wodurch es nicht auf der freitragenden Nase liegt. Die Lage und die Enge der Verschnallung sind essenziell für eine freie Atmung und die Sicherheit, die freitragende Nase bei zu viel Zug nicht zu frakturieren. Es bietet eine Druckverteilung auf das Os nasale, die Kinngrube, die Maulspalte und das Genick und reduziert die seitliche Verschiebung der Mandibula.

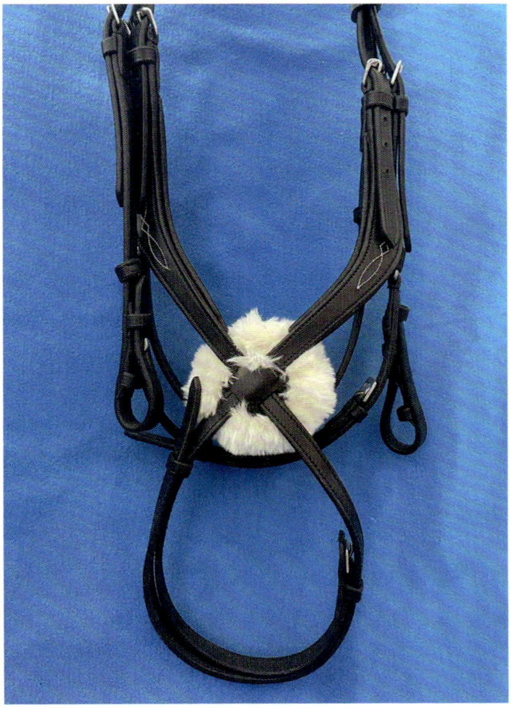

Abb. 6.9 Mexikanisches Reithalfter.

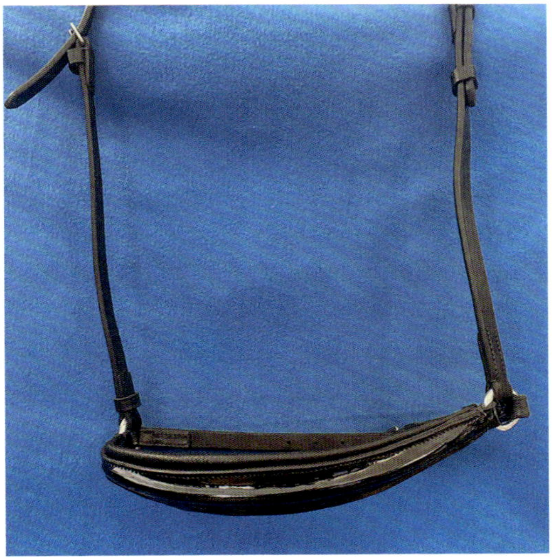

Abb. 6.10 Hannoversches Reithalfter.

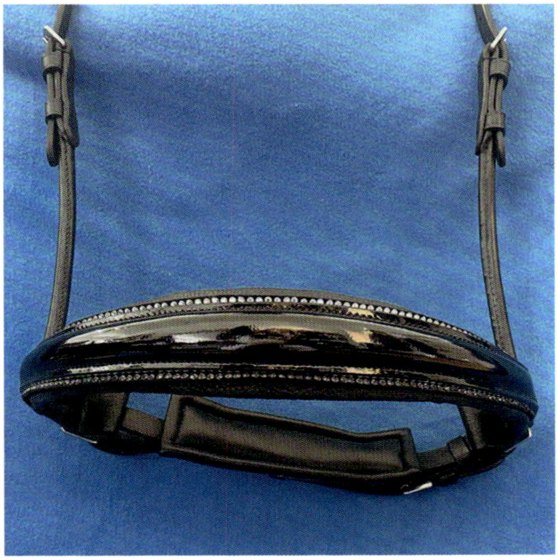

Abb. 6.11 Schwedisches Reithalfter.

Schwedisches Reithalfter

Das schwedische RH (▶ Abb. 6.11) unterscheidet sich vom englischen RH lediglich durch den Verschluss, welcher über eine Umlenkrolle geführt wird. Diese leicht verschließbare Form der Verschnallung verursacht häufig zu wenig Platz zwischen dem Nasenriemen und dem Nasenbein. Die Einwirkung und die Druckverteilung sind dem englischen RH identisch.

Anatomisches Reithalfter

Das anatomische RH (▶ Abb. 6.12), unterschiedlich in seiner Form und Ausführung, ist den vulnerablen Strukturen, dem Nervenverlauf und den nervalen Austrittsstellen sowie den Blutgefäßpositionen angepasst, wodurch kein Druck auf diese empfindlichen Strukturen entsteht. Bei korrekter Verschnallung bietet es eine Druckverteilung über das Nasenbein, die Kinngrube und das Genickstück.

6.3.3 Genickstücke

Die Auswahl an Genickstücken ist aufgrund der unterschiedlichen Formen sehr vielfältig. Allen gemein sind in der heutigen Zeit die weiche Unterpolsterung, das weichflexible Leder und häufig die breite Auflagefläche, was Druckspitzen am Okziput minimiert. Die Anatomie der Halsung, die Ohr-

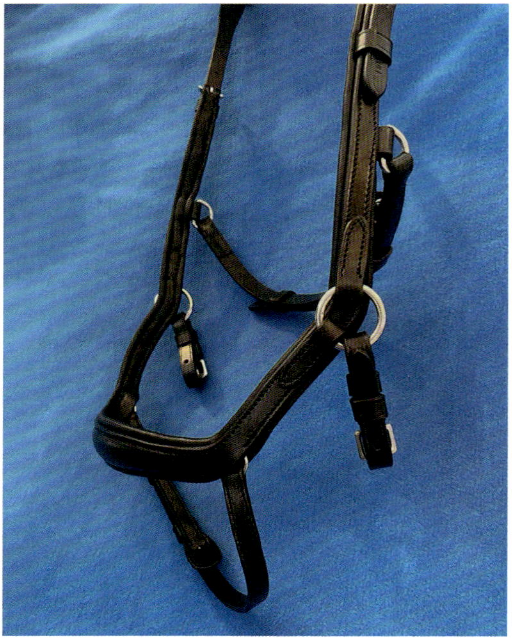

Abb. 6.12 Anatomisches Reithalfter.

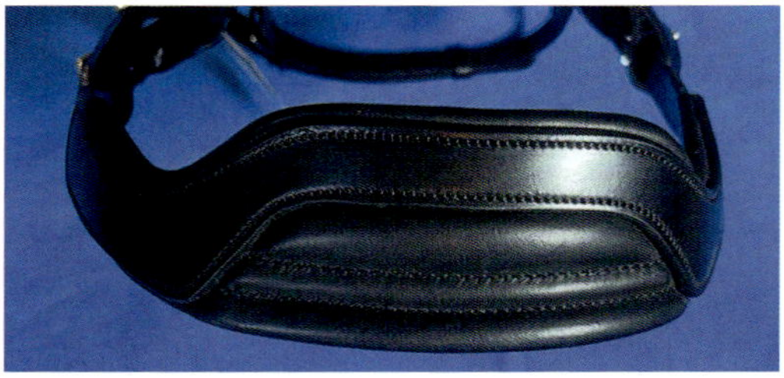

Abb. 6.13 Anatomisch geformtes Genickstück.

Abb. 6.14 Gerades Genickstück.

Abb. 6.15 Geteiltes Genickstück.

position am Kopf und die Ausprägung der Muskulatur sollten bei der Wahl des richtigen Genickstückes mit einfließen.

Anatomisch geformte Genickstücke

Anatomisch geformte Genickstücke haben einen großen Ohrenausschnitt und bieten dadurch eine uneingeschränkte Bewegungsfreiheit der Ohren und sparen die empfindliche Ohrmuschel aus (▸ Abb. 6.13). Geeignet sind diese Genickstücke für Pferde mit einem geraden Hals.

Gerades Genickstück

Das gerade Genickstück verläuft ohne Aussparungen hinter den Ohrmuscheln entlang und sollte keinen Druck auf den Ohrgrund ausüben (▸ Abb. 6.14). In breitem und schmalem Design eignet es sich nahezu für alle Pferdetypen, insbesondere für die mit hochaufgebautem Hals und viel Muskulatur.

Geteiltes Genickstück

Das geteilte Genickstück besteht aus 2 breiten, dick unterpolsterten Lederriemen, die in der Mitte über ein flexibles Stoff- oder Lederelement verbunden sind (▸ Abb. 6.15). Es sorgt, laut Hersteller, für eine Druckreduktion der Nervenbahnen im Genick.

Anhang

7 Befundbögen

Inken Voges-Falkenberg

Distraktion

Cranio-Suturale Techniken

Datum: Besitzer*in: Pferdename:

Auffälligkeiten/Symptome **Synthese**

2 Tage Trainingspause nach der Behandlung !

Sutura	Mobi-Knochen	Fix-Knochen	Seite	Widerstand	Rebounce	Sensorische Antwort
keine Sutur Art. atlantooccipitalis	Os occipitale	Atlas	rechts ☐ links ☐	⇧☐	⇩☐	
Sutura occipitointerparietalis	Os interparietale	Os occipitale	rechts ☐ links ☐	⇧☐	⇩☐	
Sutura lambdoidea	Os parietale	Os occipitale	rechts ☐ links ☐	⇧☐	⇩☐	
Sutura sagittalis	Os parietale	Os parietale	rechts ☐ links ☐	⇧☐	⇩☐	
Sutura parietalointerparietalis	Os parietale	Os interparietale	rechts ☐ links ☐	⇧☐	⇩☐	
Sutura coronalis	Os frontale	Os parietale	rechts ☐ links ☐	⇧☐	⇩☐	
Sutura interfrontalis	Os frontale	Os frontale	rechts ☐ links ☐	⇧☐	⇩☐	
Sutura frontolacrimalis	Os lacrimale	Os frontale	rechts ☐ links ☐	⇧☐	⇩☐	
Sutura squamosa	Os temporale	Os parietale	rechts ☐ links ☐	⇧☐	⇩☐	
Sutura occipitotemporalis	Os temporale	Os occipitale	rechts ☐ links ☐	⇧☐	⇩☐	
Sutura frontotemporalis	Os temporale	Os frontale	rechts ☐ links ☐	⇧☐	⇩☐	
Sutura frontonasalis	Os nasale	Os frontale	rechts ☐ links ☐	⇧☐	⇩☐	
Sutura internasalis	Os nasale	Os nasale	rechts ☐ links ☐	⇧☐	⇩☐	
Sutura nasolacrimalis	Os lacrimale	Os nasale	rechts ☐ links ☐	⇧☐	⇩☐	
Sutura nasoincisiva	Os incisivum	Os nasale	rechts ☐ links ☐	⇧☐	⇩☐	
Sutura maxilloincisiva	Os incisivum	Os maxillare	rechts ☐ links ☐	⇧☐	⇩☐	
Sutura interincisiva	Os incisivum	Os incisivum	rechts ☐ links ☐	⇧☐	⇩☐	
Sutura nasomaxillaris	Os maxillare	Os nasale	rechts ☐ links ☐	⇧☐	⇩☐	
Sutura lacrimomaxillaris	Os maxillare	Os lacrimale	rechts ☐ links ☐	⇧☐	⇩☐	
Sutura zygomaticomaxillaris	Os maxillare	Os zygomaticum	rechts ☐ links ☐	⇧☐	⇩☐	
Sutura lacrimozygomatica	Os zygomaticum	Os lacrimale	rechts ☐ links ☐	⇧☐	⇩☐	
Sutura temporozygomatica	Os zygomaticum	Os temporale	rechts ☐ links ☐	⇧☐	⇩☐	
keine Sutur Art. temporomandibularis	Os mandibulare	Os temporale	rechts ☐ links ☐	⇧☐	⇩☐	

Informationen zum Pferd (Alter, Rasse, Geschlecht etc.):

Abb. 7.1 Distraktionsbefundung. Beispiel eines Befundbogens.

Spezifische Mobilisation

Cranio-Suturale Techniken

Sutura	Bewegter Knochen	Angrenzende Knochen	Bewegungsrichtung	Widerstand	Rebounce	Sensorische Antwort
Keine Sutur Sutura occipitointerparietalis Sutura lambdoidea Sutura occipitotemporalis Sutura sphenooccipitalis	Os occipitale	Atlas Os interparietale Os parietale Os temporale *Os sphenoidale indirekt*	**Translation** re ☐ li ☐ **Ventralisation** re ☐ li ☐ **Dorsalisation** re ☐ li ☐	⇧☐ ⇧☐ ⇧☐	⇩☐ ⇩☐ ⇩☐	
Sutura occipitointerparietalis Sutura parietalointerparietalis	Os interparietale	Os occipitale Os parietale	**Rotation** re ☐ li ☐ **Ventralisation** re ☐ li ☐ **Dorsalisation** re ☐ li ☐	⇧☐ ⇧☐ ⇧☐	⇩☐ ⇩☐ ⇩☐	
Sutura occipitotemporalis Sutura squamosa Sutura frontotemporalis Sutura sphenosquamosa	Os temporale	Os occipitale *Os sphenoidale indirekt*	**Rotation** craniorostral re ☐ li ☐ caudolateral re ☐ li ☐	⇧☐ ⇧☐	⇩☐ ⇩☐	
Sutura frontotemporalis Sutura frontolacrimalis Sutura coronalis Sutura frontonasalis Sutura frontosphenoidalis	Os frontale	Os temporale Os lacrimale Os parietal Os nasale *Os sphenoidale indirekt*	**Rotation** craniorostral re ☐ li ☐ caudolateral re ☐ li ☐ **Dorsalisation** re ☐ li ☐ **Ventralisation** re ☐ li ☐	⇧☐ ⇧☐ ⇧☐ ⇧☐	⇩☐ ⇩☐ ⇩☐ ⇩☐	
Sutura frontolacrimalis Sutura lacrimomaxillaris Sutura nasolacrimalis Sutura lacrimozygomatica	Os lacrimale	Os frontale Os maxillare Os nasale Os zygomaticum	**Kompression** re ☐ li ☐ **Translation** re ☐ li ☐	⇧☐ ⇧☐	⇩☐ ⇩☐	
Sutura nasomaxillaris Sutura lacrimomaxillaris Sutura zygomaticomaxillaris Sutura maxilloincisiva	Os maxillare	Os nasale Os lacrimale Os zygomaticum Os incisivum	**Dorsalisation** re ☐ li ☐ **Ventralisation** re ☐ li ☐ **Kompression** re ☐ li ☐ **Translation** re ☐ li ☐	⇧☐ ⇧☐ ⇧☐ ⇧☐	⇩☐ ⇩☐ ⇩☐ ⇩☐	
Sutura lacrimozygomatica Sutura temporozygomatica Sutura zygomaticomaxillaris	Os zygomaticum	Os lacrimale Os temporale Os maxillare	**Dorsalisation** re ☐ li ☐ **Ventralisation** re ☐ li ☐	⇧☐ ⇧☐	⇩☐ ⇩☐	
Sutura frontonasalis Sutura nasolacrimalis Sutura nasomaxillaris	Os nasale	Os frontale Os lacrimale Os maxillare Os incisivum	**Translation** re ☐ li ☐ **Rotation longit.** re ☐ li ☐ **Rotation sag.** re ☐ li ☐ **Rotation trans.** re ☐ li ☐ „Hebeln"	⇧☐ ⇧☐ ⇧☐ ⇧☐	⇩☐ ⇩☐ ⇩☐ ⇩☐	

Abb. 7.2 Spezifische Befundung. Beispiel eines Befundbogens.

7

8 Literaturverzeichnis

Inken Voges-Falkenberg

[1] König HE, Liebich HG. Anatomie der Haustiere. Stuttgart: Thieme; 2019

[2] Kern S. Morphologie und odontogenetische Veränderung der Suturen des Gesichtsschädels beim Pferd: Computertomographische und histologische Untersuchung. Gießen: Laufersweiler; 2021

[3] Wieland M, Schebsdat C, Rentsch J. Bewegungsapparat Pferd: Praxisbezogene Anatomie und Biomechanik. Stuttgart: Sonntag; 2015

[4] Nickel R, Seiferle E, Sack A. Lehrbuch der Anatomie der Haustiere. Berlin, Hamburg: Parey; 1984

[5] Brehmer R, Kressin M. Embryologie der Haustiere. Stuttgart, New York: Thieme; 2019

[6] Krützkamp L, von Piekartz H. Einfluss von passiven Bewegungen am Kranium. Man Ther. 2013; 18(4): 185–193

[7] Salomon FV, Geyer H, Gille U. Anatomie für die Tiermedizin. Stuttgart, New York: Thieme; 2020

[8] Wissendorf H, Gerhards H, Huskamp B, Deegen E. Praxisorientierte Anatomie und Propädeutik des Pferdes. Hannover: Schaper; 2010

[9] Albert IC. Der Pferdekopf – ein interaktives Lernprogramm. München: Ludwig-Maximilians-Universität; 2010

[10] Kern S. Morphologie und ontogenetische Veränderungen der Suturen des Gesichtsschädels beim Pferd. Gießen: Laufersweiler; 2021

[11] von Piekartz H. Kraniofasziale Region – Einflüsse mechanischer Stimulation und ihre Bedeutung für die Manuelle Therapie. Man Ther 2002; 6: 77–86

[12] Lawrence D. Cranial Manipulation: Theory and Practice. Focus Altern Complement Ther. 2010; 11(3): 259–260. DOI: 10.1111/j.2042-7166 2006.tb04704.x

[13] Schonmacher J. Manuelle Therapie. Bewegen und Spüren lernen. Thieme Stuttgart: Thieme 2017; 24ff

[14] Kronfeldt J. Manuelle Therapie. Paracelsus; 3:2016

[15] Verband der Osteopathen Deutschland e. V. Geschichte der Osteopathie. Zugriff am 17.05.2025 unter: www.osteopathie.de/geschichte

[16] Oleski SL, Smith GH, Carini CW. Radiographic evidence of cranial bone mobility. Cranio 2002; 20(1): 34–38

[17] Piekartz H. Leserbrief zu: Supp G. Gasteditorial: Kraniosakraler Rhythmus – was ist dran? Man Ther 2008; 12: 1–4

[18] Chaitow L. Cranial Manipulation: Theory and Practice. Oxford: Elsevier Churchill Livingstone; 2006

[19] Piekartz H. Kiefer-, Gesichts- und Zervikalregion. Neuromuskuloskeletales Assessment und Behandlungsstrategien. Stuttgart, New York: Thieme; 2015

[20] Maitland G, Hengeveld E, Banks K, English K. Vertebrale Manipulation. Oxford: Butterworth-Heinemann; 2000

[21] Piekartz H. Was ist craniale manuelle Therapie. Zugriff am 17.05.2025 unter: https://crafta.org/page/statement-about-manual-cranial-therapy/?elan=German

[22] Wieland M, Schebsdat C RJ. Bewegungsapparat Pferd. Stuttgart: Thieme; 2003

[23] Heufelder B. Equilibre biomechanische Osteopathie. Waldems; 2023

[24] Tellington-Jones L. Tellington Training für Pferde. Stuttgart: Kosmos; 2007

[25] Schachinger A. Equine Dry Needling Methode Schachinger – Praxisleitfaden für Therapeuten. Tredition; 2016

[26] Schomacher J. Manuelle Therapie: Bewegen und Spüren. Stuttgart, New York: Thieme; 2011

[27] Hildebrandt H. Pschyrembel Klinisches Wörterbuch. Berlin, New York: de Gruyter; 1998

[28] Lobitz O. Manuelle Medizin. Düsseldorf: VDI-Verlag, 1962

[29] Piekartz H, Hrsg. CRAFTA. In: FIHHGrundkurs – Modul 2. Hamburg; 2017: 101

[30] Brils H, Steilen A. Skript Manuelle Therapie INOMT. Walchensee; 2008

[31] Fürst A, Jackson M, Kümmerle J, Bettschart-Wolfensberger R, Kummer M. Übersicht über die aktuellen Therapiemöglichkeiten der Frakturen am Kopf des Pferdes. Pferdeheilkunde 2010; 26(4): 503–514

[32] Kiefner LC. Untersuchungen zu Schlafstörungen beim Pferd: Narkolepsie versus REM-Schlafmangel. Dissertation; 2016

[33] Pingitzer L. Studie: Schlafmangel kann die Gesundheit von Pferden zerstören. Zugriff am 17.05.2025 unter: www.propferd.at/main.asp?VID=1&kat1=87&kat2=644&NID=6853

[34] Weeß HG, Resch-Esser U. Was passiert bei Schlafmangel im Körper? Zugriff am 17.05.2025 unter: https://www.wissenschaft-im-dialog.de

[35] Universität Zürich. Nasennebenhöhlenentzündungen. Zugriff am 17.05.2025 unter: www.tierspital.uzh.ch/pferdekliniken/nasennebenhoehlenentzuendung/

[36] Grönberg P. ABC of the Horse – A Handbook of Equine Anatomy, Biomechanics, Conditioning. Tuusula, Finnland: PG-Team; 2002

[37] Kapp S, Mende H. Sinusitis – Entstehung und Krankheitsbild. Zugriff am 17.05.2025 unter: www.kieferwissen.de/index.php/sinusitis-entstehung-krankheitsbild/

[38] Jungermann L. EOTRH – Ein Überbegriff, viele Gesichter. Zugriff am 17.05.2025 unter: www.pdp-jungermann.de/eotrh-eine-erkrankung-mit-vielen-gesichtern/

[39] Immel B. Pferdezähne brauchen Steppengras – oder regelmäßige Pflege. Zugriff am 17.05.2025 unter: www.igfp-ev.de/fuer-pferdebesitzer/pferdezahngesundheit

[40] Schwechler J. Ablauf einer Zahnbehandlung. Zugriff am 17.05.2025 unter: www.pferde-dentalpraxis.ch/ablauf-kosten.php

[41] Safavi-nab A. Kieferschmerzen nach der Zahnbehandlung: Kann das Muskelkater sein. Zugriff am 17.05.2025 unter: https://topdentis-cologne.de/kieferschmerzen-nach-der-zahnbehandlung-kann-das-muskelkater-sein/

[42] Bartow K. Wiedereröffnung. Physiopraxis 2014; 12(4): 28–31

[43] Voges-Falkenberg I, Cammas M-C. Equine CranioSuturale Therapie bei einem Headshaker – ein Fallbericht. Hands on – Man und Phys Ther der Tiermedizin 2023; 5: 70–81

[44] Voges-Falkenberg I. Equine CranioSuturale Therapie – Eine neue Behandlungsmethode. Feine Hilfe 2023; 3: 58–61

[45] Fürst A, Eser MW, Jackson M, Kellei R, Theiss F. Vorbereitungen und Durchführung des Transportes für Pferde mit starker Kolik. Pferdeheilkunde 2013; 29(5): 591–598. DOI: 10.21836/PEM20130503

[46] Fischer K. Untersuchungen zu Ursachen, klinischem Verlauf und Komplikationen der Schlundverstopfung (Obstipatio oesophagi) beim Pferd. München: Tierärztliche Fakultät, Ludwig-Maximilians-Universität München; 2014

[47] Stoll M. Zahnextraktionen am sedierten Pferd. München: Dissertation, LMU München; 2013

[48] Walter JH, Lubczyk B. Multiple Zementoblastom bei einem Shetlandpony. Pferdeheilkunde 1991; 7(2): 115–118

[49] Kreutzer R, Wohlsein P, Staszyk C, Nowak M, Sill V, Baumgärtner W. Dental Benign Cementomas in Three Horses. Vet Pathol 2007; 44: 533–536

[50] Braun AC. Knochentumoren und allgemeines Tumorvorkommen beim Pferd. Hannover: Dissertation, Tierärztliche Hochschule Hannover; 2007

[51] Jahntz-Leschinsky C. Merkblatt Nr. 187 zur Tierschutzrelevanz des Koppens bei Pferden unter besonderer Berücksichtigung des Einsatzes von Kopperriemen. Bramsche: Bundesverband Praktizierender Tierärzte; 2020

[52] Toewe BH. Ursachen und Funktionen von Koppen bei Pferden und Möglichkeiten und Grenzen der Prävention und Therapie. Dissertation, Tierärztliche Hochschule Hannover; 2013

[53] Reinbacher E. Das rülpsende Pferd – Koppen: nur eine Verhaltensstörung. Vetjournal 2020; 11

[54] o. A. Verhaltensstörungen bei Pferden. Zugriff am 17.05.2025 unter: www.focus.de/wissen/natur/pferde/verhalten/pferdeverhaltensstoerungen-verhaltensstoerungen-bei-pferden_id_6056344.html

[55] Schliechenmeyer H, Biesinger B. Headshaking verursacht durch ein Osteom in der Nasennebenhöhle eines Pferdes. Pferdeheilkunde 2006; 22: 449–452

[56] Kloock T, Niebuhr T, Feige K. Trigeminus-mediiertes Headshaking – Von der Diagnostik bis zur Therapie. Pferdespiegel 2021; 24: 52–57

[57] Halder MH. Differentialdiagnose der Trigeminusneuralgie und des anhaltenden idiopathischen Gesichtsschmerzes unter besonderer Beachtung zahnmedizinischer Aspekte. München: LMU; 2020

[58] Schüle E, Herling A. Headshaking des Pferdes – eine Übersicht. Pferdeheilkunde 2006; 22: 281–295

[59] Rehage C. Klinische Symptomatik und Einfluss eines Nasennetzes auf die Leistung von Turnierpferden mit Headshaking. Hannover: Dissertation, Tierärztliche Hochschule Hannover; 2007

[60] Bartmann CP, Brandt K, von O T, Gasse H. Computertomographische Diagnose von Verlegungen des Tränennasenkanals und chirurgische Behandlung durch Canaliculosinuostomie. Pferdeheilkunde 2002; 6: 538–543

[61] Bartmann CP, Brandt K, von O T, Glitz F. Computertomographische Diagnose von Verlegungen des Tränennasenkanals und chirurgische Behandlung durch Canaliculosinuostomie. Pferdeheilkunde 2002; 18: 538–543

[62] Rogge G. Die chirurgische Behandlung von Augenkrankheiten beim Pferd – eine Literaturstudie. Dissertation, Tierärztliche Hochschule Hannover; 2003

[63] Lypke JR. Lagebedingte Fehlformen kindlicher Köpfe – Wege zur Therapie der lagebedingten Schädelfehlformen und Behandlungsevaluation durch Betreuungspersonen. Münster: Fachhochschule Münster; 2022

[64] Moser VJ. Explorative Zusammenhangsanalyse von statischen und dynamischen orthodentistischen Okklusionsparametern mit orodentalen Pathologien beim Pferd. Gießen: Justus-Liebig-Universität; 2022

[65] Olesen J. Headache Classification Committee of the International Headache Society (IHS). The International Classification of Headache Disorders. 3. Aufl. Cephalalgia 2018; 38(1): 1–211. DOI:10.1177/033 310 2417 738 202

[66] Haralambus R. Die häufigsten Lahmheiten und ihre Ursachen. Cadmos; 2015

[67] Gundel M, Schatzmann U. Rückenprobleme beim Pferd: 2. Ein Vergleich der klinischen Untersuchung in Abhängigkeit von Rasse und Nutzung. Pferdeheilkunde 1997; 13(3): 207–212. DOI: 10.21 836/PEM19 970 302

[68] Hövener J, Barton AK, Merle R, Gehlen H. Review: Poor performance in the Warmblood sport horse – Causes and diagnostic approach. Pferdeheilkunde 2020; 36(6): 511–530. DOI: 10.21 836/PEM20 200 604

[69] Buchmann J. Myofasziale Triggerpunkte – Pathophysiologie, Klinik und Therapie. Man Medizin 2013; 51: 123–130

[70] Raab P, Götz GF. Intra- und paraselläre Prozesse – eine Übersicht. Radiol up2date 2020; 2: 119–139

[71] Barton AK. Das Equine Cushing Syndrom – Pathogenese, Krankheitsbild und Therapie. Stuttgart, New York: Thieme; 2013

[72] Hinterhofer C, Palme R, Möstl E. Morbus Cushing (pituitary pars intermedia dysfunction, PPID) beim Pferd. Veterinary Medicine Austria – Wiener tierärztliche Monatsschrift 2023; 110

[73] Aumer F, May A, Schmitz R, Gehlen H. Schilddrüsenerkrankungen beim Pferd. Pferdeheilkunde 2011; 27(6): 578–584. DOI: 10.21 836/PEM20 110 601

[74] Diedrich S, Koch K. Hypophyseninsuffizienz. http://www.medicover.de/de/expertise-field/endokinologie-hypophyseninsuffizienz. 2024

[75] Neumann H-D. Manuelle Medizin – Eine Einführung in Therapie, Diagnostik und Therapie für Ärzte und Physiotherapeuten. Berlin, Heidelberg: Springer; 1986

[76] Evrard P. Lehrbuch der strukturellen Osteopathie. Stuttgart: Enke; 2004

[77] Schachinger A, Klarholz C. Equine Dry Needling Methode Schachinger – Praxisleitfaden für Therapeuten. Hamburg: Tredition; 2016

[78] Thein P, Röhm A. Bestandsimpfung beim Pferd: 44 Jahre Impfungen im Haupt- und Landgestüt Marbach a. d. Lauter (1972–2015) – Infektionsmedizinische Aspekte. Pferdeheilkunde 2016; 32(3): 200–211. DOI: 10.21 836/PEM20 160 302

[79] Ziesenitz C. Musikermedizin in der Physiotherapie und Ergotherapie – Befund und Behandlung spielbedingter Beschwerden. Berlin: Springer US; 2024

[80] Gräbner A. Die vier Säulen des diagnostischen Prozesses in der Physiotherapie. Zeitschrift für Physiother 2021; (73)3

[81] Freytag S. Darstellung einer evidenzbasierten Karte der Headschen Zonen. Leipzig: Hochschule für Technik, Wirtschaft und Kultur Leipzig; 2018

[82] Ottinger S, Lickert M, Dietrich A. Wie zuverlässig ist die Palpation an der HWS? Zeitschrift für Physiother 2021; (73)1

[83] Schmitt M, Krasko T. Palpation (Abtasten). http://www.praktischarzt.de/untersuchungen/palpation Published 2024

[84] Koller T. Physiotherapeutische Diagnostik. Stuttgart, New York: Thieme; 2017

[85] Deutscher Verband für Physiotherapie Z. Treffpunkt Angestellte/Profession und Clinical Reasoning im Fokus. Zugriff am 17.05.2025 unter: www.physio-deutschland.de/fachkreise/news-bundesweit/einzelansicht/artikel/treffpunkt-angestellte-profession-und-clinical-reasoning-im-fokus.html

[86] Gerber V, Gerber H, Staub R. Untersuchungsmethoden beim Pferd. Stuttgart: Ulmer; 2008

[87] Bäcker B, Salomon W. Kraniosakrale Therapie bei Pferden – Grundlagen und Praxis. Stuttgart: Sonntag; 2003

[88] Gomolla A. Psychotherapie: Pferde haben Spiegelfunktion. Dtsch Ärztebl 2014; (8): 356–357

[89] Pötter U. Erstverschlechterung nach der Physiotherapie und anderen Behandlungen. Zugriff am 17.05.2025 unter: www.swav-berlin.de/ratgeber/erstverschlimmerung-nach-der-physiotherapie

[90] von Piekartz H. CRAFTA – Grundkurs Modul 2 Klinische Wahrnehmung während der Behandlung. Hamburg; 2017

[91] Albers A. Bedeutsamkeit der Kommunikation für die Physiotherapie. Bielefeld: Fachhochschule Bielefeld; 2023

[92] Mast F. Mit Empathie die Kommunikation lenken. KOM – Magazin für Kommunikation. Zugriff am 17.05.2025 unter: http://www.kom.de/medien/mit-empathie-die-kommunikation-lenken/

[93] Bak PM. Zu Gast in deiner Wirklichkeit – Empathie als Schlüssel gelungener Kommunikation. Berlin, Heidelberg: Sonntag Spektrum; 2016

[94] Kantor K. Tipps und Tricks für die Besitzerkommunikation. Kleintier konkret 2021; 24(05): 44–47

[95] Wörz R, Horlemann J, Müller-Schwefel GHH. Auswirkungen, Chronifizierung, Epidemiologie, zeitgemäße Diagnostik. Schmerzmedizin 2022; 38(4): 46–50

[96] Max-Planck-Gesellschaft. Wie altern wir? Die Kennzeichen des Alterns. Max-Planck-Institut für Biologie des Alterns. Zugriff am 17.05.2025 unter: http://www.age.mpg.de/wie-altern-wir

[97] Bringezu G, Schreiner O. Lehrbuch der Entstauungstherapie – Grundlagen, Beschreibung und Bewertung der Verfahren. Berlin Heidelberg: Springer; 2006

[98] Kochler A. Griffarten im Turnen. München: Technische Universität München; 2018

[99] Markus AW. Dorsch – Lexikon der Psychologie. Göttingen: Hogrefe; 2021

[100] Deutscher Verband für Physiotherapie Z. PNF-Therapie. Zugriff am 17.05.2025 unter: www.physio-deutschland.de/patienten-interessierte/wichtige-therapien-auf-einen-blick/pnf-therapie.html

[101] Math B, Dominiek B, Adler S. PNF – In der Praxis. Berlin, Heidelberg: Springer; 2013

[102] Lehmann J, Schmidt-Sentek H. Skript – Bit Fitting. Ellerhoop; 2023

[103] Sprenger M, Sprenger P. Sprenger erklärt Gebissmaterialien – Sensogan, Edelstahl & Co. Zugriff am 17.05.2025 unter: www.sprenger.de/blogs/magazin/material

[104] Budras. Atlas der Anatomie des Pferdes. 7. Aufl. Hannover: Schlütersche; 2014